普通高等教育“十二五”规划教材

建设工程监理

主　编　魏应乐　乔守江
副主编　张胜峰　包海玲
主　审　满广生

中国水利水电出版社
www.waterpub.com.cn

内 容 提 要

本书系统地介绍了建设工程监理的相关知识，并以最新国家标准《建设工程监理规范》(GB 50319—2012）为基础，全面系统地介绍了“四控制、二管理、一协调”的基本内容。在内容编排上，本书注重理论联系实际，利用案例突出对实际问题的分析；在能力训练上，本书通过对案例的解析，强调对监理技能的培养。

本书共分九章，主要内容包括：建设工程监理制度、监理工程师与工程监理企业、建设工程目标控制、建设工程监理组织、建设监理规划、建筑工程风险管理、建筑工程安全监理、建设工程监理的合同与信息管理、国外工程项目管理相关情况介绍。

本书主要作为高职高专土建类专业的监理课程教材，也可作为相关专业人员的参考书。

图书在版编目（CIP）数据

建筑工程监理/魏应乐，乔守江主编．—北京：中国水利水电出版社，2014.1（2017.7 重印）
普通高等教育“十二五”规划教材
ISBN 978－7－5170－1685－4

Ⅰ.①建… Ⅱ.①魏…②乔… Ⅲ.①建筑工程-监理工作-高等学校-教材 Ⅳ.①TU712

中国版本图书馆 CIP 数据核字（2014）第 015537 号

书　　名	普通高等教育“十二五”规划教材 **建设工程监理**
作　　者	主　编　魏应乐　乔守江
出版发行	中国水利水电出版社 （北京市海淀区玉渊潭南路 1 号 D 座　100038） 网址：www. waterpub. com. cn E－mail：sales@waterpub. com. cn 电话：（010）68367658（营销中心）
经　　售	北京科水图书销售中心（零售） 电话：（010）88383994、63202643、68545874 全国各地新华书店和相关出版物销售网点
排　　版	北京零视点图文设计有限公司
印　　刷	三河市鑫金马印装有限公司
规　　格	184mm×260mm　16 开本　17 印张　414 千字
版　　次	2014 年 1 月第 1 版　2017 年 7 月第 2 次印刷
印　　数	4001—5500 册
定　　价	**42.00** 元

前 言

自我国的建设工程监理制度1988年开始试行以来，相继经历了试点与稳定发展两个阶段。进入20世纪90年代中期，我国建设工程监理在理论和实践两个方面都有了较快的发展，取得了明显的成效和宝贵的经验，而且与建设工程监理相关的多部法律法规相继出台。近年来随着我国工程建设监理事业的不断深入与发展，社会对于监理人员的需求量大大增加。为了与社会主义现代化建设人才要求和建筑业发展要求相适应，特别是为了适应加入世界贸易组织（WTO）之后新形势对监理行业的要求，及时了解国际上与我国建设工程监理相关的最新动态，培养出具有综合职业能力的高级应用型人才，我们组织相关力量编写了本书。

与目前已经出版的其他统编教材相比，本书在编写过程中着重体现了以下几个特点。

1. 以最新颁布的法律法规及相关文件为依据。本书编写时以全国人大、国务院及住建部最新颁布的法律、法规、条例、规范、规定为依据，使本书的理论内容与目前国内最新的国标及部颁标准相吻合。另外，在本书编写时还参考了最新全国注册监理工程师资格考试大纲，使本书内容与《大纲》要求尽量贴近，从而为学生的再教育和再发展打下坚实的基础。

2. 本书的编写充分遵循了通用性与实用性相结合及易教易学的原则。考虑到本书主要适用对象为高职院校的在校生，因而围绕“以服务为宗旨、以就业为导向”的教育方针，针对高职院校学生的特点，同时结合近几年我国监理行业的发展趋势，在理论阐述的基础上，尽量贴近工程监理的实际，从而进一步加深学生对于所学知识的理解和灵活运用所学知识的能力。

3. 本书的内容结构及编辑方式充分体现了“以人为本”的原则。每一章除正文外，还增加了每章重点内容概要，以精炼、概括的语言将重点内容进行提炼，从而使章节重点内容更加清晰、明了，便于授课教师准确把握章节重点内容，同时，也利于学生在听课过程中进行记录。

4. 根据我国对于建设工程监理行业监理范围的最新要求，在合同管理、信息管理“二管理”的基础上，新增了“安全生产管理”的有关内容，使本书内容与当前形势结合得更加紧密，同时，也使得全书内容更加完整、充实。

5. 做到理论联系实际。在有关章节后附上了工程案例。

本书共分九章和附录，由安徽水利水电职业技术学院魏应乐、乔守江担任主编，安徽水利水电职业技术学院张胜峰、包海玲担任副主编。本书由安徽水利水电职业技术学院满广生教授担任主审。具体编写分工如下：安徽水利水电职业技术学院魏应乐编写第一章；安徽水利水电职业技术学院乔守江编写第二章、第七章；安徽省濉溪县水利工程有限责任公司陈飞编写第三章及附录 1、附录 2；安徽水利水电职业技术学院张胜峰编写第四章、第六章；安徽省濉溪县水利工程有限责任公司曹宏伟编写第五章及附录 3、附录 4；安徽水利水电职业技术学院包海玲编写第八章、第九章。

安徽方信项目管理有限公司为本书的编撰提出了很多的好建议，安徽审计职业学院刘丽云高级工程师在本书的编撰过程中也提出了很多建设性的意见，在此，一并谨向他们表示衷心的感谢！

本书在编写过程中参阅了许多相关的书刊和资料，在此也向这些文献的作者表示诚挚的谢意。

由于编者水平有限，写作时间仓促，书中难免存在疏漏和不妥之处，敬请同行专家和读者批评指正。

编者
2014 年 1 月

目　录

第一章　建设工程监理制度

职业能力目标要求

1. 掌握建设工程监理的基本概念。
2. 懂得建设工程监理的性质和作用。
3. 掌握建设工程的建设程序。
4. 熟悉与建设工程监理有关的法律法规及有关规范。

第一节　建设工程监理的基本概念

一、建设工程监理制产生的时代背景

建设工程监理制与建设项目法人制、招标投标制、合同管理制共同组成了我国建设工程的基本管理体制，适应了我国社会主义市场经济条件下建设工程管理的需要。建设工程监理制度的推行，对控制工程质量、投资、进度发挥了重要作用，取得了明显效果，促进了我国建设工程管理水平的提高。

从1949年新中国成立直至20世纪80年代，我国固定资产投资基本上是由国家统一安排计划（包括具体的项目计划），由国家统一财政拨款。在我国当时经济基础薄弱、建设投资和物资短缺的条件下，这种方式对于国家集中有限的财力、物力、人力进行经济建设，迅速建立我国的工业体系和国民经济体系起到了积极作用。

当时，我国建设工程的管理基本上采用两种形式：对于一般建设工程，由建设单位自己组成筹建机构，自行管理；对于重大建设工程，则从与该工程相关的单位抽调人员组成工程建设指挥部，由指挥部进行管理。因为建设单位无须承担经济风险，这两种管理模式得以长期存在，但其弊端是不言而喻的。由于这两种形式都是针对一个特定的建设工程临时组建的管理机构，相当一部分人员不具有建设工程管理的知识和经验，因此，他们只能在工作实践中摸索。而一旦工程建成投入使用，原有的工程管理机构和人员就解散，当有新的建设工程时再重新组建。这样，建设工程管理的经验不能承袭升华，用来指导今后的工程建设，而教训却不断重复发生，使我国建设工程管理水平长期在低水平徘徊，难以提高。投资“三超”（概算超估算、预算超概算、结算超预算）和工期延长的现象较为普遍。工程建设领域存在的上述问题受到政府和有关部门的关注。

20世纪80年代初我国进入了改革开放的新时期，国务院决定在基本建设和建筑业领域采取一些重大的改革措施。例如，投资有偿使用（即“拨改贷”）、投资包干责任制、投资主体多元化、工程招标投标制等。在这种情况下，改革传统的建设工程管理形式，已经势在必行。否则，难以适应我国经济发展和改革开放新形势的要求。

通过对我国几十年建设工程管理实践的反思和总结，并对国外工程管理制度与管理方法进行了考察，认识到建设单位的工程项目管理是一项专门的学问，需要一大批专门的机构和人才，建设单位的工程项目管理应当走专业化、社会化的道路。在此基础上，建设部于 1988 年 7 月发布了《关于开展建设监理工作的通知》，明确提出要建立建设监理制度，并在上海、海南等地进行试点。1992 年 2 月，建设部发布的《关于进一步开展建设监理工作的通知》中指出："三年的试点充分证明，实行这项改革，对于完善我国工程建设管理体制是完全必要的；对于促进我国工程建设管理水平和投资效益的提高具有十分重要的意义"。1998 年 3 月施行的《中华人民共和国建筑法》（以下简称《建筑法》）以法律制度的形式作出规定，国家推行建设工程监理制度，从而使建设工程监理在全国范围内进入全面推行阶段。使得建设单位的工程项目管理走上了专业化、社会化的道路。

二、建设工程监理的概念

（一）定义

我国的建设工程监理发展很快，在许多方面取得了成功，但仍有不成熟的地方。如果从其主要属性来说，大体上可作如下表述：所谓建设工程监理，是指具有相应资质的工程监理企业，接受建设单位的委托和授权，承担其项目管理工作，并代表建设单位对承包单位的建设行为进行监督管理的专业化服务活动。

建设单位，也称为业主、项目法人，是委托监理的一方。建设单位在工程建设中拥有确定建设工程规模、标准、功能以及选择勘察、设计、施工、监理单位等工程建设中重大问题的决定权。

工程监理企业是指取得企业法人营业执照，具有监理资质证书的依法从事建设工程监理业务活动的经济组织。

（二）监理概念的要点

1. 建设工程监理的行为主体

《建筑法》明确规定，实行监理的建设工程，由建设单位委托具有相应资质条件的工程监理企业实施监理。建设工程监理只能由具有相应资质的工程监理企业来开展，建工程监理的行为主体是工程监理企业，这是我国建设工程监理制度的一项重要规定。

建设工程监理不同于建设行政主管部门的监督管理。后者的行为主体是政府部门，它具有明显的强制性，是行政性的监督管理，它的任务、职责、内容不同于建设工程监理。同样，总承包单位对分包单位的监督管理也不能视为建设工程监理。

2. 建设工程监理实施的前提

《建筑法》明确规定，建设单位与其委托的工程监理企业应当订立书面建设工程委托监理合同。也就是说，建设工程监理的实施需要建设单位的委托和授权。工程监理企业应根据委托监理合同和有关建设工程合同的规定实施监理。

建设工程监理只有在建设单位委托和授权的情况下才能进行。只有与建设单位订立书面委托监理合同，明确了监理的范围、内容、权利、义务、责任等，工程监理企业才能在规定的范围内行使管理权，合法地开展建设工程监理。工程监理企业在委托监理的工程中拥有一定的管理权限，能够开展管理活动，是建设单位授权的结果。

承建单位根据法律、法规的规定和它与建设单位签订的有关建设工程合同的规定接受工程监理企业对其建设行为进行的监督管理，接受并配合监理是其履行合同的一种行为。工程监理企业对哪些单位的哪些建设行为实施监理要根据有关建设工程合同的规定。例如，仅委托施工阶段监理的工程，工程监理企业只能根据委托监理合同和施工合同对施工行为实行监理。而在委托全过程监理的工程中，工程监理企业则可以根据委托监理合同以及勘察合同、设计合同、施工合同对勘察单位、设计单位和施工单位的建设行为实行监理。

3. 建设工程监理的依据

建设工程监理的依据包括工程建设文件、有关的法律法规规章和标准规范、建设工程委托监理合同和有关的建设工程合同。

（1）工程建设文件。

这包括：批准的可行性研究报告、建设项目选址意见书、建设用地规划许可证、建设工程规划许可证、批准的施工图设计文件、施工许可证等。

（2）有关的法律、法规、规章和标准、规范。

这包括：《建筑法》、《中华人民共和国合同法》（以下简称《合同法》）、《中华人民共和国招标投标法》（以下简称《招投标法》）、《建设工程质量管理条例》等法律法规，《工程建设监理规定》等部门规章，以及地方性法规等，也包括《工程建设标准强制性条文》（GB/T 50319－2013）、《建设工程监理规范》以及有关的工程技术标准、规范、规程等。

（3）建设工程委托监理合同和有关的建设工程合同。

工程监理企业应当根据下述两类合同进行监理：一是工程监理企业与建设单位签订的建设工程委托监理合同；二是建设单位与承建单位签订的建设工程合同。

4. 建设工程监理的范围

建设工程监理范围可以分为监理的工程范围和监理的建设阶段范围。

（1）工程范围。

为了有效发挥建设工程监理的作用，加大推行监理的力度，根据《建筑法》，国务院公布的《建设工程质量管理条例》对实行强制性监理的工程范围作了原则性的规定。2001 年建设部颁布了《建设工程监理范围和规模标准规定》（86 号部令），规定了必须实行监理的建设工程项目的具体范围和规模标准。下列建设工程必须实行监理。

1）国家重点建设工程。依据《国家重点建设项目管理办法》所确定的对国民经济和社会发展有重大影响的骨干项目。

2）大中型公用事业工程。项目总投资额在 3000 万元以上的供水、供电、供气、供热等市政工程项目；科技、教育、文化等项目；体育、旅游、商业等项目；卫生、社会福利等项目；其他公用事业项目。

3）成片开发建设的住宅小区工程。建筑面积在 5 万 m^2 以上的住宅建设工程。

4）利用外国政府或者国际组织贷款、援助资金的工程。包括使用世界银行、亚洲开发银行等国际组织贷款资金的项目；使用国外政府及其机构贷款资金的项目；使用国际组织或者国外政府援助资金的项目。

5）国家规定必须实行监理的其他工程。项目总投资额在 3000 万元以上关系社会公共利益、公众安全的交通运输、水利建设、城市基础设施、生态环境保护、信息产业、能源等基础设施项目；学校、影剧院、体育场馆项目。

建设工程监理范围不宜无限扩大，否则会造成监理力量与监理任务严重失衡，使得监理工作难以到位，保证不了建设工程监理的质量和效果。从长远来看，随着投资体制的不断深化改革，投资主体日益多元化，对所有建设工程都实行强制监理的做法，既与市场经济的要求不相适应，也不利于建设工程监理行业的健康发展。

（2）阶段范围。

建设工程监理可以适用于工程建设投资决策阶段和实施阶段，但目前主要是建设工程施工阶段监理。

在建设工程施工阶段，建设单位、勘察单位、设计单位、施工单位和工程监理企业等工程建设的各类行为主体均出现在建设工程当中，形成了一个完整的建设工程组织体系。在这个阶段，建筑市场的发包体系、承包体系、管理服务体系的各主体在建设工程中会合，由建设单位、勘察单位、设计单位、施工单位和工程监理企业各自承担工程建设的责任和义务，最终将建设工程建成投入使用。在施工阶段委托监理，其目的是为更有效地发挥监理的规划、控制、协调作用，为在计划目标内建成工程提供最好的管理。

三、建设工程监理的性质

1. 服务性

建设工程监理具有服务性，是从它的业务性质方面定性的。建设工程监理的主要方法是规划、控制、协调，主要任务是控制建设工程的投资、进度和质量，最终应当达到的基本目的是协助建设单位在计划的目标内将建设工程建成投入使用。这就是建设工程监理的管理服务的内涵。

工程监理企业既不直接进行设计，也不直接进行施工；既不向建设单位承包造价，也不参与承包商的利益分成。在工程建设中，监理人员利用自己的知识、技能和经验、信息以及必要的试验、检测手段，为建设单位提供管理和技术服务。工程监理企业不能完全取代建设单位的管理活动。它不具有工程建设重大问题的决策权，它只能在授权范围内代表建设单位进行管理。建设工程监理的服务对象是建设单位。监理服务是按照委托监理合同的规定进行的，是受法律约束和保护的。

2. 科学性

科学性是由建设工程监理要达到的基本目的决定的。建设工程监理以协助建设单位实现其投资目的为己任，力求在计划的目标内建成工程。面对工程规模日趋庞大，环境日益复杂，功能、标准要求越来越高，新技术、新工艺、新材料、新设备不断涌现，参加建设的单位越来越多，市场竞争日益激烈，风险日渐增加的情况下，只有采用科学的思想、理论、方法和手段才能驾驭工程建设。

科学性主要表现在：工程监理企业应当由组织管理能力强、工程建设经验丰富的人员担任领导；应当有足够数量的、有丰富的管理经验和应变能力的监理工程师组成的骨干队伍；要有一套健全的管理制度；要有现代化的管理手段；要掌握先进的管理理论、方法和手段；要积累足够的技术、经济资料和数据；要有科学的工作态度和严谨的工作作风，要实事求是、创造性地开展工作。

3. 独立性

《建筑法》明确指出，工程监理企业应当根据建设单位的委托，客观、公正地执行监理任务。《工程建设监理规定》和《建设工程监理规范》要求工程监理企业按照“公正、独立、自主”原则开展监理工作。

按照独立性要求，工程监理单位应当严格地按照有关法律、法规、规章、工程建设文件、工程建设技术标准、建设工程委托监理合同、有关的建设工程合同等的规定实施监理；在委托监理的工程中，与承建单位不得有隶属关系和其他利害关系；在开展工程监理的过程中，必须建立自己的组织，按照自己的工作计划、程序、流程、方法、手段，根据自己的判断，独立地开展工作。

4. 公正性

公正性是社会公认的职业道德准则，是监理行业能够长期生存和发展的基本职业道德准则。在开展建设工程监理的过程中，工程监理企业应当排除各种干扰，客观、公正地对待监理的委托单位和承建单位。特别是当这两方发生利益冲突或者矛盾时，工程监理企业应以事实为依据，以法律和有关合同为准绳，在维护建设单位的合法权益时，不损害承建单位的合法权益。例如，在调解建设单位和承建单位之间的争议，处理工程索赔和工程延期，进行工程款支付控制以及竣工结算时，应当尽量客观、公正地对待建设单位和承建单位。

四、建设工程监理的作用

建设单位的工程项目实行专业化、社会化管理在外国已有100多年的历史，现在越来越显现出强劲的生命力，在提高投资的经济效益方面发挥了重要作用。我国实施建设工程监理的时间虽然不长，但已经发挥出明显的作用，为政府和社会所承认。建设工程监理的作用主要表现在以下几方面。

（一）有利于提高建设工程投资决策科学化水平

在建设单位委托工程监理企业实施全方位全过程监理的条件下，在建设单位有了初步的项目投资意向之后，工程监理企业可协助建设单位选择适当的工程咨询机构，管理工程咨询合同的实施，并对咨询结果（如项目建议书、可行性研究报告）进行评估，提出有价值的修改意见和建议；或者直接从事工程咨询工作，为建设单位提供建设方案。这样，不仅可使项目投资符合国家经济发展规划、产业政策、投资方向，而且可使项目投资更加符合市场需求。工程监理企业参与或承担项目决策阶段的监理工作，有利于提高项目投资决策的科学化水平，避免项目投资决策失误，也为实现建设工程投资综合效益最大化打下了良好的基础。

（二）有利于规范工程建设参与各方的建设行为

工程建设参与各方的建设行为都应当符合法律、法规、规章和市场准则。要做到这一点，仅仅依靠自律机制是远远不够的，还需要建立有效的约束机制。为此，首先需要政府对工程建设参与各方的建设行为进行全面的监督管理，这是最基本的约束，也是政府的主要职能之一。但是，由于客观条件所限，政府的监督管理不可能深入到每一项建设工程的实施过程中，因而，还需要建立另一种约束机制，能在建设工程实施过程中对工程建设参与各方的建设行为进行约束。建设工程监理制就是这样一种约束机制。

在建设工程实施过程中，工程监理企业可依据委托监理合同和有关的建设工程合同对承建单位的建设行为进行监督管理。由于这种约束机制贯穿于工程建设的全过程，采用事前、事中和事后控制相结合的方式，因此可以有效地规范各承建单位的建设行为，最大限度地避免不当建设行为的发生。即使出现不当建设行为，也可以及时加以制止，最大限度地减少其不良后果。应当说，这是约束机制的根本目的。另一方面，由于建设单位不了解建设工程有关的法律、法规、规章、管理程序和市场行为准则，也可能发生不当建设行为。在这种情况下，工程监理单位可以向建设单位提出适当的建议，从而避免发生建设单位的不当建设行为，这对规范建设单位的建设行为也可起到一定的约束作用。当然，要发挥上述约束作用，工程监理企业首先必须规范自身的行为，并接受政府的监督管理。

（三）有利于促使承建单位保证建设工程质量和使用安全

建设工程是一种特殊的产品，不仅价值大、使用寿命长，而且还关系到人民的生命财产安全、健康和环境。因此，保证建设工程质量和使用安全就显得尤为重要，在这方面不允许有丝毫的懈怠和疏忽。

工程监理企业对承建单位建设行为的监督管理，实际上是从产品需求者的角度对建设工程生产过程的管理，这与产品生产者自身的管理有很大的不同。而工程监理企业又不同于建设工程的实际需求者，其监理人员都是既懂工程技术又懂经济管理的专业人士，他们有能力及时发现建设工程实施过程中出现的问题，发现工程材料、设备以及阶段产品存在的问题，从而避免留下工程质量隐患。因此，实行建设工程监理制之后，在加强承建单位自身对工程质量管理的基础上，由工程监理企业介入建设工程生产过程的管理，对保证建设工程质量和使用安全有着重要作用。

（四）有利于实现建设工程投资效益最大化

建设工程投资效益最大化有以下 3 种不同表现：

（1）在满足建设工程预定功能和质量标准的前提下，建设投资额最少。

（2）在满足建设工程预定功能和质量标准的前提下，建设工程寿命周期费用（或全寿命费用）最少。

（3）建设工程本身的投资效益与环境、社会效益的综合效益最大化。

实行建设工程监理制之后，工程监理企业一般都能协助建设单位实现上述建设工程投资效益最大化的第一种表现，也能在一定程度上实现上述第二种和第三种表现。随着建设工程寿命周期费用思想和综合效益理念被越来越多的建设单位所接受，建设工程投资效益最大化的第二种和第三种表现的比例将越来越大，从而大大地提高我国全社会的投资效益，促进我国国民经济的发展。

第二节　建设工程监理理论基础和现阶段的特点

一、建设工程监理的理论基础

1988 年我国建立建设工程监理制之初就明确界定，我国的建设工程监理是专业化、社会化的建设单位项目管理，所依据的基本理论和方法来自建设项目管理学。建设项目管理学，又称工程项目管理学，它是以组织论、控制论和管理学作为理论基础，结合建设工程项目和建筑市场的特点而形成的一门新兴学科。研究的范围包括管理思想、管理体制、管理组织、管理方法和管理手段。研究的对象是建设工程项目管理总目标的有效制，包括费用（投资）目标、时间（工期）目标和质量目标的控制。我国建设工程监理教材就是以建设项目管理学的理论为指导编写的，并尽可能及时地反映建设项目管理学的最新发展。因此，从管理理论和方法的角度看，建设工程监理与国外通称的建设项目管理是一致的，这也是我国的建设工程监理很容易为国外同行理解和接受的原因。

需要说明的是，我国提出建设工程监理制构想时，还充分考虑了 FIDIC 合同条件。20 世纪 80 年代中期，在我国接受世界银行贷款的建设工程上普遍采用了 FIDIC 土木工程施工合同条件，这些建设工程的实施效果都很好，受到有关各方的重视。而 FIDIC 合同条件中对工程师作为独立、公正的第三方的要求及其对承建单位严格、细致的监督和检查被认为起到了重要的作用，因此，在我国建设工程监理制中也吸收了对工程监理企业和监理工程师独立、公正的要求，以保证在维护建设单位利益的同时，不损害承建单位的合法权益。同时，强调了对承建单位施工过程和施工工序的监督、检查和验收。

理论来自于实践，理论又指导实践。作为监理工程师应当了解建设工程监理的基本理论和方法，熟悉和掌握有关的 FIDIC 合同条件。

二、现阶段建设工程监理的特点

我国的建设工程监理无论在管理理论和方法上，还是在业务内容和工作程序上，与国外的建设项目管理都是相同的。但在现阶段，由于发展条件不尽相同，主要是需求方对监理的认知度较低，市场体系发育不够成熟，市场运行规则不够健全，因此还有一些差异，呈现出某些特点。

（1）建设工程监理的服务对象具有单一性。

在国际上，建设项目管理按服务对象主要可分为为建设单位服务的项目管理和为承建单位服务的项目管理。而我国的建设工程监理制规定，工程监理企业只接受建设单位的委托，即只为建设单位服务。它不能接受承建单位的委托为其提供管理服务。从这个意义上看，可以认为我国的建设工程监理就是为建设单位服务的项目管理。

（2）建设工程监理属于强制推行的制度。

建设项目管理是适应建筑市场中建设单位新的需求的产物，其发展过程也是整个建筑市场发展的一个方面，没有来自政府部门的行政指导或干预。而我国的建设工程监理从一开始就是作为对计划经济条件下所形成的建设工程管理体制改革的一项新制度提出来的，也是依靠行政手段和法律手段在全国范围推行的。为此，不仅在各级政府部门中设立了主管建设工程监理有关工作的专门机构，而且制定了有关的法律、法规、规章，明确提出国家推行建设工程监理制度，并明确规定了必须实行建设工程监理的工程范围。其结果是在较短时间内促进了建设工程监理在我国的发展，形成了一大批专业化、社会化的工程监理企业和监理工程师队伍，缩小了与发达国家建设项目管理的差距。

（3）建设工程监理具有监督功能。

我国的工程监理企业有一定的特殊地位，它与建设单位构成委托与被委托关系，与承建单位虽然无任何经济关系，但根据建设单位授权，有权对其不当建设行为进行监督，或者预先防范，或者指令及时改正，或者向有关部门反映，请求纠正。不仅如此，在我国的建设工程监理中还强调对承建单位施工过程和施工工序的监督、检查和验收，而且在实践中又进一步提出了旁站监理的规定。我国监理工程师在质量控制方面的工作所达到的深度和细度，应当说远远超过国际上建设项目管理人员的工作深度和细度，这对保证工程质量起了很好的作用。

（4）建设工程监理的市场准入受双重控制。

在建设项目管理方面，一些发达国家只对专业人士的执业资格提出要求，而没有对企业的资质管理作出规定。而我国对建设工程监理的市场准入采取了企业资质和人员资格的双重控制。要求专业监理工程师以上的监理人员要取得监理工程师资格证书，不同资质等级的工程监理企业至少要有一定数量的取得监理工程师资格证书并经注册的人员。应当说，这种市场准入的双重控制对于保证我国建设工程监理队伍的基本素质，规范我国建设工程监理市场起到了积极的作用。

三、建设工程监理的发展趋势

我国的建设工程监理已经取得有目共睹的成绩，并且已为社会各界所认同和接受，但是应当承认，目前仍处在发展的初期阶段，与发达国家相比还存在很大的差距。因此，为了使我国的建设工程监理实现预期效果，在工程建设领域发挥更大的作用，应从以下几个方面发展。

1. 加强法制建设，走法制化的道路

目前，我国颁布的法律法规中有关建设工程监理的条款不少，部门规章和地方性法规的数量更多，这充分反映了建设工程监理的法律地位。但从加入 WTO 的角度看，法制建设还比较薄弱，突出表现在市场规则和市场机制方面。市场规则特别是市场竞争规则和市场交易规则还不健全。市场机制，包括信用机制、价格形成机制、风险防范机制，仲裁机制等尚未形成。应当在总结经验的基础上，借鉴国际上通行的做法，逐步建立和健全起来。只有这样，才能使我国的建设工程监理走上有法可依、有法必依的轨道，才能适应加入 WTO 后的新的形势。

2. 以市场需求为导向，向全方位、全过程监理发展

我国实行建设工程监理只有十几年的时间，目前仍然以施工阶段监理为主。造成这种状况既有体制上、认识上的原因，也有建设单位需求和监理企业素质及能力等原因。但是应当看到。随着项目法人责任制的不断完善，以及民营企业和私人投资项目的大量增加，建设单位将对工程投资效益愈加重视，工程前期决策阶段的监理将日益增多。从发展趋势看，代表建设单位进行全方位、全过程的工程项目管理，将是我国工程监理行业发展的趋向。当前，应当按照市场需求多样化的规律，积极扩展监理服务内容。要从现阶段以施工阶段为主，向全过程、全方位监理发展，即不仅要进行施工阶段质量、投资和进度控制，做好合同管理、信息管理和组织协调工作，而且要进行决策阶段和设计阶段的监理。只有实施全方位、全过程监理，才能更好地发挥建设工程监理的作用。

3. 适应市场需求，优化工程监理企业结构

在市场经济条件下，任何企业的发展都必须与市场需求相适应，工程监理企业的发展也不例外。建设单位对建设工程监理的需求是多种多样的，工程监理企业所能提供的“供给”（即监理服务）也应当是多种多样的。前文所述建设工程监理应当向全方位、全过程监理发展，是从建设工程监理整个行业而言，并不意味着所有的工程监理企业都朝这个方向发展。因此，应当通过市场机制和必要的行业政策引导，在工程监理行业逐步建立起综合性监理企业与专业性监理企业相结合、大中小型监理企业相结合的合理的企业结构。按工作内容分，建立起能承担全过程、全方位监理任务的综合性监理企业与能承担某一专业监

理任务（如招标代理、工程造价咨询）的监理企业相结合的企业结构。按工作阶段分，建立起能承担工程建设全过程监理的大型监理企业与能承担某一阶段工程监理任务的中型监理企业和只提供旁站监理劳务的小型监理企业相结合的企业结构。这样，既能满足建设单位的各种需求，又能使各类监理企业各得其所，都能有合理的生存和发展空间。一般来说，大型、综合素质较高的监理企业应当向综合监理方向发展，而中小型监理企业则应当逐渐形成自己的专业特色。

4. 加强培训工作，不断提高从业人员素质

从全方位、全过程监理的要求来看，我国建设工程监理从业人员的素质还不能与之相适应，迫切需要加以提高。另一方面，工程建设领域的新技术、新工艺、新材料层出不穷，工程技术标准、规范、规程也时有更新，信息技术日新月异，都要求建设工程监从业人员与时俱进，不断提高自身的业务素质和职业道德素质，这样才能为建设单位提供优质服务。从业人员的素质是整个工程监理行业发展的基础。只有培养和造就出大批高素质的监理人员，才可能形成相当数量的高素质的工程监理企业；才能形成一批公信力强、有品牌效应的工程监理企业；才能提高我国建设工程监理的总体水平及其效果；才能推动建设工程监理事业更好更快地发展。

5. 与国际惯例接轨，走向世界

毋庸讳言，我国的建设工程监理虽然形成了一定的特点，但在一些方面与国际惯例还有差异。我国已加入 WTO，如果不尽快改变这种状况，将不利于我国建设工程监理事业的发展。前面说到的几点，都是与国际惯例接轨的重要内容，但仅仅在某些方面与国际惯例接轨是不够的，必须在建设工程监理领域全方位与国际惯例接轨。为此，应当认真学习和研究国际上被普遍接受的规则，为我所用。与国际惯例接轨可使我国的工程监理企业与国外同行按照同一规则同台竞争，这既可能表现在国外项目管理公司进入我国后与我国工程监理企业之间的竞争，也可能表现在我国工程监理企业走向世界，与国外同类企业之间的竞争。要在竞争中取胜，除有实力、业绩、信誉之外，不掌握国际上通行的规则也是不行的。我国的监理工程师和工程监理企业应当做好充分准备，不仅要迎接国外同行进入我国后的竞争挑战，而且也要把握进入国际市场的机遇，敢于到国际市场与国外同行竞争。在这方面，大型、综合素质较高的工程监理企业应当率先采取行动。

第三节　建设工程的法律法规

一、建设工程法律法规体系

建设工程法律法规体系是指根据《中华人民共和国立法法》的规定，制定和公布施行的有关建设工程的各项法律、行政法规、地方性法规、自治条例、单行条例、部门规章和地方政府规章的总称。目前，这个体系已经基本形成。本节列举和介绍的是与建设工程监理有关的法律、行政法规和部门规章，不涉及地方性法规、自治条例、单行条例和地方政府规章。

（一）建设工程法律法规规章的制定机关和法律效力

建设工程法律是指由全国人民代表大会及其常务委员会通过的规范工程建设活动的法

律规范，由国家主席签署主席令予以公布，如《中华人民共和国建筑法》、《中华人民共和国招标投标法》、《中华人民共和国合同法》、《中华人民共和国政府采购法》、《中华人民共和国城市规划法》等。建设工程行政法规是指由国务院根据宪法和法律制定的规范工程建设活动的各项法规，由总理签署国务院令予以公布，如《建设工程质量管理条例》、《建设工程勘察设计管理条例》等。

建设工程部门规章是指建设部按照国务院规定的职权范围，独立或同国务院有关部门联合根据法律和国务院的行政法规、决定、命令，制定的规范工程建设活动的各项规章，属于建设部制定的由部长签署建设部令予以公布，如《工程监理企业资质管理规定》、《注册监理工程师管理规定》等。

上述法律法规规章的效力是：法律的效力高于行政法规，行政法规的效力高于部门规章。

（二）与建设工程监理有关的建设工程法律法规规章

1. 法律

（1）中华人民共和国建筑法。

（2）中华人民共和国合同法。

（3）中华人民共和国招标投标法。

（4）中华人民共和国土地管理法。

（5）中华人民共和国城市规划法。

（6）中华人民共和国城市房地产管理法。

（7）中华人民共和国环境保护法。

（8）中华人民共和国环境影响评价法。

2. 行政法规

（1）建设工程质量管理条例。

（2）建设工程安全生产管理条例。

（3）建设工程勘察设计管理条例。

（4）中华人民共和国土地管理法实施条例。

3. 部门规章

（1）工程监理企业资质管理规定。

（2）注册监理工程师管理规定。

（3）建设工程监理范围和规模标准规定。

（4）建筑工程设计招标投标管理办法。

（5）房屋建筑和市政基础设施工程施工招标投标管理办法。

（6）评标委员会和评标方法暂行规定。

（7）建筑工程施工发包与承包计价管理办法。

（8）建筑工程施工许可管理办法。

（9）实施工程建设强制性标准监督规定。

（10）房屋建筑工程质量保修办法。

（11）房屋建筑工程和市政基础设施工程竣工验收备案管理暂行办法。

（12）建设工程施工现场管理规定。

（13）建筑安全生产监督管理规定。

（14）工程建设重大事故报告和调查程序规定。

（15）城市建设档案管理规定。

监理工程师应当了解和熟悉我国建设工程法律法规规章体系，并熟悉和掌握其中与监理工作关系比较密切的法律法规规章，以便依法进行监理和规范自己的工程监理行为。

二、建筑法

《建筑法》是我国工程建设领域的一部大法。全文分 8 章共计 85 条。整部法律内容是以建筑市场管理为中心，以建筑工程质量和安全为重点，以建筑活动监督管理为主线形成的。

（一）总则

《建筑法》总则一章，是对整部法律的纲领性规定。内容包括：立法目的、调整对象和适用范围、建筑活动基本要求、建筑业的基本政策、建筑活动当事人的基本权利和义务、建筑活动监督管理主体。

（1）立法目的是为了加强对建筑活动的监督管理，维护建筑市场秩序，保证建筑工程的质量和安全，促进建筑业健康发展。

（2）《建筑法》调整的地域范围是中华人民共和国境内，调整的对象包括从事建筑活动的单位和个人以及监督管理的主体，调整的行为是各类房屋建筑及其附属设施的建造和与其配套的线路、管道、设备的安装活动。但建筑法中关于施工许可、建筑施工企业资质审查和建筑工程发包、承包、禁止转包，以及建筑工程监理、建筑工程安全和质量管理的规定，也适用于其他专业工程的建筑活动。

（3）建筑活动基本要求是建筑活动应当确保建筑工程质量和安全，符合国家的建筑工程安全标准。

（4）任何单位和个人从事建筑活动应当遵守法律、法规，不得损害社会公共利益和他人合法权益。任何单位和个人不得妨碍和阻挠依法进行的建筑活动。

（5）国务院建设行政主管部门对全国的建筑活动实施统一监督管理。

（二）建筑许可

建筑许可是对建筑工程施工许可制度和从事建筑活动的单位和个人从业资格的规定。

1. 建筑工程施工许可制度

建筑工程施工许可制度是建设行政主管部门根据建设单位的申请，依法对建筑工程所应具备的施工条件进行审查，符合规定条件的，准许该建筑工程开始施工，并颁发施工许可证的一种制度。具体内容包括：

（1）施工许可证的申领时间、申领程序、工程范围、审批权限以及施工许可证与开工报告之间的关系。

（2）申请施工许可证的条件和颁发施工许可证的时间规定。

（3）施工许可证的有效时间和延期的规定。

（4）领取施工许可证的建筑工程中止施工和恢复施工的有关规定。

（5）取得开工报告的建筑工程不能按期开工或中止施工以及开工报告有效期的规定。

2. 从事建筑活动的单位的资质管理规定

（1）从事建筑活动的建筑施工企业、勘察单位、设计单位和工程监理单位应有符合国家规定的注册资本，有与其从事的建筑活动相适应的具有法定执业资格的专业技术人员，有从事相关建筑活动所应有的技术装备，以及法律、行政法规规定的其他条件。

（2）从事建筑活动的单位应根据资质条件划分不同的资质等级，经资质审查合格，取得相应的资质等级证书后，方可在其资质等级许可的范围内从事建筑活动。

（3）从事建筑活动的专业技术人员，应当依法取得相应的执业资格证书，并在执业资格证书许可的范围内从事建筑活动。

（三）建筑工程发包与承包

1. 关于建筑工程发包与承包的一般规定

一般规定包括：发包单位和承包单位应当签订书面合同，并应依法履行合同义务；招标投标活动的原则；发包和承包行为约束方面的规定；合同价款约定和支付的规定等。

2. 关于建筑工程发包

内容包括：建筑工程发包方式；公开招标程序和要求；建筑工程招标的行为主体和监督主体；发包单位应将工程发包给依法中标或具有相应资质条件的承包单位；政府部门不得滥用权力限定承包单位；禁止将建筑工程肢解发包；发包单位在承包单位采购方面的行为限制的规定等。

3. 关于建筑工程承包

内容包括：承包单位资质管理的规定；关于联合承包方式的规定；禁止转包；有关分包的规定等。

（四）关于建筑工程监理

（1）国家推行建筑工程监理制度。国务院可以规定实行强制性监理的工程范围。

（2）实行监理的建筑工程，由建设单位委托具有相应资质条件的工程监理单位监理。建设单位与其委托的工程监理单位应当订立书面委托监理合同。

（3）建筑工程监理应当依据法律、行政法规及有关的技术标准、设计文件和工程承包合同，对承包单位在施工质量、建设工期和建设资金使用等方面，代表建设单位实施监督。

工程监理人员认为工程施工不符合工程设计要求、施工技术标准和合同约定的，有权要求建筑施工企业改正。

工程监理人员发现工程设计不符合建筑工程质量标准或者合同约定的质量要求的，应当报告建设单位要求设计单位改正。

（4）实施建筑工程监理前，建设单位应当将委托的工程监理单位、监理的内容及监理权限，书面通知被监理的建筑施工企业。

（5）工程监理单位应当在其资质等级许可的监理范围内，承担工程监理业务。工程监理单位应当根据建设单位的委托，客观、公正地执行监理任务。

工程监理单位与被监理工程的承包单位以及建筑材料、建筑构配件和设备供应单位不得有隶属关系或者其他利害关系。工程监理单位不得转让工程监理。

（6）工程监理单位不按照委托监理合同的约定履行监理义务，对应当监督检查的项目不检查或者不按照规定检查，给建设单位造成损失的，应当承担相应的赔偿责任。工程监理单位与承包单位串通，为承包单位谋取非法利益，给建设单位造成损失的，应当与承包单位承担连带赔偿责任。

（五）关于建筑安全生产管理

内容包括：建筑安全生产管理的方针和制度；建筑工程设计应当保证工程的安全性能；建筑施工企业安全生产方面的规定；建筑施工企业在施工现场应采取的安全防护措施；建设单位和建筑施工企业关于施工现场地下管线保护的义务；建筑施工企业在施工现场应采取保护环境措施的规定；建设单位应办理施工现场特殊作业申请批准手续的规定；建筑安全生产行业管理和国家监察的规定；建筑施工企业安全生产管理和安全生产责任制的规定；施工现场安全由建筑施工企业负责的规定；劳动安全生产培训的规定；建筑施工企业和作业人员有关安全生产的义务以及作业人员安全生产方面的权利；建筑施工企业为有关职工办理意外伤害保险的规定；涉及建筑主体和承重结构变动的装修工程设计、施工的规定；房屋拆除的规定；施工中发生事故应采取紧急措施和报告制度的规定。

（六）建筑工程质量管理

（1）建筑工程勘察、设计、施工质量必须符合有关建筑工程安全标准的规定。

（2）国家对从事建筑活动的单位推行质量体系认证制度的规定。

（3）建设单位不得以任何理由要求设计单位和施工企业降低工程质量的规定。

（4）关于总承包单位和分包单位工程质量责任的规定。

（5）关于勘察、设计单位工程质量责任的规定。

（6）设计单位对设计文件选用的建筑材料、构配件和设备不得指定生产厂、供应商的规定。

（7）施工企业质量责任。

（8）施工企业对进场材料、构配件和设备进行检验的规定。

（9）关于建筑物合理使用寿命内和工程竣工时的工程质量要求。

（10）关于工程竣工验收的规定。

（11）建筑工程实行质量保修制度的规定。

（12）关于工程质量实行群众监督的规定。

（七）法律责任

对下列行为规定了法律责任：

（1）未经法定许可，擅自施工的。

（2）将工程发包给不具备相应资质的单位或者将工程肢解发包的；无资质证书或者超越资质等级承揽工程的；以欺骗手段取得资质证书的。

（3）转让、出借资质证书或者以其他方式允许他人以本企业名义承揽工程的。

（4）将工程转包，或者违反法律规定进行分包的。

（5）在工程发包与承包中索贿、受贿、行贿的。

（6）工程监理单位与建设单位或者建筑施工企业串通，弄虚作假、降低工程质量的；转让监理业务的。

（7）涉及建筑主体或者承重结构变动的装修工程，违反法律规定，擅自施工的。

（8）建筑施工企业违反法律规定，对建筑安全事故隐患不采取措施予以消除的；管理人员违章指挥、强令职工冒险作业，因而造成严重后果的。

（9）建设单位要求设计单位或者施工企业违反工程质量、安全标准，降'低工程质量的。

（10）设计单位不按工程质量、安全标准进行设计的。

（11）建筑施工企业在施工中偷工减料，使用不合格材料、构配件和设备的，或者有其他不按照工程设计图纸或者施工技术标准施工的行为的。

（12）建筑施工企业不履行保修义务或者拖延履行保修义务的。

（13）违反法律规定，对不具备相应资质等级条件的单位颁发该等级资质证书的。

（14）政府及其所属部门的工作人员违反规定，限定发包单位将招标发包的工程发包给指定的承包单位的。

（15）有关部门及其工作人员对不符合施工条件的建筑工程颁发施工许可证的，对不合格的建筑工程出具质量合格文件或按合格工程验收的。

三、建设工程质量管理条例

《建设工程质量管理条例》（以下简称《质量管理条例》）以建设工程质量责任主体为基线，规定了建设单位、勘察单位、设计单位、施工单位和工程监理单位的质量责任和义务，明确了工程质量保修制度、工程质量监督制度等内容，并对各种违法违规行为的处罚作了原则规定。

（一）总则

包括：制定条例的目的和依据；条例所调整的对象和适用范围；建设工程质量责任主体；建设工程质量监督管理主体；关于遵守建设程序的规定等。

（1）制定条例的目的和依据。为了加强对建设工程质量的管理，保证建设工程质量，保护人民生命和财产安全，根据《建筑法》，制定本条例。

（2）调整对象和适用范围。凡在中华人民共和国境内从事建设工程的新建、扩建、改建等有关活动及实施对建设工程质量监督管理的，必须遵守本条例。

（3）建设工程质量责任主体。建设单位、勘察单位、设计单位、施工单位、工程监理单位依法对建设工程质量负责。

（4）建设工程质量监督管理主体。县级以上人民政府建设行政主管部门和其他有关部门应当加强对建设工程质量的监督管理。

（5）必须严格遵守建设程序。从事建设工程活动，必须严格执行基本建设程序，坚持先勘察、后设计、再施工的原则。县级以上人民政府及其有关部门不得超越权限审批建设项目或擅自简化基本建设程序。

（二）建设单位的质量责任和义务

《质量管理条例》对建设单位的质量责任和义务进行了多方面的规定。包括：工程发包方面的规定；依法进行工程招标的规定；向其他建设工程质量责任主体提供与建设工程有关的原始资料和对资料要求的规定；工程发包过程中的行为限制；施工图设计文件审查制度的规定；委托监理以及必须实行监理的建设工程范围的规定；办理工程质量监督手续的规定；建设单位采购建筑材料、建筑构配件和设备的要求，以及建设单位对施工单位使用建筑材料、建筑构配件和设备方面的约束性规定；涉及建筑主体和承重结构变动的装修工程的有关规定；竣工验收程序、条件和使用方面的规定；建设项目档案管理的规定。

《质量管理条例》的第 12 条，对委托监理作了重要规定：

（1）实行监理的建设工程，建设单位应当委托具有相应资质等级的工程监理单位进行监理，也可以委托具有工程监理相应资质等级并与被监理工程的施工承包单位没有隶属关系或者其他利害关系的该工程的设计单位进行监理。

（2）下列建设工程必须实行监理：国家重点建设工程；大中型公用事业工程；成片开发建设的住宅小区工程；利用外国政府或者国际组织贷款、援助资金的工程；国家规定必须实行监理的其他工程。

（三）勘察、设计单位的质量责任和义务

内容包括：从事建设工程的勘察、设计单位市场准入的条件和行为要求；勘察、设计单位以及注册执业人员质量责任的规定；勘察成果质量基本要求；关于设计单位应当根据勘察成果进行工程设计和设计文件应当达到规定深度并注明合理使用年限的规定；设计文件中应注明材料、构配件和设备的规格、型号、性能等技术指标，质量必须符合国家规定的标准；除特殊要求外，设计单位不得指定生产厂和供应商；关于设计单位应就施工图设计文件向施工单位进行详细说明的规定；设计单位对工程质量事故处理方面的义务。

（四）施工单位的质量责任和义务

内容包括：施工单位市场准入条件和行为的规定；关于施工单位对建设工程施工质量负责和建立质量责任制，以及实行总承包的工程质量责任的规定；关于总承包单位和分包单位工程质量责任承担的规定；有关施工依据和行为限制方面的规定，以及对设计文件和图纸方面的义务；关于施工单位使用材料、构配件和设备前必须进行检验的规定；关于施工质量检验制度和隐蔽工程检查的规定；有关试块、试件取样和检测的规定；工程返修的规定；关于建立、健全教育培训制度的规定等。

（五）工程监理单位的质量责任和义务

（1）市场准入和市场行为规定。工程监理单位应当依法取得相应等级的资质证书并在其资质等级许可的范围内承担工程监理业务。

禁止工程监理单位超越本单位资质等级许可的范围或者以其他工程监理单位的名义承担工程监理业务。禁止工程监理单位允许其他单位或者个人以本单位的名义承担工程监理业务。工程监理单位不得转让工程监理业务。

（2）工程监理单位与被监理单位关系的限制性规定。工程监理单位与被监理工程的施工承包单位以及建筑材料、建筑构配件和设备供应单位有隶属关系或者其他利害关系的，不得承担该项建设工程的监理业务。

（3）工程监理单位对施工质量监理的依据和监理责任。工程监理单位应当依照法律、法规以及有关技术标准、设计文件和建设工程承包合同，代表建设单位对施工质量实施监理，并对施工质量承担监理责任。

（4）监理人员资格要求及权力方面的规定。工程监理单位应当选派具备相应资格的总监理工程师和（专业）监理工程师进驻施工现场。

未经监理工程师签字，建筑材料、建筑构配件和设备不得在工程上使用或安装，施工单位不得进行下一道工序的施工。未经总监理工程师签字，建设单位不拨付工程款，不进行竣工验收。

（5）监理方式的规定。监理工程师应当按照工程监理规范的要求，采用旁站、巡视和平行检验等形式，对建设工程实施监理。

（六）建设工程质量保修

内容包括：关于国家实行建设工程质量保修制度和质量保修书出具时间和内容的规定；关于建设工程最低保修期限的规定；施工单位保修义务和责任的规定；对超过合理使用年限的建设工程继续使用的规定。

（七）监督管理

（1）关于国家实行建设工程质量监督管理制度的规定。

（2）建设工程质量监督管理部门应当加强对有关建设工程质量的法律、法规和强制性标准执行情况的监督检查。

（3）关于国务院发展计划部门对国家出资的重大建设项目实施监督检查的规定，以及国务院经济贸易主管部门对国家重大技术改造项目实施监督检查的规定。

（4）关于建设工程质量监督管理可以委托建设工程质量监督机构具体实施的规定。

（5）县级以上地方人民政府建设行政主管部门和其他有关部门应当加强对有关建设工程质量的法律、法规和强制性标准执行情况的监督检查。

（6）县级以上人民政府建设行政主管部门及其他有关部门进行监督检查时有权采取的措施。

（7）关于建设工程竣工验收备案制度的规定。

（8）关于有关单位和个人应当支持和配合建设工程监督管理主体对建设工程质量进行监督检查的规定。

（9）对供水、供电、供气、公安消防等部门或单位不得滥用权力的规定。

（10）关于工程质量事故报告制度的规定。

（11）关于建设工程质量实行社会监督的规定。

（八）罚则

对违反本条例的行为将追究法律责任。其中涉及建设单位、勘察单位、设计单位、施工单位和工程监理单位的有：

（1）建设单位。

将建设工程发包给不具有相应资质等级的勘察、设计、施工单位或委托给不具有相应资质等级的工程监理单位的；将建设工程肢解发包的；不履行或不正当履行有关职责的；未经批准擅自开工的；建设工程竣工后，未向建设行政主管部门或有关部门移交建设项目档案的。

（2）勘察、设计、施工单位。

超越本单位资质等级承揽工程的；允许其他单位或者个人以本单位名义承揽工程的；将承包的工程转包或者违法分包的；勘察单位未按工程建设强制性标准进行勘察的；设计单位未根据勘察成果或者未按照工程建设强制性标准进行工程设计的，以及指定建筑材料、建筑构配件的生产厂、供应商的；施工单位在施工中偷工减料的，使用不合格材料、构配件和设备的，或者有不按照设计图纸或者施工技术标准施工的其他行为的；施工单位未对建筑材料、建筑构配件、设备、商品混凝土进行检验，或者未对涉及结构安全的试块、试件以及有关材料取样检测的；施工单位不履行或拖延履行保修义务的。

（3）工程监理单位。

超越资质等级承担监理业务的；转让监理业务的；与建设单位或施工单位串通，弄虚作假、降低工程质量的；将不合格的建设工程、建筑材料、建筑构配件和设备按照合格签字的；工程监理单位与被监理工程的施工承包单位以及建筑材料、建筑构配件和设备供应单位有隶属关系或者其他利害关系承担该项建设工程的监理业务的。

四、建设工程安全生产管理条例

《建设工程安全生产管理条例》（以下简称《条例》）以建设单位、勘察单位、设计单位、施工单位、工程监理单位及其他与建设工程安全生产有关的单位为主体，规定了各主体在安全生产中的安全管理责任与义务，并对监督管理、生产安全事故的应急救援和调查处理、法律责任等作了相应的规定。

（一）总则

包括制定条例的目的和依据；条例所调整的对象和适用范围；建设工程安全管理责任主体等内容。

（1）立法目的。加强建设工程安全生产监督管理，保障人民群众生命和财产安全。

（2）调整对象。在中华人民共和国境内从事建设工程的新建、扩建、改建和拆除等有关活动及实施对建设工程安全生产的监督管理。

（3）安全方针。坚持安全第一、预防为主。

（4）责任主体。建设单位、勘察单位、设计单位、施工单位、工程监理单位及其他与建设工程安全生产有关的单位。

（5）国家政策。国家鼓励建设工程安全生产的科学技术研究和先进技术的推广应用，推进建设工程安全生产的科学管理。

（二）建设单位的安全责任

《条例》主要规定了建设单位向施工单位提供施工现场及毗邻区域内等有关地下管线资料并保证资料的真实、准确、完整；不得对勘察、设计、施工、工程监理等单位提出不符合建设工程安全生产法律、法规和强制性标准规定的要求，不得压缩合同约定的工期；在编制工程概算时，应当确定有关安全施工所需费用；应当将拆除的工程发包给具有相应资质等级的施工单位等安全责任。

（三）勘察、设计、工程监理及其他有关单位的安全责任

（1）《条例》规定了勘察单位应当按照法律、法规和工程建设强制性标准进行勘察，采取措施保证各类管线、设施和周边建筑物、构筑物的安全等内容。

（2）《条例》规定了设计单位应当按照法律、法规和工程建设强制性标准进行设计，防止因设计不合理导致生产安全事故的发生；应当考虑施工安全操作和防护的需要，并对防范生产安全事故提出指导意见；采用新结构、新材料、新工艺的建设工程和特殊结构的建设工程，设计单位应当在设计中提出保障施工作业人员安全和预防生产安全事故的措施建议等内容。

（3）《条例》规定了工程监理单位应当审查施工组织设计中的安全技术措施或者专项施工方案是否符合工程建设强制性标准。

工程监理单位在实施监理过程中，发现存在安全事故隐患的，应当要求施工单位整改；情况严重的，应当要求施工单位暂时停止施工，并及时报告建设单位。施工单位拒不整改或者不停止施工的，工程监理单位应当及时向有关主管部门报告。

工程监理单位和监理工程师应当按照法律、法规和工程建设强制性标准实施监理，并对建设工程安全生产承担监理责任。

（4）《条例》还对为建设工程提供机械设备和配件的单位，应当按照安全施工的要求配备齐全有效的保险、限位等安全设施和装置；出租机械设备和施工机具及配件的出租单位应当对出租的机械设备和施工机具及配件的安全性能进行检测；检验检测机构对检测合格的施工起重机械和整体提升脚手架、模板等自升式架设设施，应当出具安全合格证明文件，并对检测结果负责等内容作了规定。

（四）施工单位的安全责任

主要规定了施工单位应当在其资质等级许可的范围内承揽工程；施工单位主要负责人依法对本单位的安全生产工作全面负责；施工单位对列入建设工程概算的安全作业环境及安全施工措施所需费用，不得挪作他用；施工单位应当设立安全生产管理机构，配备专职安全生产管理人员；建设工程实行施工总承包的，由总承包单位对施工现场的安全生产负总责。

规定施工单位应当在施工组织设计中编制安全技术措施和施工现场临时用电方案，对下列达到一定规模的危险性较大的分部分项工程编制专项施工方案，并附具安全验算结果，经施工单位技术负责人、总监理工程师签字后实施，由专职安全生产管理人员进行现场监督：

（1）基坑支护与降水工程。

（2）土方开挖工程。

（3）模板工程。

（4）起重吊装工程。

（5）脚手架工程。

（6）拆除、爆破工程。

（7）国务院建设行政主管部门或者其他有关部门规定的其他危险性较大的工程。

还规定了施工单位技术人员应当对有关安全施工的技术要求向施工作业班组、作业人员作出详细说明；施工单位安全警示标志设置；施工现场办公、生活区与作业区设置；施工单位对毗邻建筑物、构筑物和地下管线防护，遵守有关环境保护法律、法规的规定；现场建立消防安全责任制度；遵守安全施工的强制性标准、规章制度和操作规程；使用施工起重机械和整体提升脚手架、模板等自升式架设设施前，应当组织有关单位进行验收；安全生产教育培训；为施工现场从事危险作业的人员办理意外伤害保险等内容。

（五）监督管理

《条例》规定国务院负责安全生产监督管理的部门对全国建设工程安全生产工作实施综合监督管理；县级以上地方人民政府负责安全生产监督管理的部门对本行政区域内建设工程安全生产工作实施综合监督管理；国务院建设行政主管部门对全国的建设工程安全生产实施监督管理；国务院铁路、交通、水利等有关部门按照国务院规定的职工，负责有关专业建设工程安全生产的监督管理；县级以上地方人民政府建设行政主管部门对本行政区域内的建设工程安全生产实施监督管理；县级以上地方人民政府交通、水利等有关部门在各自的职责范围内，负责本行政区域内的专业建设工程安全生产的监督管理。

（六）生产安全事故的应急救援和调查处理

《条例》对县级以上地方人民政府建设行政主管部门和施工单位制定建设工程（特大）生产安全事故应急救援预案；生产安全事故的应急救援、生产安全事故调查处理程序和要求等作了规定。

（七）法律责任

对违反《建设工程安全生产管理条例》应负的法律责任作了规定。工程监理单位未对施工组织设计中的安全技术措施或者专项施工方案进行审查的；发现安全事故隐患未及时要求施工单位整改或者暂时停止施工的；施工单位拒不整改或者不停止施工，未及时向有关主管部门报告的；未依照法律、法规和工程建设强制性标准实施监理的将受到责令限期改正；逾期未改正的，责令停业整顿，并处 10 万元以上 30 万元以下的罚款；情节严重的，降低资质等级，直至吊销资质证书；造成重大安全事故，构成犯罪的，对直接责任人员，依照刑法有关规定追究刑事责任；造成损失的，依法承担赔偿责任等处罚。

注册执业人员未执行法律、法规和工程建设强制性标准的，责令停止执业 3 个月以上 1 年以下；情节严重的，吊销执业资格证书，5 年内不予注册；造成重大安全事故的，终身不予注册；构成犯罪的，依照刑法有关规定追究刑事责任。

第四节　建设工程监理规范与相关文件

一、建设工程监理规范

行政主管部门制定颁发的工程建设方面的标准、规范和规程也是建设工程监理的依据。《建设工程监理规范》虽然不属于建设工程法律法规规章体系，但对建设工程监理工作有重要的作用，故放在本节中一并介绍。

《建设工程监理规范》（以下简称《监理规范》）分总则、术语、项目监理机构及其设施、监理规划及监理实施细则、施工阶段的监理工作、施工合同管理的其他工作、施工阶段监理资料的管理、设备采购监理与设备监造共计 8 部分，另附有施工阶段监理工作的基本表式。

（一）总则

（1）制定目的。为了提高建设工程监理水平，规范建设工程监理行为。

（2）适用范围。本规范适用于新建、扩建、改建建设工程施工、设备采购和监造的监理工作。

（3）关于监理单位开展建设工程监理必须签订书面建设工程委托监理合同的规定。

（4）建设工程监理应实行总监理工程师负责制的规定。

（5）监理单位应公正、独立、自主地开展监理工作，维护建设单位和承包单位的合法权益。

（6）建设工程监理应符合建设工程监理规范和国家其他有关强制性标准、规范的规定。

（二）术语

《监理规范》对项目监理机构、监理工程师、总监理工程师、总监理工程师代表、专业监理工程师、监理员、监理规划、监理实施细则、工地例会、工程变更、工程计量、见证、旁站、巡视、平行检验、设备监造、费用索赔、临时延期批准、延期批准等 19 条建设工程监理常用术语作出了解释。

（三）项目监理机构及其设施

该部分内容包括：项目监理机构、监理人员职责和监理设施。

1. 项目监理机构

（1）关于项目监理机构建立时间、地点及撤离时间的规定。

（2）决定项目监理机构组织形式、规模的因素。

（3）项目监理机构人员配备以及监理人员资格要求的规定。

（4）项目监理机构的组织形式、人员构成及对总监理工程师的任命应书面通知建设单位，以及监理人员变化的有关规定。

2. 监理人员职责

《监理规范》规定了总监理工程师、总监理工程师代表、专业监理工程师和监理员的职责，具体内容见第二章。

3. 监理设施

（1）建设单位提供委托监理合同约定的办公、交通、通信、生活设施。项目监理机构应妥善保管和使用，并在完成监理工作后移交建设单位。

（2）项目监理机构应按委托监理合同的约定，配备满足监理工作需要的常规检测设备和工具。

（3）在大中型项目的监理工作中，项目监理机构应实施监理工作计算机辅助管理。

（四）监理规划及监理实施细则

1. 监理规划

规定了监理规划的编制要求、编制程序与依据、主要内容及调整修改等。

2. 监理实施细则

规定了监理实施细则编写要求、编写程序与依据、主要内容等。

（五）施工阶段的监理工作

1. 制定监理程序的一般规定

制定监理理工作程序应根据专业工程特点，应体现事前控制和主动控制的要求，应注重工作效果，应明确工作内容、行为主体、考核标准、工作时限，应符合委托监理合同和施工合同，应根据实际情况的变化对程序进行调整和完善。

2. 施工准备阶段的监理工作

施工准备阶段，项目监理机构应做好的工作包括：熟悉设计文件；参加设计技术交底会；审查施工组织设计；审查承包单位现场项目管理机构的质量管理、技术管理体系和质量保证体系；审查分包单位资格报审表和有关资料并签认；检查测量放线控制成果及保护措施；审查承包单位报送的工程开工报审表及有关资料，符合条件时，由总监理工程师签发；参加第一次工地会议，并起草会议纪要等。

3. 工地例会

规定了工地例会制度，包括：会议主持人、会议纪要的起草和会签、会议的主要内容，以及有关组织专题会议的要求。

4. 工程质量控制工作

规定了项目监理机构工程质量控制的工作内容；施工组织设计调整的审查；重点部位、关键工序的施工工艺和保证工程质量措施的审查；使用新材料、新工艺、新技术、新设备的控制措施；对承包单位实验室的考核；对拟进场的工程材料、构配件和设备的控制措施；直接影响工程质量的计量设备技术状况的定期检查；对施工过程进行巡视和检查；旁站监理的内容；审核、签认分项工程、分部工程、单位工程的质量验评资料；对施工过程中出现的质量缺陷应采取的措施；发现施工中存在重大质量隐患应及时下达工程暂停令，整改完毕并符合规定要求应及时签署工程复工令；质量事故的处理等。

5. 工程造价控制工作

规定了项目监理机构进行工程计量、工程款支付、竣工结算的程序，同时，规定了进行工程造价控制的主要工作：应对工程项目造价目标进行风险分析，并应制定防范性对策；审查工程变更方案；做好工程计量和工程款支付工作；做好实际完成工程量和工作量与计划完成量的比较、分析，并制定调整措施；及时收集有关资料，为处理费用索赔提供依据；及时按有关规定做好竣工结算工作等。

6. 工程进度控制工作

规定了项目监理机构进行工程进度控制的程序，同时，规定了工程进度控制的主要工作；审查承包单位报送的施工进度计划；制定进度控制方案，对进度目标进行风险分析，制定防范性对策；检查进度计划的实施，并根据实际情况采取措施；在监理月报中向建设单位报告工程进度及有关情况，并提出预防由建设单位原因导致工程延期及相关费用索赔的建议等。

7. 竣工验收

在竣工验收阶段，项目监理机构要做好以下工作：审查承包单位报送的竣工资料；进行工程质量竣工预验收，对存在的问题及时要求承包单位整改；签署工程竣工报验单，并提出工程质量评估报告；参加建设单位组织的竣工验收，并提供相关资料；对验收中提出的问题，要求承包单位进行整改；会同验收各方签署竣工验收报告。

8. 工程质量保修期的监理工作

项目监理机构在工程质量保修期要做好工程质量缺陷检查和记录工作；对承包单位修复的工程质量进行验收并签认；分析确定工程质量缺陷的原因和责任归属，并签署应付费用的工程款支付证书。

（六）施工合同管理的其他工作

1. 工程暂停和复工

规定了签发工程暂停令的根据；签发工程暂停令的适用情况；签发工程暂停令应做好的相关工作（确定停工范围、工期和费用的协商等）；及时签署工程复工报审表等。

2. 工程变更的管理

工程变更的管理内容包括：项目监理机构处理工程变更的程序；处理工程变更的基本要求；总监理工程师未签发工程变更，承包单位不得实施工程变更的规定；未经总监理工程师审查同意而实施的工程变更，项目监理机构不得予以计量的规定。

3. 费用索赔的处理

内容包括：处理费用索赔的依据；项目监理机构受理承包单位提出的费用索赔应满足

的条件；处理承包单位向建设单位提出费用索赔的程序；应当综合作出费用索赔和工程延期的条件；处理建设单位向承包单位提出索赔时，对总监理工程师的要求。

4. 工程延期及工程延误的处理

内容包括：受理工程延期的条件；批准工程临时延期和最终延期的规定；作出工程延期应与建设单位和承包单位协商的规定；批准工程延期的依据；工期延误的处理规定。

5. 合同争议的调解

内容包括：项目监理机构接到合同争议的调解要求后应进行的工作；合同争议双方必须执行总监理工程师签发的合同争议调解意见的有关规定；项目监理机构应公正地向仲裁机关或法院提供与争议有关的证据。

6. 合同的解除

内容包括：合同解除必须符合法律程序；因建设单位违约导致施工合同解除时，项目监理机构确定承包单位应得款项的有关规定；因承包单位违约导致施工合同终止后，项目监理机构清理承包单位的应得款，或偿还建设单位的相关款项应遵循的工作程序；因不可抗力或非建设单位、承包单位原因导致施工合同终止时，项目监理机构应按施工合同规定处理有关事宜。

（七）施工阶段监理资料的管理

（1）施工阶段监理资料应包括的内容。

（2）施工阶段监理月报应包括的内容，以及编写和报送的有关规定。

（3）监理工作总结应包括的内容等有关规定。

（4）关于监理资料的管理事宜。

（八）设备采购监理与设备监造

（1）设备采购监理工作包括：组建项目监理机构；编制设备采购方案、采购计划；组织市场调查，协助建设单位选择设备供应单位；协助建设单位组织设备采购招标或进行设备采购的技术及商务谈判；参与设备采购订货合同的谈判，协助建设单位起草及签订设备采购合同；采购监理工作结束，总监理工程师应组织编写监理工作总结。

（2）设备监造监理工作包括：组建设备监造的项目监理机构；熟悉设备制造图纸及有关技术说明，并参加设计交底；编制设备监造规划；审查设备制造单位生产计划和工艺方案；审查设备制造分包单位资质；审查设备制造的检验计划、检验要求等20项工作。

（3）规定了设备采购监理与设备监造的监理资料。

二、建设部关于落实建设工程安全生产监理责任的若干意见

为了贯彻《建设工程安全生产管理条例》（以下简称《条例》），指导和督促工程监理单位落实安全生产监理责任，做好建设工程安全生产的监理工作，建设部2006年10月16日发布了《关于落实建设工程安全生产监理责任的若干意见》，对建设工程安全监理的主要工作内容、工作程序、监理责任等作出了规定。

（一）建设工程安全监理的主要工作内容

1. 施工准备阶段

（1）监理单位应根据《条例》的规定，按照工程建设强制性标准、《建设工程监理规范》（GB 50319）和相关行业监理规范的要求，编制包括安全监理内容的项目监理规划，

明确安全监理的范围、内容、工作程序和制度措施，以及人员配备计划和职责等。

（2）对中型及以上项目和《条例》第二十六条规定的危险性较大的分部分项工程，监理单位应当编制监理实施细则。实施细则应当明确安全监理的方法、措施和控制要点，以及对施工单位安全技术措施的检查方案。

（3）审查施工单位编制的施工组织设计中的安全技术措施和危险性较大的分部分项工程安全专项施工方案是否符合工程建设强制性标准要求。审查的主要内容应当包括：

1）施工单位编制的地下管线保护措施方案是否符合强制性标准要求。

2）基坑支护与降水、土方开挖与边坡防护、模板、起重吊装、脚手架、拆除、爆破等分部分项工程的专项施工方案是否符合强制性标准要求。

3）施工现场临时用电施工组织设计或者安全用电技术措施和电气防火措施是否符合强制性标准要求。

4）冬期、雨期等季节性施工方案的制订是否符合强制性标准要求。

5）施工总平面布置图是否符合安全生产的要求，办公、宿舍、食堂、道路等临时设施设置以及排水、防火措施是否符合强制性标准要求。

（4）检查施工单位在工程项目上的安全生产规章制度和安全监管机构的建立、健全及专职安全生产管理人员配备情况，督促施工单位检查各分包单位的安全生产规章制度的建立情况。

（5）审查施工单位资质和安全生产许可证是否合法有效。

（6）审查项目经理和专职安全生产管理人员是否具备合法资格，是否与投标文件相一致。

（7）审核特种作业人员的特种作业操作资格证书是否合法有效。

（8）审核施工单位应急救援预案和安全防护措施费用使用计划。

2. 施工阶段

（1）监督施工单位按照施工组织设计中的安全技术措施和专项施工方案组织施工，及时制止违规施工作业。

（2）定期巡视检查施工过程中的危险性较大工程作业情况。

（3）核查施工现场施工起重机械、整体提升脚手架、模板等自升式架设设施和安全设施的验收手续。

（4）检查施工现场各种安全标志和安全防护措施是否符合强制性标准要求，并检查安全生产费用的使用情况。

（5）督促施工单位进行安全自查工作，并对施工单位自查情况进行抽查，参加建设单位组织的安全生产专项检查。

（二）建设工程安全监理的工作程序

监理单位的建设工程安全监理工作应按如下程序进行：

（1）监理单位按照《建设工程监理规范》和相关行业监理规范要求，编制含有安全监理内容的监理规划和监理实施细则。

（2）在施工准备阶段，监理单位审查核验施工单位提交的有关技术文件及资料，并由项目总监在有关技术文件报审表上签署意见；审查未通过的，安全技术措施及专项施工方案不得实施。

（3）在施工阶段，监理单位应对施工现场安全生产情况进行巡视检查，对发现的各类安全事故隐患，应书面通知施工单位，并督促其立即整改；情况严重的，监理单位应及时下达工程暂停令，要求施工单位停工整改，并同时报告建设单位。安全事故隐患消除后，监理单位应检查整改结果，签署复查或复工意见。施工单位拒不整改或不停工整改的，监理单位应当及时向工程所在地建设主管部门或工程项目的行业主管部门报告，以电话形式报告的，应当有通话记录，并及时补充书面报告。检查、整改、复查、报告等情况应记载在监理日志、监理月报中。

监理单位应核查施工单位提交的施工起重机械、整体提升脚手架、模板等自升式架设设施和安全设施等验收记录，并由安全监理人员签收备案。

（4）工程竣工后，监理单位应将有关安全生产的技术文件、验收记录、监理规划、监理实施细则、监理月报、监理会议纪要及相关书面通知等按规定立卷归档。

（三）建设工程安全生产的监理责任

监理单位有下述违反《条例》有关建设工程安全生产监理规定行为的，应承担《条例》第五十七条规定的法律责任。

（1）监理单位应对施工组织设计中的安全技术措施或专项施工方案进行审查，未进行审查。

施工组织设计中的安全技术措施或专项施工方案未经监理单位审查签字认可，施工单位擅自施工的，监理单位应及时下达工程暂停令，并将情况及时书面报告建设单位。监理单位未及时下达工程暂停令并报告。

（2）监理单位在监理巡视检查过程中，发现存在安全事故隐患的，应按照有关规定及时下达书面指令要求施工单位进行整改或停止施工。监理单位发现安全事故隐患没有及时下达书面指令要求施工单位进行整改或停止施工。

（3）施工单位拒绝按照监理单位的要求进行整改或者停止施工的，监理单位应及时将情况向当地建设主管部门或工程项目的行业主管部门报告。监理单位没有及时报告。

（4）监理单位未依照法律、法规和工程建设强制性标准实施监理的，应当承担《条例》第五十七条规定的法律责任。

监理单位履行了《条例》有关建设工程安全生产监理规定的职责，施工单位未执行监理指令继续施工或发生安全事故的，应依法追究监理单位以外的其他相关单位和人员的法律责任。

为了切实落实监理单位的安全生产监理责任，应做好以下3个方面的工作：

（1）健全监理单位安全监理责任制。监理单位法定代表人应对本企业监理工程项目的安全监理全面负责。总监理工程师要对工程项目的安全监理负责，并根据工程项目特点，明确监理人员的安全监理职责。

（2）完善监理单位安全生产管理制度。在健全审查核验制度、检查验收制度和督促整改制度基础上，完善工地例会制度及资料归档制度。定期召开工地例会，针对薄弱环节，提出整改意见，并督促落实；指定专人负责监理内业资料的整理、分类及立卷归档。

（3）建立监理人员安全生产教育培训制度。监理单位的总监理工程师和安全监理人员需经安全生产教育培训后方可上岗，其教育培训情况记入个人继续教育档案。

三、施工旁站监理管理办法

为了提高建设工程质量，建设部于 2002 年 7 月 17 日颁布了《房屋建筑工程施工旁站监理管理办法（试行）》。该规范性文件要求在工程施工阶段的监理工作中实行旁站监理，并明确了旁站监理的工作程序、内容及旁站监理人员的职责。

（一）旁站监理的概念

旁站监理是指监理人员在工程施工阶段监理中，对关键部位、关键工序的施工质量实施全过程现场跟班的监督活动。旁站监理是控制工程施工质量的重要手段之一，也是确认工程质量的重要依据。

在实施旁站监理工作中，如何确定工程的关键部位、关键工序，必须结合具体的专业工程而定。就房屋建筑工程而言，其关键部位、关键工序包括两类内容，一是基础工程类：土方回填，混凝土灌注桩浇筑，地下连续墙、土钉墙、后浇带及其他结构混凝土、防水混凝土浇筑，卷材防水层细部构造处理，钢结构安装；二是主体结构工程类：梁柱节点钢筋隐蔽过程、混凝土浇筑、预应力张拉、装配式结构安装、钢结构安装、网架结构安装、索膜安装。至于其他部位或工序是否需要旁站监理，可由建设单位与监理企业根据工程具体情况协商确定。

（二）旁站监理程序

旁站监理一般按下列程序实施：

（1）监理企业制定旁站监理方案，明确旁站监理的范围、内容、程序和旁站监理人员职责，并编入监理规划中。旁站监理方案同时送建设单位、施工企业和工程所在地的建设行政主管部门或其委托的工程质量监督机构各 1 份。

（2）施工企业根据监理企业制定的旁站监理方案，在需要实施旁站监理的关键部位、关键工序进行施工前 24 小时，书面通知监理企业派驻工地的项目监理机构。

（3）项目监理机构安排旁站监理人员按照旁站监理方案实施旁站监理。

（三）旁站监理人员的工作内容和职责

（1）检查施工企业现场质检人员到岗、特殊工种人员持证上岗以及施工机械、建筑材料准备情况。

（2）在现场跟班监督关键部位、关键工序的施工执行施工方案以及工程建设强制性标准情况。

（3）核查进场建筑材料、建筑构配件、设备和商品混凝土的质量检验报告等，并可在现场监督施工企业进行检验或者委托具有资格的第三方进行复验。

（4）做好旁站监理记录和监理日记，保存旁站监理原始资料。

如果旁站监理人员或施工企业现场质检人员未在旁站监理记录上签字，则施工企业不能进行下一道工序施工，监理工程师或者总监理工程师也不得在相应文件上签字。旁站监理人员在旁站监理时，如果发现施工企业有违反工程建设强制性标准行为的，有权制止并责令施工企业立即整改；如果发现施工企业的施工活动已经或者可能危及工程质量的，应当及时向监理工程师或者总监理工程师报告，由总监理工程师下达局部暂停施工指令或者采取其他应急措施，制止危害工程质量的行为。

第五节 建设程序和建设工程管理制度

一、建设程序

（一）建设程序的概念

所谓建设程序是指一项建设工程从设想、提出到决策，经过设计、施工，直至投产或交付使用的整个过程中，应当遵循的内在规律。

按照建设工程的内在规律，投资建设一项工程应当经过投资决策、建设实施和交付使用3个发展时期。每个发展时期又可分为若干个阶段，各阶段以及每个阶段内的各项工作之间存在着不能随意颠倒的严格的先后顺序关系。科学的建设程序应当在坚持“先勘察、后设计、再施工”的原则基础上，突出优化决策、竞争择优、委托监理的原则。

从事建设工程活动，必须严格执行建设程序。这是每一位建设工作者的职责，更是建设工程监理人员的重要职责。

新中国成立以来，我国的建设程序经过了一个不断完善的过程。目前我国的建设程序与计划经济时期相比较，已经发生了重要变化。其中关键性的变化，一是在投资决策阶段实行了项目决策咨询评估制度，二是实行了工程招标投标制度，三是实行了建设工程监理制度，四是实行了项目法人责任制度。

建设程序中的这些变化，使我国工程建设进一步顺应了市场经济的要求，并且与国际惯例趋于一致。

按现行规定，我国一般大中型及限额以上项目的建设程序中，将建设活动分成以下几个阶段：提出项目建议书；编制可行性研究报告；根据咨询评估情况对建设项目进行决策；根据批准的可行性研究报告编制设计文件；初步设计批准后，做好施工前各项准备工作；组织施工，并根据施工进度做好生产或动用前准备工作；项目按照批准的设计内容建完，经投料试车验收合格并正式投产交付使用；生产运营一段时间，进行项目后评估。

（二）建设工程各阶段的工作内容

1. 项目建议书阶段

项目建议书是拟建项目单位向国家提出的要求建设某一项目的建议文件，是对工程项目建设的轮廓设想。项目建议书的主要作用是推荐一个拟建项目，论述其建设的必要性、建设条件的可行性和获利的可能性，供国家决策机构选择并确定是否进行下一步工作。

项目建议书的内容视项目的不同有繁有简，但一般应包括以下几方面的内容：

（1）项目提出的必要性和依据。

（2）产品方案、拟建规模和建设地点的初步设想。

（3）资源情况、建设条件、协作关系和设备引进国别、厂商的初步分析。

（4）投资估算、资金筹措及还贷方案设想。

（5）项目进度安排。

（6）经济效益和社会效益的初步估计。

（7）环境影响的初步评价。

对于政府投资项目，项目建议书按要求编制完成后，应根据建设规模和限额划分分别报送有关部门审批。项目建议书批准后，可以进行详细的可行性研究报告，但并不表明项目非上不可，批准的项目建议书不是项目的最终决策。

根据《国务院关于投融资体制改革的决定》（国发[2004]20 号），对于企业不使用政府资金投资建设的项目，政府不再进行投资决策性质的审批。项目实行核准制或登记备案制，企业不需要编制项目建议书而可直接编制项目可行性研究报告。

2. 可行性研究阶段

可行性研究是指在项目决策之前，通过调查、研究、分析与项目有关的工程、技术、经济等方面的条件和情况，对可能的多种方案进行比较论证，同时对项目建成后的经济效益进行预测和评价的一种投资决策分析研究方法和科学分析活动。

（1）作用。

可行性研究的主要作用是为建设项目投资决策提供依据，同时也为建设项目设计、银行贷款、申请开工建设、建设项目实施、项目评估、科学实验、设备制造等提供依据。

（2）内容。

可行性研究是从项目建设和生产经营全过程分析项目的可行性，应完成以下工作内容：

1）市场研究，以解决项目建设的必要性问题。

2）工艺技术方案的研究，以解决项目建设的技术可行性问题。

3）财务和经济分析，以解决项目建设的经济合理性问题。

凡经可行性研究未通过的项目，不得进行下一步工作。

（3）项目投资决策审批制度。

根据《国务院关于投资体制改革的决定》，政府投资项目和非政府投资项目分别实行审批制、核准制或备案制。

1）政府投资项目。对于采用直接投资和资本金注入方式的政府投资项目，政府需要从投资决策的角度审批项目建议书和可行性研究报告，除特殊情况外不再审批开工报告，同时还要严格审批其初步设计和概算；对于采用投资补助、转贷和贷款贴息方式的政府投资项目，则只审批资金申请报告。

政府投资项目一般都要经过符合资质要求的咨询中介机构的评估论证，特别重大的项目还应实行专家评议制度。国家将逐步实行政府投资项目公示制度，以广泛听取各方面的意见和建议。

2）非政府投资项目。对于企业不使用政府资金投资建设的项目，一律不再实行审批制，区别不同情况实行核准制或登记备案制。

a．核准制。企业投资建设《政府核准的投资项目目录》（以下简称《目录》）中的项目时，只需向政府提交项目申请报告，不再经过批准项目建议书、可行性研究报告和开工报告的程序。政府对企业提交的项目申请报告，主要从维护经济安全、合理开发利用资源、保护生态环境、优化重大布局、保障公共利益、防止出现垄断等方面进行核准。对于外商投资项目，政府还要从市场准入、资本项目管理等方面进行核准。

b．备案制。对于《目录》以外的企业投资项目，实行备案制，除国家另有规定外，由企业按照属地原则向地方政府投资主管部门备案。备案制的具体实施办法由省级人民政府自行制定。国务院投资主管部门要对备案工作加强指导和监督，防止以备案的名义变相审批。

为扩大大型企业集团的投资决策权，对于基本建立现代企业制度的特大型企业集团，投资建设《目录》中的项目，可以按项目单独申报核准，也可编制中长期发展建设规划，规划经国务院或国务院投资主管部门批准后，规划中属于《目录》中的项目不再另行申报核准，只需办理备案手续。企业集团要及时向国务院有关部门报告规划执行和项目建设情况。

3. 设计阶段

设计是对拟建工程在技术和经济上进行全面的安排，是工程建设计划的具体化，是组织施工的依据。设计质量直接关系到建设工程的质量，是建设工程的决定性环节。

经批准立项的建设工程，一般应通过招标投标择优选择设计单位。

一般工程进行两阶段设计，即初步设计和施工图设计。有些工程，根据需要可在两阶段之间增加技术设计。

（1）初步设计。

初步设计是根据批准的可行性研究报告和设计基础资料，对工程进行系统研究，概略计算，作出总体安排，拿出具体实施方案。目的是在指定的时间、空间等限制条件下，在总投资控制的额度内和质量要求下，作出技术上可行、经济上合理的设计和规定，并编制工程总概算。

初步设计不得随意改变批准的可行性研究报告所确定的建设规模、产品方案、工程标准、建设地址和总投资等基本条件。如果初步设计提出的总概算超过可行性研究报告总投资的10%以上，或者其他主要指标需要变更时，应重新向原审批单位报批。

（2）技术设计。

为了进一步解决初步设计中的重大问题，如工艺流程、建筑结构、设备选型等，根据初步设计和进一步的调查研究资料进行技术设计。这样做可以使建设工程更具体、更完善、技术指标更合理。

（3）施工图设计。

在初步设计或技术设计基础上进行施工图设计，使设计达到施工安装的要求。施工图设计应结合实际情况，完整、准确地表达出建筑物的外形、内部空间的分割、结构体系以及建筑系统的组成和周围环境的协调。

《建设工程质量管理条例》规定，建设单位应将施工图设计文件报县级以上人民政府建设行政主管部门或其他有关部门审查，未经审查批准的施工图设计文件不得使用。

4. 建设准备阶段

工程开工建设之前，应当切实做好各项准备工作。其中包括：组建项目法人；征地、拆迁和平整场地；做到水通、电通、路通；组织设备、材料订货；建设工程报监；委托工程监理；组织施工招标投标，优选施工单位；办理施工许可证等。

按规定做好准备工作，具备开工条件以后，建设单位申请开工。经批准，项目进入下一阶段，即施工安装阶段。

5. 施工安装阶段

建设工程具备了开工条件并取得施工许可证后才能开工。

按照规定，工程新开工时间是指建设工程设计文件中规定的任何一项永久性工程第一次正式破土开槽的开始日期。不需开槽的工程，以正式打桩作为正式开工日期。铁道、公路、水库等需要进行大量土石方工程的，以开始进行土石方工程作为正式开工日期。工程地质勘察、平整场地、旧建筑物拆除、临时建筑或设施等的施工不算正式开工。

本阶段的主要任务是按设计进行施工安装，建成工程实体。

在施工安装阶段，施工承包单位应当认真做好图纸会审工作，参加设计交底，了解设计意图，明确质量要求；选择合适的材料供应商；做好人员培训；合理组织施工；建立并落实技术管理、质量管理体系和质量保证体系；严格把好中间质量验收和竣工验收环节。

6. 生产准备阶段

工程投产前，建设单位应当做好各项生产准备工作。生产准备阶段是由建设阶段转入生产经营阶段的重要衔接阶段。在本阶段，建设单位应当做好相关工作的计划、组织、指挥、协调和控制工作。

生产准备阶段主要工作有：组建管理机构，制定有关制度和规定；招聘并培训生产管理人员，组织有关人员参加设备安装、调试、工程验收；签订供货及运输协议；进行工具、器具、备品、备件等的制造或订货；其他需要做好的有关工作。

7. 竣工验收阶段

建设工程按设计文件规定的内容和标准全部完成，并按规定将工程内外全部清理完毕后，达到竣工验收条件，建设单位即可组织竣工验收，勘察、设计、施工、监理等有关单位应参加竣工验收。竣工验收是考核建设成果、检验设计和施工质量的关键步骤，是由投资成果转入生产或使用的标志。竣工验收合格后，建设工程方可交付使用。

竣工验收后，建设单位应及时向建设行政主管部门或其他有关部门备案并移交建设项目档案。

建设工程自办理竣工验收手续后，因勘察、设计、施工、材料等原因造成的质量缺陷，应及时修复，费用由责任方承担。保修期限、返修和损害赔偿应当遵照《建设工程质量管理条例》的规定。

（三）坚持建设程序的意义

建设程序反映了工程建设过程的客观规律。坚持建设程序在以下几方面有重要意义：

1. 依法管理工程建设，保证正常建设秩序

建设工程涉及国计民生，并且投资大、工期长、内容复杂，是一个庞大的系统。在建设过程中，客观上存在着具有一定内在联系的不同阶段和不同内容，必须按照一定的步骤进行。为了使工程建设有序地进行，有必要将各个阶段的划分和工作的次序用法规或规章的形式加以规范，以便于人们遵守。实践证明，坚持了建设程序，建设工程就能顺利进行、健康发展。反之，不按建设程序办事，建设工程就会受到极大的影响。因此，坚持建设程序，是依法管理工程建设的需要，是建立正常建设秩序的需要。

2. 科学决策，保证投资效果

建设程序明确规定，建设前期应当做好项目建议书和可行性研究工作。在这两个阶段，由具有资格的专业技术人员对项目是否必要、条件是否可行进行研究和论证，并对投资收益进行分析，对项目的选址、规模等进行方案比较，提出技术上可行、经济上合理的可行性研究报告，为项目决策提供依据，而项目审批又从综合平衡方面进行把关。如此，可最大限度地避免决策失误并力求决策优化，从而保证投资效果。

3. 顺利实施建设工程，保证工程质量

建设程序强调了先勘察、后设计、再施工的原则。根据真实、准确的勘察成果进行设计，根据深度、内容合格的设计进行施工，在做好准备的前提下合理地组织施工活动，使整个建设活动能够有条不紊地进行，这是工程质量得以保证的基本前提。事实证明，坚持建设程序，就能顺利实施建设工程并保证工程质量。

4. 顺利开展建设工程监理

建设工程监理的基本目的是协助建设单位在计划的目标内把工程建成投入使用。因此，坚持建设程序，按照建设程序规定的内容和步骤，有条不紊地协助建设单位开展好每个阶段的工作，对建设工程监理是非常重要的。

（四）建设程序与建设工程监理的关系

1. 建设程序为建设工程监理提出了规范化的建设行为标准

建设工程监理要根据行为准则对工程建设行为进行监督管理。建设程序对各建设行为主体和监督管理主体在每个阶段应当做什么、如何做、何时做、由谁做等一系列问题都给予了一定的解答。工程监理企业和监理人员应当根据建设程序的有关规定进行监理。

2. 建设程序为建设工程监理提出了监理的任务和内容

建设程序要求建设工程的前期应当做好科学决策的工作。建设工程监理决策阶段的主要任务就是协助委托单位正确地做好投资决策，避免决策失误，力求决策优化。具体的工作就是协助委托单位择优选定咨询单位，做好咨询合同管理，对咨询成果进行评价。

建设程序要求按照先勘察、后设计、再施工的基本顺序做好相应的工作。建设工程监理在此阶段的任务就是协助建设单位做好择优选择勘察、设计、施工单位，对他们的建设活动进行监督管理，做好投资、进度、质量控制以及合同管理和组织协调工作。

3. 建设程序明确了工程监理企业在工程建设中的重要地位

根据有关法律、法规的规定，在工程建设中应当实行建设工程监理制。现行的建设程序体现了这一要求。这就为工程监理企业确立了工程建设中的应有地位。随着我国经济体制改革的深入，工程监理企业在工程建设中的地位将越来越重要。在一些发达国家的建设程序中，都非常强调这一点。例如，英国土木工程师学会在它的《土木工程程序》中强调，在土木工程程序中的所有阶段，监理工程师“起着重要作用”。

4. 坚持建设程序是监理人员的基本职业准则

坚持建设程序，严格按照建设程序办事，是所有工程建设人员的行为准则。对于监理人员而言，更应率先垂范。掌握和运用建设程序，既是监理人员业务素质的要求，也是职业准则的要求。

5. 严格执行我国建设程序是结合中国国情推行建设工程监理制的具体体现

任何国家的建设程序都能反映这个国家的工程建设方针、政策、法律、法规的要求，反映建设工程的管理体制，反映工程建设的实际水平。而且，建设程序总是随着时代的变化，环境和需求的变化，不断地调整和完善。这种动态的调整总是与国情相适应的。

我国推行建设工程监理应当遵循两条基本原则：一是参照国际惯例，二是结合中国国情。工程监理企业在开展建设工程监理的过程中，严格按照我国建设程序的要求做好监理的各项工作，就是结合中国国情的体现。

二、建设工程主要管理制度

按照我国有关规定，在工程建设中，应当实行项目法人责任制、工程招标投标制、建设工程监理制、合同管理制等主要制度。这些制度相互关联、相互支持，共同构成了建设工程管理制度体系。

（一）项目法人责任制

为了建立投资约束机制，规范建设单位的行为，建设工程应当按照政企分开的原则组建项目法人，实行项目法人责任制，即由项目法人对项目的策划、资金筹措、建设实施、生产经营、债务偿还和资产的保值增值，实行全过程负责的制度。

1. 项目法人

国有单位经营性大中型建设工程必须在建设阶段组建项目法人。项目法人可按《中华人民共和国公司法》（以下简称《公司法》的规定设立有限责任公司（包括国有独资公司）和股份有限公司等。

2. 项目法人的设立

（1）设立时间。

新上项目在项目建议书被批准后，应及时组建项目法人筹备组，具体负责项目法人的筹建工作。项目法人筹备组主要由项目投资方派代表组成。

在申报项目可行性研究报告时，需同时提出项目法人组建方案。否则，其项目可行性报告不予审批。项目可行性研究报告经批准后，正式成立项目法人，并按有关规定确保资金按时到位，同时及时办理公司设立登记。

（2）备案。

国家重点建设项目的公司章程须报国家计委备案，其他项目的公司章程按项目隶属关系分别向有关部门、地方计委备案。

3. 组织形式和职责

（1）组织形式。

国有独资公司设立董事会。董事会由投资方负责组建。

国有控股或参股的有限责任公司、股份有限公司设立股东会、董事会和监事会。董事会、监事会由各投资方按照《公司法》的有关规定组建。

（2）建设项目董事会职权。

1）负责筹措建设资金。

2）审核上报项目初步设计和概算文件。

3）审核上报年度投资计划并落实年度资金。

4）提出项目开工报告。

5）研究解决建设过程中出现的重大问题。

6）负责提出项目竣工验收申请报告。

7）审定偿还债务计划和生产经营方针，并负责按时偿还债务。

8）聘任或解聘项目总经理，并根据总经理的提名，聘任或解聘其他高级管理人员。

（3）总经理职权。

1）组织编制项目初步设计文件，对项目工艺流程、设备选型、建设标准、总图布置提出意见，提交董事会审查。

2）组织工程设计、工程监理、工程施工和材料设备采购招标工作，编制和确定招标方案、标底和评标标准，评选和确定投、中标单位。

3）编制并组织实施项目年度投资计划、用款计划和建设进度计划。

4）编制项目财务预算、决算。

5）编制并组织实施归还贷款和其他债务计划。

6）组织工程建设实施，负责控制工程投资、工期和质量。

7）在项目建设过程中，在批准的概算范围内对单项工程的设计进行局部调整。

8）根据董事会授权处理项目实施过程中的重大紧急事件，并及时向董事会报告。

9）负责生产准备工作和培训人员。

10）负责组织项目试生产和单项工程预验收。

11）拟定生产经营计划、企业内部机构设置、劳动定员方案及工资福利方案。

12）组织项目后评估，提出项目后评估报告。

13）按时向有关部门报送项目建设、生产信息和统计资料。

14）提请董事会聘请或解聘项目高级管理人员。

4. 项目法人责任制与建设工程监理制的关系

（1）项目法人责任制是实行建设工程监理制的必要条件。

建设工程监理制的产生、发展取决于社会需求。没有社会需求，建设工程监理就会成为无源之水，也就难以发展。

实行项目法人责任制，贯彻执行谁投资，谁决策，谁承担风险的市场经济下的基本原则，这就为项目法人提出了一个重大问题：如何做好决策和承担风险的工作。也因此对社会提出了需求。这种需求，为建设工程监理的发展提供了坚实的基础。

（2）建设工程监理制是实行项目法人责任制的基本保障。

有了建设工程监理制，建设单位就可以根据自己的需要和有关的规定委托监理。在工程监理企业的协助下，做好投资控制、进度控制、质量控制、合同管理、信息管理、组织协调工作，就为在计划目标内实现建设项目提供了基本保证。

（二）工程招标投标制

为了在工程建设领域引入竞争机制，择优选定勘察单位、设计单位、施工单位以及材料、设备供应单位，需要实行工程招标投标制。

我国《招标投标法》对招标范围和规模标准、招标方式和程序、招标投标活动的监督等内容作出了相应的规定。

（三）建设工程监理制

早在1988年建设部发布的《关于开展建设监理工作的通知》中就明确提出要建立建设监理制度，在《建筑法》中也作了“国家推行建筑工程监理制度”的规定。

（四）合同管理制

为了使勘察、设计、施工、材料设备供应单位和工程监理企业依法履行各自的责任和义务，在工程建设中必须实行合同管理制。

合同管理制的基本内容是：建设工程的勘察、设计、施工、材料设备采购和建设工程监理都要依法订立合同。各类合同都要有明确的质量要求、履约担保和违约处罚条款。违约方要承担相应的法律责任。

合同管理制的实施对建设工程监理开展合同管理工作提供了法律上的支持。

思　考　题

1．何谓建设工程监理?它的概念要点是什么?

2．建设工程监理具有哪些性质?它们的含义是什么?

3．建设工程监理有哪些作用?

4．建设工程监理的理论基础是什么?

5．现阶段我国建设工程监理有哪些特点?

6.《建筑法》由哪些基本内容构成?总则部分的具体内容是什么?

7.《建筑法》对建筑工程许可、建筑工程发包和承包、建筑工程监理、建筑工程质量管理有哪些规定?

8．建设工程质量责任主体各自的质量责任和义务有哪些?

9.《建设工程质量管理条例》对建设工程保修有哪些规定?

10.《建设工程安全生产管理条例》对工程监理单位的安全责任作了哪些规定?

11．何谓建设程序？我国现行建设程序的内容是什么？

12．坚持建设程序具有哪些意义？建设程序与建设工程监理的关系是什么？

第二章　监理工程师与工程监理企业

职业能力目标要求

1. 懂得监理工程师的职责、概念与素质。
2. 熟悉监理工程师资格考试和注册管理。
3. 了解注册监理工程师继续教育的必要性和内容。
4. 熟悉工程监理企业的组织形式与资质管理。
5. 熟悉工程监理企业经营活动基本准则与市场开发。

第一节　监 理 工 程 师

一、监理工程师的概念

监理工程师是指经全国统一考试合格并经注册取得《监理工程师岗位证书》的建设监理人员。一般必须同时具备3个条件：①从事工程建设监理工作的人员；②监理工程师执业资格考试合格，取得国家确认的《监理工程师资格证书》；③经省、自治区、直辖市建委（建设厅）或由国务院工业、交通、水利等部门的建设主管单位核准、注册取得《监理工程师岗位证书》和执业印章。

监理工程师是一种岗位职务和执业资格，不同于国家现有的专业技术职称。此外，监理工程师也不是一个终身的岗位职务，对于不从事监理业务、不在职的监理工程师或不符合条件者，由相关部门注销注册，并收回《监理工程师岗位证书》。

二、监理工程师的素质

1. 掌握监理工作的方法和技能，具有丰富的工程实践经验

工程项目的监理工作是十分复杂的一个系统工程，需要做很多工作。监理工程师要运用工程、管理、法律、金融保险等各方面知识和技能，提出解决问题的方法和意见。

监理业务具有很强的实践性，实践经验对于监理工程师处理实际问题至关重要。工程建设中的失误，往往与工程技术人员的实践经验不足有关，而实践经验又与工作年限和工程阅历有关。因此，我国规定必须是具有高级专业技术职称，或取得中级专业技术职称后具有3年以上工程设计或施工管理实践经验的人员方可参加监理工程师资格考试。

2. 具有良好的品德和职业道德

监理工程师应热爱本职工作，具有科学的工作态度，具有廉洁奉公、为人正直、办事公道的高尚情操，能够听取各方意见、冷静分析问题。监理工程师还应严格遵守自己的职业道德守则：

（1）维护国家的荣誉和利益，按照“守法、诚信、公正、科学”的准则执业。

（2）执行有关工程建设的法律、法规、标准、规范、规程和制度，履行委托监理合同规定的义务和职责。

（3）努力学习专业技术和建设监理知识，不断提高业务能力和监理水平。

（4）不以个人名义承揽监理业务。

（5）不同时在两个或两个以上工程监理企业注册和从事监理活动，不在政府部门和施工、材料设备的生产供应等单位兼职。

（6）不为所监理项目指定承包商、建筑构配件、设备、材料生产厂家和施工方法。

（7）不收受被监理单位的任何礼金。

（8）不泄露所监理工程各方认为需要保密的事项。

（9）坚持独立自主地开展工作。

3. 工程建设过程中善于协调各种关系

在工程建设过程中，监理工程师不仅要和业主、承包商、政府建设相关职能部门、材料供应商等许多单位打交道，也要处理资源、质量、进度、投资、安全等各种事和物。在监理工作过程中，各种关系错综复杂，相互联系和制约，不易处理。因此监理工程师在工作中应建立良好的人际关系；掌握处理各种关系的技术方法；具有良好的文字和口头表达能力。努力提高协调、处理各种关系的能力。

4. 要有健康的体魄和充沛的精力

在施工阶段从事监理，监理工作现场性强、任务繁忙、工作条件和生活条件差，而工程中出现的问题往往要求限时处理、解决。这就要求监理工程师拥有健康的身体和充沛的精力，并能够适应施工现场的工作环境。因此，我国对年满65周岁的监理人员不再进行注册。

三、监理工程师的权利和义务

监理工程师的主要业务是受聘于工程监理企业从事监理工作，受建设单位委托，代表工程监理企业完成委托监理合同约定的委托事项。因此，监理工程师的法律地位主要表现为受托人的权利和义务。

1. 监理工程师的权利

（1）使用注册监理工程师称谓。

（2）在规定范围内从事执业活动。

（3）依据本人能力从事相应的执业活动。

（4）保管和使用本人的注册证书和执业印章。

（5）对本人执业活动进行解释和辩护。

（6）接受继续教育。

（7）获得相应的劳动报酬。

（8）对侵犯本人权利的行为进行申诉。

2. 监理工程师的义务

（1）遵守法律、法规和有关管理规定。

（2）履行管理职责，执行技术标准、规范和规程。

（3）保证执业活动成果的质量，并承担相应责任。

（4）接受继续教育，努力提高执业水准。

（5）在本人执业活动所形成的工程监理文件上签字、加盖执业印章。

（6）保守在执业中知悉的国家秘密和他人的商业、技术秘密。

（7）不得涂改、倒卖、出租、出借或者以其他形式非法转让注册证书或者执业印章。

（8）不得同时在两个或者两个以上单位受聘或者执业。

（9）在规定的执业范围和聘用单位业务范围内从事执业活动。

（10）协助注册管理机构完成相关工作。

四、监理工程师资格考试

为了适应建立社会主义市场经济体制的要求，加强建设工程项目监理，确保工程建设质量，提高监理人员专业素质和建设工程监理工作水平，建设部、人事部自1997年起，在全国举行监理工程师执业资格考试。这样做，既符合国际惯例，又有助于开拓国际建设工程监理市场。

1. 考试报名条件

凡中华人民共和国公民，遵纪守法，具有工程技术或工程经济专业大专以上（含大专）学历，并符合下列条件之一者，可申请参加监理工程师执业资格考试。

（1）具有按照国家有关规定评聘的工程技术或工程经济专业中级专业技术职务，并任职满三年。

（2）具有按照国家有关规定评聘的工程技术或工程经济专业高级专业技术职务。

申请参加监理工程师执业资格考试，由本人提出申请，所在工作单位推荐，持报名表到当地考试管理机构报名，并交验学历证明、专业技术职务证书。

2. 考试科目

全国监理工程师执业资格考试的范围是现行的六本监理培训教材，即建设工程监理概论、建设工程合同管理、建设工程质量控制、建设工程进度控制、建设工程投资控制和工程建设信息管理等6方面的理论知识和实务技能。

监理工程师执业资格考试实行全国统一大纲、统一命题、统一组织的办法，每年举行一次。

考试科目有4科，即《建设工程监理基本理论和相关法规》、《建设工程合同管理》、《建设工程质量、投资、进度控制》和《建设工程监理案例分析》。符合免试条件的人员可以申请免试《建设工程合同管理》和《建设工程质量、投资、进度控制》两科。

3. 考试管理

根据我国国情，对监理工程师执业资格考试工作，实行政府统一管理的原则。国家成立由建设行政主管部门、人事行政主管部门、计划行政主管部门和有关方面的专家组成的“全国监理工程师资格考试委员会”；省、自治区、直辖市成立“地方监理工程师资格考试委员会”。

参加4个科目考试人员成绩的有效期为2年，实行2年滚动管理办法，考试人员必须在连续2年内通过4科考试，方可取得《监理工程师执业资格证书》。参加2个科目考试的人员必须在1年内通过2科考试，方可取得《监理工程师执业资格证书》。

五、监理工程师的注册管理

申请监理工程师注册者，必须具备下列条件：

（1）热爱中华人民共和国，拥护社会主义制度，遵纪守法，遵守监理工程师职业道德。

（2）经全国监理工程师执业资格统一考试合格，取得《监理工程师资格证书》。

（3）身体健康，能胜任工程建设的现场监理工作。

（4）为监理企业的在职人员，年龄在65周岁以下。

（5）在工程监理工作中没有发生重大监理过失或重大质量责任事故。

取得《监理工程师执业资格证书》者，需按规定向所在省（自治区、直辖市）建设部门申请注册。申请监理工程师注册，按照下列步骤办理：

第一步，申请人向聘用监理企业提出申请，并填写“监理工程师注册申请表”。

第二步，监理企业同意后，连同“监理工程师注册申请表”、《监理工程师资格证书》、职称证书、身份证书等材料，向省、自治区、直辖市注册主管部门或中央管理的部委（总公司）提出申请。

第三步，省、自治区、直辖市注册主管部门或中央管理的部委（总公司）初审合格后，报建设部监理工程师注册管理部门。

第四步，建设部监理工程师注册管理部门对初审意见进行审核，对符合条件者准予注册，并颁发建设部统一制作的《监理工程师岗位证书》。

取得《监理工程师执业资格证书》的监理人员一经注册，即表明获得了政府对其以监理工程师名义从业的行政许可，从而具有了相应的工作岗位的权利和责任。注册是监理人员以监理工程师名义执业的必要环节，仅取得执业资格以及已经取得《监理工程师资格证书》但未经注册的人员，都不得以监理工程师的名义从事工程建设监理业务。已经注册的监理工程师，必须受聘于有法人资格的监理单位方能从事监理业务活动；不得以个人名义承接工程建设监理业务，也不得同时在两个或两个以上的监理单位受聘执业。

监理工程师注册有效期为5年。有效期满前3个月，持证者须按规定到注册机构办理注册手续。监理工程师退出、调出所在的工程建设监理单位或被解聘，须向原注册机关交回其《监理工程师岗位证书》，核销注册。核销注册不满5年再从事监理业务的，须由拟聘用的工程建设监理单位向本地区或本部门监理工程师注册机关重新申请注册；国家行政机关现职工作人员，不得申请监理工程师注册。监理工程师注册机关每5年对持《监理工程师岗位证书》者复查一次。对不符合条件的，注销注册，并收回《监理工程师岗位证书》。

六、注册监理工程师的继续教育

1. 继续教育的目的

随着现代科学技术日新月异地发展，注册后的监理工程师不能一劳永逸地停留在原有知识水平上，而要随着时代的进步不断更新知识、扩大其知识面，通过继续教育使注册监理工程师及时掌握与工程监理有关的政策、法律法规和标准规范，熟悉工程监理与工程项目管理的新理论、新方法，了解工程建设新技术、新材料、新设备及新工艺，适时更新业务知识，不断提高注册监理工程师业务素质和执业水平，以适应开展工程监理业务和工程监理事业发展的需要。因此，注册监理工程师每年都要接受一定学时的继续教育。国际上一些国家，如美国、英国等，对执业人员的年度考核也有类似的要求。

2. 继续教育的学时

注册监理工程师在每一注册有效期（3 年）内应接受 96 学时的继续教育，其中必修课和选修课各为 48 学时。必修课 48 学时每年可安排 16 学时。选修课 48 学时按注册专业安排学时，只注册 1 个专业的，每年接受该注册专业选修课 16 学时的继续教育；注册 2 个专业的，每年接受相应 2 个注册专业选修课各 8 学时的继续教育。

注册监理工程师申请变更注册专业时，在提出申请之前，应接受申请变更注册专业 24 学时选修课的继续教育。注册监理工程师申请跨省级行政区域变更执业单位时，在提出申请之前，还应接受新聘用单位所在地 8 学时选修课的继续教育。

注册监理工程师在公开发行的期刊上发表有关工程监理的学术论文，字数在 3000 字以上的，每篇可充抵选修课 4 学时；从事注册监理工程师继续教育授课工作和考试命题工作，每年每次可充抵选修课 8 学时。

3. 继续教育方式和内容

继续教育的方式有两种，即集中面授和网络教学。继续教育的内容主要有：

（1）必修课。

国家近期颁布的与工程监理有关的法律法规、标准规范和政策；工程监理与工程项目管理的新理论、新方法；工程监理案例分析；注册监理工程师职业道德。

（2）选修课。

地方及行业近期颁布的与工程监理有关的法规、标准规范和政策；工程建设新技术、新材料、新设备及新工艺；专业工程监理案例分析；需要补充的其他与工程监理业务有关的知识。

七、监理工程师的职责

1. 总监理工程师的职责

总监理工程师应履行以下职责：

（1）确定项目监理机构人员的分工和岗位职责。

（2）主持编写项目监理规划、审批项目监理实施细则，并负责管理项目监理机构的日常工作。

（3）审查分包单位的资质，并提出审查意见。

（4）检查和监督监理人员的工作，根据工程项目的进展情况可进行监理人员调配，对不称职的监理人员应调换其工作。

（5）主持监理工作会议，签发项目监理机构的文件和指令。

（6）审定承包单位提交的开工报告、施工组织设计、技术方案、进度计划。

（7）审核签署承包单位的申请、支付证书和竣工结算。

（8）审查和处理工程变更。

（9）主持或参与工程质量事故的调查。

（10）调解建设单位与承包单位的合同争议、处理索赔、审批工程延期。

（11）组织编写并签发监理月报、监理工作阶段报告、专题报告和项目监理工作总结。

（12）审核签认分部工程和单位工程的质量检验评定资料，审查承包单位的竣工申请，组织监理人员对待验收的工程项目进行质量检查，参与工程项目的竣工验收。

（13）主持整理工程项目的监理资料。

2. 总监理工程师代表的职责

总监理工程师代表应履行以下职责：

（1）负责总监理工程师指定或交办的监理工作。

（2）按总监理工程师的授权，行使总监理工程师的部分职责和权力。

根据《建设工程监理规范》（GB 50319—2000），总监理工程师不得将下列工作委托总监理工程师代表：

1）主持编写项目监理规划、审批项目监理实施细则。

2）签发工程开工／复工报审表、工程暂停令、工程款支付证书、工程竣工报验单。

3）审核签认竣工结算。

4）调解建设单位与承包单位的合同争议、处理索赔、审批工程延期。

5）根据工程项目的进展情况进行监理人员的调配，调换不称职的监理人员。

3. 专业监理工程师的职责

专业监理工程师应履行以下职责：

（1）负责编制本专业的监理实施细则。

（2）负责本专业监理工作的具体实施。

（3）组织、指导、检查和监督本专业监理员的工作，当人员需要调整时，向总监理工程师提出建议。

（4）审查承包单位提交的涉及本专业的计划、方案、申请、变更，并向总监理工程师提出报告。

（5）负责本专业分项工程验收及隐蔽工程验收。

（6）定期向总监理工程师提交本专业监理工作实施情况报告，对重大问题及时向总监理工程师汇报和请示。

（7）根据本专业监理工作实施情况做好监理日记。

（8）负责本专业监理资料的收集、汇总及整理，参与编写监理月报。

（9）核查进场材料、设备、构配件的原始凭证、检测报告等质量证明文件及其质量情况，根据实际情况认为有必要时对进场材料、设备、构配件进行平行检验，合格时予以签认。

（10）负责本专业的工程计量工作，审核工程计量的数据和原始凭证。

4. 监理员的职责

监理员应履行以下职责：

（1）在专业监理工程师的指导下开展现场监理工作。

（2）检查承包单位投入工程项目的人力、材料、主要设备及其使用、运行状况，并做好检查记录。

（3）复核或从施工现场直接获取工程计量的有关数据并签署原始凭证。

（4）按设计图及有关标准，对承包单位的工艺过程或施工工序进行检查和记录，对加工制作及工序施工质量检查结果进行记录。

（5）担任旁站工作，发现问题及时指出并向专业监理工程师报告。

（6）做好监理日记和有关的监理记录。

第二节 工程监理企业

工程监理企业是指具有工程监理企业资质证书，从事工程监理业务的经济组织，它是监理工程师的执业机构。工程监理企业为业主提供技术咨询服务，属于从事第三产业企业。

一、工程监理企业的组织形式

工程监理企业的组织形式是指其组织经营的形态和方式。在市场经济条件下，工程监理企业作为一种经济组织，必须是一个赢利的经济单位。因此工程监理企业只有选择了合理的组织形式，才有可能充分地调动各方面的积极性，使之充满生机和活力。

根据我国现行法律法规的规定，工程监理企业的组织形式大致有 3 种，即个人独资监理企业、合伙制监理企业和公司制监理企业。

1. 个人独资监理企业

个人独资监理企业是指依法设立，由一个自然人投资，财产为投资人个人所有，投资人以其个人财产对监理企业债务承担无限责任的经营实体。

个人独资监理企业特点：①只有一个出资者；②出资人对企业债务承担无限责任；③一般而言，独资监理企业并不作为企业所得税的纳税主体，其收益纳入所有者的其他收益一并计算交纳个人所得税，通常易于组建。

2. 合伙监理企业

合伙监理企业是依法设立，由各合伙人订立合伙协议，共同出资，合伙经营，共享收益，共担风险，并对监理企业债务承担无限连带责任的营利组织。

合伙监理企业特点：①有两个以上所有者（出资者）；②合伙人对企业债务承担连带无限责任，包括对其他无限责任合伙人集体采取的行为负无限责任；③合伙人通常按照其出资比例分享利润或分担亏损；④合伙监理企业本身一般不交纳企业所得税，其收益直接分配给合伙人。

3. 公司制监理企业

公司制监理企业又可分为有限责任公司和股份有限公司。

（1）工程监理有限责任公司。

工程监理有限责任公司是依法设立，股东以其出资额为限对公司承担责任，公司以其全部资产对公司的债务承担责任的企业法人。其特点是：①有 2～50 个出资者；②股东对公司债务承担有限责任；③监理公司交纳企业所得税。

（2）工程监理股份有限公司。

工程监理股份有限公司是依法设立，其全部股本分为等额股份，股东以其所持股份为限对公司承担责任，公司以其全部资产对其债务承担责任的企业法人。工程监理股份有限公司是与其所有者即股东相独立和相区别的法人。

工程监理股份有限公司与独资监理企业和合伙监理企业相比，具有以下特点：①有限责任。股东对公司债务承担有限责任，倘若公司破产清算，股东的损失以其对公司的投资额为限。而后者，其所有者可能损失更多，甚至个人的全部财产。②永续存在。前者的法人地位不受某些股东死亡或转让股份的影响，因此，其寿命较之后者更有保障。③可转让性。一般而言，前者的股份转让比后者的权益转让更为容易。④易于筹资。工程监理股份有限公司永续存在以及举债和增股的空间大，因此就筹集资本的角度而言，有效的企业组织形式。⑤对公司的收益重复纳税。作为一种企业组织形式，工程监理股份有限公司也有不足，最大的缺点是公司的收益先要交纳公司所得税；税后收益以现金股利分配给股东后，股东还要交纳个人所得税。

上述监理企业组织形式都属于现代企业的范畴，都具有明晰的产权，体现了不同层次的生产力发展水平和行业的特点。

二、工程监理企业的资质管理

对工程监理企业实行资质管理，是我国政府为了维护建筑市场秩序，保证建设工程的质量、工期和投资效益的发挥，实行市场准入控制的有效手段。工程监理企业应当按照其拥有的注册资本、专业技术人员和工程监理业绩等资质条件申请资质。经相关部门审查合格，并取得相应的资质证书后，方可在其资质等级许可的范围内从事工程监理活动。

根据建设部颁布的《工程监理企业资质管理规定》、《工程监理企业资质管理规定实施意见》，我国对工程监理企业的资质管理主要内容包括：①对监理企业的设立、定级、升级、降级、变更和终止等资质审查、批准、证书管理；②对监理企业经营业务的管理；③对工程监理企业实行资质年检制度，以及年检工作的内容、程序等。

（一）工程监理企业的资质等级和业务范围

工程监理企业应当按照经批准的工程类别范围和资质等级承接监理业务。根据工程性质和技术特点可以分为房屋建筑工程、冶炼工程、矿山工程、化工与石油工程、水利水电工程、电力工程、林业及生态工程、铁路工程、公路工程、港口与航道工程、航天航空工程、通信工程、市政公用工程、机电安装工程 14 个工程类别。每个工程类别又可按照工程规模或技术复杂程度将其分为一、二、三等。按照《工程监理企业资质管理规定》的要求，工程监理企业资质相应地分为 14 个工程类别。工程监理企业可以申请一项或者多项工程类别资质。申请多项资质的工程监理企业，应当选择一项为主项资质，其余为增项资质，并且工程监理企业的增项资质级别不得高于主项资质级别。此外，工程监理企业申请多项工程类别资质的，其注册资金应达到主项资质标准，并且从事其增项专业工程监理业务的注册监理工程师人数应当符合国务院有关专业部门的要求。

工程监理企业可分为综合资质、专业资质和事务所资质；其中，专业资质又可分为甲 、乙、丙三个资质等级，各资质等级标准如下。

1. 综合资质标准

（1）具有独立法人资格且注册资本不少于 600 万元。

（2）具有 5 个以上工程类别的专业甲级工程监理资质。

（3）注册监理工程师不少于 60 人，注册造价工程师不少于 5 人，一级注册建造师、一级注册建筑师、一级注册结构工程师及其他勘察设计注册工程师累计不少于 15 人次。

（4）企业具有完善的组织结构和质量管理体系，有健全的技术、档案等管理制度。

（5）企业具有必要的工程试验检测设备。

（6）申请工程监理资质之日前 1 年内没有规定禁止的行为。

（7）申请工程监理资质之日前 1 年内没有因本企业监理责任造成质量事故。

(8)申请工程监理资质之日前1年内没有因本企业监理责任发生三级以上工程建设重大安全事故或者发生2起以上四级工程建设安全事故。

2. 专业资质标准

（1）甲级。

1）具有独立法人资格且注册资本不少于300万元。

2）企业技术负责人应为注册监理工程师，并具有15年以上从事工程建设工作的经历或者具有工程类高级职称。

3）注册监理工程师、注册造价工程师、一级注册建造师、一级注册建筑师、一级注册结构工程师及其他勘察设计注册工程师累计不少于25人次；其中，相应专业注册监理工程师不少于《专业资质注册监理工程师人数配备表》（表2-1）中要求配备的人数，注册造价工程师不少于2人。

表2-1 专业资质注册监理工程师人数配备表 单位：人

序号	工程类别	甲级	乙级	丙级
1	房屋建筑工程	15	10	5
2	冶炼工程	15	10	
3	矿山工程	20	12	
4	化工与石油工程	15	10	
5	水利水电工程	20	12	5
6	电力工程	15	10	
7	林业及生态工程	15	10	
8	铁路工程	23	14	
9	公路工程	20	12	5
10	港口与航道工程	20	12	
11	航天航空工程	20	12	
12	通信工程	20	12	
13	市政公用工程	15	10	5
14	机电安装工程	15	10	

注 表中各专业资质注册监理工程师人数配备是指企业取得本专业工程类别注册的注册监理工程师人数。

4）企业近2年内独立监理过3个以上相应专业的二级工程项目。

5）企业具有完善的组织结构和质量管理体系，有健全的技术、档案等管理制度。

6）企业具有必要的工程试验检测设备。

7）申请工程监理资质之日前1年内没有规定禁止的行为。

8）申请工程监理资质之日前1年内没有因本企业监理责任造成质量事故。

9)申请工程监理资质之日前1年内没有因本企业监理责任发生三级以上工程建设重大安全事故或者发生2起以上四级工程建设安全事故。

（2）乙级。

1）具有独立法人资格且注册资本不少于100万元。

2）企业技术负责人应为注册监理工程师，并具有10年以上从事工程建设工作的经历。

3）注册监理工程师、注册造价工程师、一级注册建造师、一级注册建筑师、一级注册结构工程师及其他勘察设计注册工程师累计不少于15人次。其中，相应专业注册监理工程师不少于《专业资质注册监理工程师人数配备表》（表2-1）中要求配备的人数，注册造价工程师不少于1人。

4）有较完善的组织结构和质量管理体系，有技术、档案等管理制度。

5）有必要的工程试验检测设备。

6）申请工程监理资质之日前1年内没有规定禁止的行为。

7）申请工程监理资质之日前1年内没有因本企业监理责任造成质量事故。

8)申请工程监理资质之日前1年内没有因本企业监理责任发生三级以上工程建设重大安全事故或者发生2起以上四级工程建设安全事故。

（3）丙级。

1）具有独立法人资格且注册资本不少于50万元。

2）企业技术负责人应为注册监理工程师，并具有8年以上从事工程建设工作的经历。

3)相应专业的注册监理工程师不少于《专业资质注册监理工程师人数配备表》(表2-1)中要求配备的人数。

4）有必要的质量管理体系和规章制度。

5）有必要的工程试验检测设备。

3. 事务所资质标准

（1）取得合伙企业营业执照，具有书面合作协议书。

（2）合伙人中有3名以上注册监理工程师，合伙人均有5年以上从事建设工程监理的工作经历。

（3）有固定的工作场所。

（4）有必要的质量管理体系和规章制度。

（5）有必要的工程试验检测设备。

4. 业务范围

（1）综合资质。

可以承担所有专业工程类别建设工程项目的工程监理业务。

（2）专业资质。

1）专业甲级资质。可承担相应专业工程类别建设工程项目的工程监理业务。

2）专业乙级资质。可承担相应专业工程类别二级以下（含二级）建设工程项目的工程监理业务。

3）专业丙级资质。可承担相应专业工程类别三级建设工程项目的工程监理业务。

（3）事务所资质。

可承担三级建设工程项目的工程监理业务，但是，国家规定必须实行监理的工程除外。

此外，工程监理企业都可以开展相应类别建设工程的项目管理、技术咨询等业务。

（二）工程监理企业资质审批程序

工程监理企业申请综合资质、专业甲级资质的，要向企业工商注册所在地的省、自治区、直辖市人民政府建设主管部门提出申请。省、自治区、直辖市人民政府建设主管部门自受理申请之日起20日内审查完毕，将审查意见和全部申请材料报国务院建设主管部门，国务院建设主管部门自受理申请材料之日起20日内作出决定。其中涉及铁道、交通、水利、信息产业、民航等专业工程监理资质的，由国务院有关部门初审，国务院建设主管部门根据初审意见审批。

工程监理企业申请专业乙级、丙级资质和事务所资质的，由企业所在地省、自治区、直辖市人民政府建设主管部门审批。

工程监理企业合并的，合并后存续或者新设立的工程监理企业，可以承继合并前各方中较高的资质等级，但应当符合相应的资质等级条件。工程监理企业分立的，分立后企业的资质等级，根据实际达到的资质条件，按照本规定的审批程序核定。

（三）工程监理企业的资质管理

为了加强对工程监理企业的资质管理，保障其依法经营业务，促进建设工程监理事业的健康发展，国家建设行政主管部门对工程监理企业资质管理工作制定了相应的管理规定。

（1）工程监理企业资质管理机构及其职责。

根据我国现阶段管理体制，我国工程监理企业的资质管理确定的原则是“分级管理，统分结合”，按中央和地方2个层次进行管理。国务院建设行政主管部门负责全国工程监理企业资质的统一管理工作。涉及铁道、交通、水利、信息产业、民航等专业工程监理资质的，由国务院铁道、交通、水利、信息产业、民航等有关部门配合国务院建设行政主管部门实施资质管理工作。省、自治区、直辖市人民政府建设行政主管部门负责本行政区域内工程监理企业资质的统一管理工作，省、自治区、直辖市人民政府交通、水利、通信等有关部门配合同级建设行政主管部门实施相关资质类别工程监理企业资质的管理工作。

（2）资质审批实行公示公告制度。

资质初审工作完成后，初审结果先在中国工程建设信息网上公示。经公示后，对于工程监理企业符合资质标准的，予以审批，并将审批结果在中国工程建设信息网上公告。实行这一制度的目的是提高资质审批工作的透明度，便于社会监督，从而增强其公正性。

（3）违规处理。

工程监理企业必须依法开展监理业务，全面履行委托监理合同约定的责任和义务：但在出现违规现象时，建设行政主管部门将根据情节给予必要的处罚。违规现象主要有以下几方面：

1）以欺骗手段取得《工程监理企业资质证书》。

2）超越本企业资质等级承揽监理业务。

3）未取得《工程监理企业资质证书》而承揽监理业务。

4)转让监理业务。转让监理业务是指监理企业不履行委托监理合同约定的责任和义务，将所承担的监理业务全部转给其他监理企业，或者将其肢解以后分别转给其他监理企业的行为。国家有关法律法规明令禁止转让监理业务的行为。

5）挂靠监理业务。挂靠监理业务是指监理企业允许其他单位或者个人以本企业名义承揽监理业务。这种行为也是国家有关法律法规明令禁止的。

6）与建设单位或者施工单位串通，弄虚作假、降低工程质量。

7）将不合格的建设工程、建筑材料，建筑构配件和设备按照合格签字。

8）工程监理企业与被监理工程的施工承包单位以及建筑材料、建筑构配件和设备供应单位有隶属关系或者其他利害关系，并承担该项建设工程的监理业务。

三、工程监理企业经营活动基本准则

工程监理企业从事建设工程监理活动，应当遵循“守法、诚信、公正、科学”的准则。

（一）守法

守法，即遵守国家的法律法规。对于工程监理企业来说，守法即是要依法经营，主要体现在：

（1）工程监理企业只能在核定的业务范围内开展经营活动。

工程监理企业的业务范围，是指填写在资质证书中、经工程监理资质管理部门审查确认的主项资质和增项资质。核定的业务范围包括两方面：一是监理业务的工程类别；二是承接监理工程的等级。

（2）工程监理企业不得伪造、涂改、出租、出借、转让、出卖《资质等级证书》。

（3）建设工程监理合同一经双方签订，即具有法律约束力，工程监理企业应按照合同的约定认真履行，不得无故或故意违背自己的承诺。

（4）工程监理企业离开原住所地承接监理业务，要自觉遵守当地人民政府颁发的监理法规和有关规定，主动向监理工程所在地的省、自治区、直辖市建设行政主管部门备案登记，接受其指导和监督管理。

（5）遵守国家关于企业法人的其他法律、法规的规定。

（二）诚信

诚信，即诚实守信用。这是道德规范在市场经济中的体现。它要求一切市场参加者在不损害他人利益和社会公共利益的前提下，追求自己的利益，目的是在当事人之间的利益关系和当事人与社会之间的利益关系中实现平衡，并维护市场道德秩序。诚信原则的主要作用在于指导当事人以善意的心态、诚信的态度行使民事权利，承担民事义务，正确地从事民事活动。

加强企业信用管理，提高企业信用水平，是完善我国工程监理制度的重要保证。企业信用的实质是解决经济活动中经济主体之间的利益关系。它是企业经营理念、经营责任和经营文化的集中体现。信用是企业的一种无形资产，良好的信用能为企业带来巨大效益。我国是世贸组织的成员，信用将成为我国企业走出去，进入国际市场的身份证。它是能给企业带来长期经济效益的特殊资本。监理企业应当树立良好的信用意识，使企业成为讲道德、讲信用的市场主体。

工程监理企业应当建立健全企业的信用管理制度。信用管理制度主要有：①建立健全合同管理制度；②建立健全与业主的合作制度，及时进行信息沟通，增强相互间的信任感；③建立健全监理服务需求调查制度，这也是企业进行有效竞争和防范经营风险的重要手段之一；④建立企业内部信用管理责任制度，及时检查和评估企业信用的实施情况，不断提高企业信用管理水平。

（三）公正

公正，是指工程监理企业在监理活动中既要维护业主的利益，又不能损害承包商的合法利益，并依据合同公平合理地处理业主与承包商之间的争议。工程监理企业要做到公正，必须做到以下几点：

（1）要具有良好的职业道德。

（2）要坚持实事求是。

（3）要熟悉有关建设工程合同条款。

（4）要提高专业技术能力。

（5）要提高综合分析判断问题的能力。

（四）科学

科学，是指工程监理企业要依据科学的方案，运用科学的手段，采取科学的方法开展监理工作。工程监理工作结束后，还要进行科学的总结。实施科学化管理主要体现在：

（1）科学的方案。

工程监理的方案主要是指监理规划。其内容包括：工程监理的组织计划；监理工作的程序；各专业、各阶段监理工作内容；工程的关键部位或可能出现的重大问题的监理措施等等。在实施监理前，要尽可能准确地预测出各种可能的问题，有针对性地拟定解决办法，制定出切实可行、行之有效的监理实施细则，使各项监理活动都纳入计划管理的轨道。

（2）科学的手段。

实施工程监理必须借助于先进的科学仪器才能做好监理工作，如各种检测、试验、化验仪器、摄录像设备及计算机等。

（3）科学的方法。

监理工作的科学方法主要体现在监理人员在掌握大量的、确凿的有关监理对象及其外部环境实际情况的基础上，适时、妥帖、高效地处理有关问题，解决问题要用事实说话、用书面文字说话、用数据说话；要开发、利用计算机软件辅助工程监理。

四、工程监理企业的市场开发

（一）取得监理业务的基本方式

（1）业主直接委托取得监理业务。

通常在以下情况，监理企业可以通过业主直接委托取得监理业务：

1）不宜公开招标的机密工程。

2）没有投标竞争对手的工程。

3）规模比较小、监理业务比较单一的工程。

4）原工程监理企业续用。

其监理业务不需要通过公开投标竞争承接，而是由建设单位或其委托代理人直接委托监理单位监理，经过协商，达成协议。要获得直接委托监理业务，一是要靠自身雄厚的监理实力和优异的监理业绩；二是要靠同建设单位在长期合作共事中赢得信誉，建立了被信赖的良好关系。在竞争激烈的建筑市场中，作为一个监理企业能获得直接委托监理，必须珍惜这种机遇，把承担的此类监理业务做好，力争取得更多的直接委托监理业务。

（2）投标竞争取得监理业务。

2005 年 5 月 1 日国家发展计划委员会第 3 号令《工程建设项目招标范围和规模标准》中，明确了工程监理的招标范围和规模标准：第一是监理单项合同估算价在 50 万元人民币以上的；第二是单项合同估算价虽低于 50 万元，但项目总投资额在 3000 万元人民币以上的。只要满足这两个条件之一的，就必须通过招标来选择监理单位。目前，建设单位（业主）采用招标投标方式选择建设监理单位的日渐增多。招标投标包括招标和投标两方面的内容，是一种带有明显竞争性的经济活动。工程监理招标投标在选择满足工程项目要求的优秀监理单位，提高监理服务质量，保证工程项目的质量，保护国家利益和社会公共利益以及业主合法权益等方面发挥着巨大作用。

（二）工程监理企业投标书的核心

工程监理企业向业主提供的是管理服务，所以，工程监理企业投标书的核心问题主要是反映所提供的管理服务水平高低的监理大纲，尤其是主要的监理对策。业主在监理招标时应以监理大纲的水平作为评定投标书优劣的重要内容，而不应把监理费的高低当作选择工程监理企业的主要评定标准。作为工程监理企业，不应该以降低监理费作为竞争的主要手段去承揽监理业务。

一般情况下，监理大纲中主要的监理对策是指：根据监理招标文件的要求，针对业主委托监理工程的特点，初步拟定的该工程的监理工作指导思想，主要的管理措施、技术措施，拟投入的监理力量以及为搞好该项工程建设而向业主提出的原则性的建议等。

（三）工程监理费的计算方法

1. 工程监理费的构成

建设工程监理费是指业主依据委托监理合同支付给监理企业的监理酬金。它是构成工程概（预）算的一部分，在工程概（预）算中单独列支。建设工程监理费由监理直接成本、监理间接成本、税金和利润4部分构成。

（1）直接成本。

直接成本是指监理企业履行委托监理合同时所发生的成本。主要包括：

1）监理人员和监理辅助人员的工资、奖金、津贴、补助、附加工资等。

2）用于监理工作的常规检测工器具、计算机等办公设施的购置费和其他仪器、机械的租赁费。

3）用于监理人员和辅助人员的其他专项开支，包括办公费、通信费、差旅费、书报费、文印费、会议费、医疗费、劳保费、保险费、休假探亲费等。

4）其他费用。

（2）间接成本。

间接成本是指全部业务经营开支及非工程监理的特定开支，具体内容包括：

1）管理人员、行政人员以及后勤人员的工资、奖金、补助和津贴。

2）经营性业务开支，包括为招揽监理业务而发生的广告费、宣传费、有关合同的公证费等。

3）办公费，包括办公用品、报刊、会议、文印、上下班交通费等。

4）公用设施使用费，包括办公使用的水、电、气、环卫、保安等费用。

5）业务培训费、图书、资料购置费。

6）附加费，包括劳动统筹、医疗统筹、福利基金、工会经费、人身保险、住房公积金、特殊补助等。

7）其他费用。

（3）税金。

税金是指按照国家规定，工程监理企业应交纳的各种税金总额，如营业税、所得税、印花税等。

（4）利润。

利润是指工程监理企业的监理活动收入扣除直接成本、间接成本和各种税金之后的余额。

2. 监理费的计算方法

监理费的计算方法，一般由业主与工程监理企业协商确定。监理费的计算方法主要有：

（1）按建设工程投资的百分比计算法。

这种方法是按照工程规模的大小和所委托的监理工作的繁简，以建设工程投资的一定百分比来计算。这种方法比较简便，业主和工程监理企业均容易接受，也是国家制定监理取费标准的主要形式。采用这种方法的关键是确定计算监理费的基数。新建、改建、扩建工程以及较大型的技术改造工程所编制的工程的概（预）算就是初始计算监理费的基数。工程结算时，再按实际工程投资进行调整。当然，作为计算监理费基数的工程概（预）算仅限于委托监理的工程部分。

（2）工资加一定比例的其他费用计算法。

这种方法是以项目监理机构监理人员的实际工资为基数乘上一个系数而计算出来的。这个系数包括了应有的间接成本和税金、利润等。除了监理人员的工资之外，其他各项直接费用等均由业主另行支付。一般情况下，较少采用这种方法，因为在核定监理人员数量和监理人员的实际工资方面，业主与工程监理企业之间难以取得完全一致的意见。

（3）按时计算法。

这种方法是根据委托监理合同约定的服务时间（计算时间的单位可以是小时，也可以是工作日或月），按照单位时间监理服务费来计算监理费的总额。单位时间的监理服务费一般是以工程监理企业员工的基本工资为基础，加上一定的管理费和利润（税前利润）。采用这种方法时，监理人员的差旅费、工作函电费、资料费以及试验和检验费、交通费等均由业主另行支付。

这种计算方法主要适用于临时性的、短期的监理业务，或者不宜按工程概（预）算的百分比等其他方法计算监理费的监理业务。由于这种方法在一定程度上限制了工程监理企业潜在效益的增加，因而，单位时间内监理费的标准比工程监理企业内部实际的标准要高得多。

（4）固定价格计算法。

这种方法是指在明确监理工作内容的基础上，业主与监理企业协商一致确定的固定监理费，或监理企业在投标中以固定价格报价并中标而形成的监理合同价格。当工作量有所增减时，一般也不调整监理费。这种方法适用于监理内容比较明确的中小型工程监理费的计算，业主和工程监理企业都不会承担较大的风险。如住宅工程的监理费，可以按单位建筑面积的监理费乘以建筑面积确定监理总价。

（四）工程监理企业在竞争承揽监理业务中应注意的事项

（1）严格遵守国家的法律、法规及有关规定，遵守监理行业职业道德，不参与恶性压价竞争活动，严格履行委托监理合同。

（2）严格按照批准的经营范围承接监理业务，特殊情况下，承接经营范围以外的监理业务时，需向资质管理部门申请批准。

（3）承揽监理业务的总量要视本单位的力量而定，不得在与业主签订监理合同后，把监理业务转包给其他工程监理企业，或允许其他企业、个人以本监理企业的名义挂靠承揽监理业务。

（4）对于监理风险较大的建设工程，可以联合几家工程监理企业组成联合体共同承担监理业务，以分担风险。

思　考　题

1．实行监理工程师执业资格考试和注册制度的目的是什么？

2．监理工程师应具备什么样的知识结构？

3．监理工程师应遵循的职业道德守则有哪些？

4．监理工程师的注册条件是什么？

5．试论监理工程师的法律责任。

6．试结合实际论述工程监理企业如何实行改制。

7．设立工程监理企业的基本条件是什么？

8．工程监理企业的资质要素包括哪些内容？

9．工程监理企业经营活动的基本准则是什么？

10．监理费的构成有哪些？如何计算监理费？

11．结合监理企业实际情况，试述如何开展市场竞争。

第三章　建设工程目标控制

职业能力目标要求

1. 掌握工程建设施工阶段的监理准备工作。
2. 懂得目标控制的类型。
3. 了解工程建设三大目标之间的关系。
4. 掌握工程建设投资控制的措施。
5. 了解监理工程师在目标控制中的作用。

第一节　目标控制概述及含义

目标控制的含义：投资、进度、质量控制是建设工程监理进行目标控制的3个方面。它们的含义既有区别，又有内在的联系和共性。它们属于建设项目管理目标控制的范畴，又不同于施工项目和设计项目管理的目标控制。

1. 投资控制的含义

建设工程监理投资控制是指在整个项目的实施阶段对项目的投资实行管理，保证建设项目在满足质量和进度要求的前提下，实际投资不超过计划投资。“实际投资不超过计划投资”可能表现在以下几个方面：

（1）在投资目标分解的各个层次上，实际投资均不超过计划投资，这是最理想的情况，是投资控制追求的最高目标。

（2）在投资目标分解的较低层次上，实际投资在有些情况下超过计划投资，在大多数情况下不超过计划投资。因而在投资目标分解的较高层次上，实际投资不超过计划投资。

（3）实际总投资未超过计划总投资，在投资目标分解的各个层次上，都出现实际投资超过计划投资的情况，但在大多数情况下实际投资未超过计划投资。

2. 进度控制的含义

建设工程监理所进行的进度控制是指在实现建设项目总目标的过程中，监理工程师进行监督、协调工作，使建设工程的实际进度符合项目进度计划的要求，使项目按计划要求的时间进行。

3. 质量控制的含义

建设工程监理质量控制是指在力求实现工程建设项目总目标的过程中，为满足项目总体质量要求所开展的有关的监理活动。

第二节　建设工程目标系统

任何工程项目都应当具有明确的目标。监理工程师进行目标控制时应当把项目的工期目标、费用目标和质量目标视为一个整体来控制。因为它们相互联系、互相制约，是整个项目系统中的目标子系统。投资、进度和质量三大目标之间既存在矛盾的方面，又存在统一的方面，是一个矛盾的统一体。如图 3-1 所示。

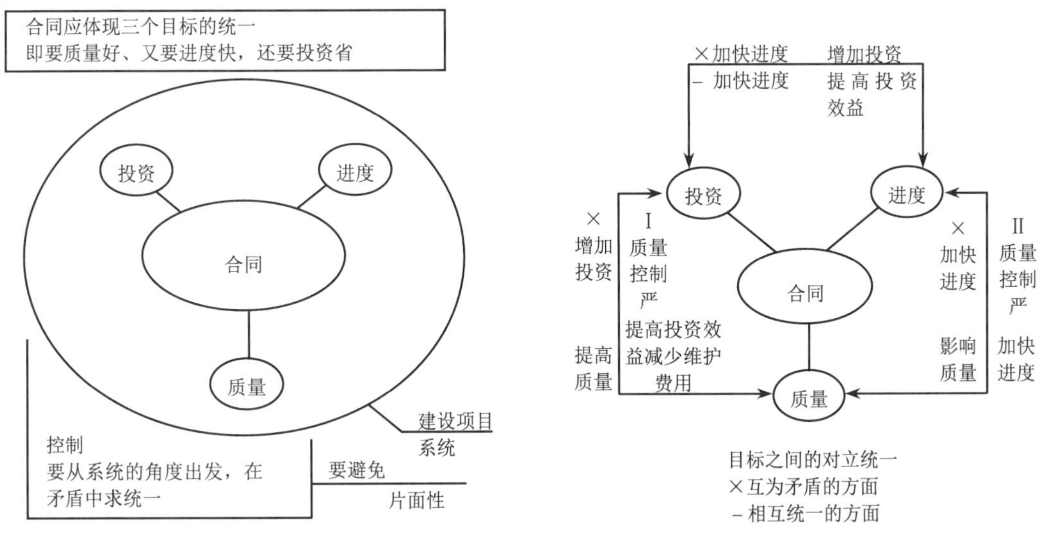

（a）要从系统的角度出发、在矛盾中求统一　　（b）投资目标、进度目标和质量目标的关系

图 3-1　工程项目投资、进度、质量三大目标的关系

1. 建筑工程三大目标之间的对立关系

建筑工程投资、进度、质量三大目标之间首先存在着矛盾和对立的一面。例如，通常情况下，如果建设单位对工程质量要求较高，那么就要投入较多的资金和花费较长的建设时间来实现这个质量目标。如果要抢时间、争速度地完成工程项目，把工期目标定得很高，那么在保证工程质量不受到影响的前提下，投资就要相应地提高；或者是在投资不变的情况下，适当降低对工程质量的要求。如果要降低投资、节约费用，那么势必要考虑降低项目的功能要求和质量标准。

以上分析表明，建设工程三大目标之间存在对立的关系。因此，不能奢望投资、进度、质量三大目标同时达到“最优”，既要投资少，又要工期短，还要质量好。在确定建设工程目标时，不能将投资、进度、质量三大目标割裂开来，分别孤立地分析和论证，更不能片面强调某一目标而忽略其对其他两个目标的不利影响，而是必须将投资、进度、质量三大目标作为一个系统统筹考虑，反复协调和平衡，力求实现整个目标系统最优。

2. 建筑工程三大目标之间统一的关系

建筑工程投资、进度、质量三个目标之间不仅存在着对立的一面，而是还存在着统一的一面。例如，在质量与功能要求不变的条件下，适当增加投资的数量，就为采取加快工程进度的措施提供了经济条件，就可以加快项目建设进度，缩短工期，使项目提前完工，投入使用，投资尽早收回，项目全寿命经济效益得到提高。如果制定一个既可行又优化的项目进度计划，使工程能够连续、均衡地开展，则不但可以缩短工期，而且可以获得较好的质量和较低的费用。这一切都说明了工程项目投资、进度、质量三大目标关系之中存在着统一的一面。

在对建设工程三大目标对立统一关系进行分析时，同样需要将投资、进度、质量三大目标作为一个系统统筹考虑；同样需要反复协调和平衡，力求实现整个目标系统最优秀也是实现投资、进度、质量三大目标的统一。

第三节　建设工程目标控制的任务和措施

一、建筑工程投资控制

（一）建设工程投资概述

建设工程总投资一般是指进行某项工程建设花费的全部费用。生产性建设工程总投资包括固定资产投资和流动资产投资两部分。而非生产性建设工程总投资只有固定资产投资，不含流动资产投资。

固定资产投资又称建设投资，由前期工程费、设备及工器具购置费、建筑安装工程费、工程建设其他费用、预备费（包括基本预备费和涨价预备费）、建设期贷款利息和固定资产投资方向调节税等组成（表 3-1）。

表 3-1　我国现行建设工程投资的构成

<table>
<tr><td rowspan="15">建设工程总投资</td><td rowspan="15">建设投资或工程造价或固定资产投资</td><td colspan="2">前期工程费</td></tr>
<tr><td rowspan="4">建筑安装工程费</td><td>直接费</td></tr>
<tr><td>间接费</td></tr>
<tr><td>利润</td></tr>
<tr><td>税金</td></tr>
<tr><td rowspan="2">设备工器具购置费</td><td>设备购置费</td></tr>
<tr><td>工器具及生产家具购置费</td></tr>
<tr><td rowspan="3">工程建设其他费</td><td>与土地使用有关的其他费用</td></tr>
<tr><td>与工程建设有关的其他费用</td></tr>
<tr><td>与未来企业生产经营有关的其他费用</td></tr>
<tr><td rowspan="2">预备费</td><td>基本预备费</td></tr>
<tr><td>涨价预备费</td></tr>
<tr><td colspan="2">建设期贷款利息</td></tr>
<tr><td colspan="2">固定资产投资方向调节税</td></tr>
<tr><td colspan="2">流动资产投资——铺底流动资金</td></tr>
</table>

流动资产投资指生产经营性项目投产后，为正常生产运营，用于购买材料、燃料、支付工资及其他经营费用所需的周转资金。

其中，前期工程费是指建设项目设计范围内的建设场地平整、竖向布置土石方工程及因建设项目开工实施所需要的场外交通、供电、供水等管线的引接、修建的工程费用。

设备工器具购置费用是指按照建设工程项目设计文件要求，建设单位（或其委托单位）购置或自制达到固定资产标准的设备和新建、扩建项目配制的首套工器具及生产家具所需的投资费用。它是由设备购置费和工具、器具及生产家具购置费两部分组成的。在生产性建设项目中，设备及工器具购置费用占总投资费用的比重增大，意味着生产技术的进步和资本有机构成的提高，所以它是固定资产投资中的积极部分，通常称为积极投资。

建筑安装工程费用是指建设单位用于建筑和安装工程方面的投资。

建筑工程费是指各类房屋建筑工程和列入房屋建筑工程预算的供水、供暖、卫生、通风、煤气等设备费用及装设、油饰工程的费用，列入建筑工程预算的各种管道、电力、电信和电缆导线敷设工程的费用；设备基础、支柱、工作台、烟囱、水塔、水池、灯塔等建筑工程以及各种炉窖的砌筑工程和金属结构工程的费用；为施工而进行的场地平整，工程和水文地质勘察，原有建筑物和障碍物的拆除以及施工临时用水、电、气、路和完工后的场地清理、环境绿化、美化等工作的费用；矿井开凿、井巷延伸、露天矿剥离，石油、天然气钻井，修建铁路、公路、桥梁、水库、堤坝、灌渠及防洪等工程的费用。

安装工程费用是指生产、动力、起重、运输、传动和医疗、实验等各种需要安装的机械设备的装配费用，与设备相连的工作台、梯子、栏杆等设施的工程费用，附属于被安装设备的管线敷设工程费用，以及被安装设备的绝缘、防腐、保温、油漆等工作的材料费和安装费；为测定安装工程质量，对单台设备进行单机试运转、对系统设备进行系统联动无负荷试运转工作的调试费。

工程建设其他费用是指从工程筹建起到工程竣工验收交付使用止的整个建设期间，除建筑安装工程费用和设备、工器具购置费用以外的，为保证工程建设顺利完成和交付使用后能够正常发挥效用而发生的各项费用。工程建设其他费用，按其内容可分为如下三大类：

第一类为土地转让费，包括土地征用及迁移补偿费，土地使用权出让金。

第二类是与项目建设有关的其他费用，包括建设单位管理费、勘察设计费、研究试验费、建设单位临时设施费、工程监理费、工程保险费、引进技术和进口设备其他费用、工程承包费等。

第三类是与未来企业生产经营有关的其他费用。包括联合试运转费、生产准备费、办公和生活家具购置费。

建设投资可以分为静态投资和动态投资两部分。其中，静态投资由前期工程费、设备工器具购置费、建筑安装工程费、工程建设其他费和基本预备费组成；动态投资是指在建设期内，因建设期利息、建设工程需缴纳的固定资产投资方向调节税和国家新批准的税费、汇率、利率变动以及建筑期价格变动引起的建设投资增加额，它主要包括涨价预备费、建设期贷款利息、固定资产投资方向调节税。

建筑工程项目投资是作为该项目决策阶段的一个非常重要的方面来认识的。它应该是一个总的概念，是相对于投资投资部门或投资商而言的。一旦该项目已进入实施阶段，尤其是指建筑安装工程时，相对于工程项目而言往往称为工程项目的造价，特指建筑安装工程所需要的资金。因此，我们在讨论建设投资时，经常使用工程造价这个概念。需要指出的是，在实际应用中工程造价还有另一种含义，那就是指工程价格，即为建成一项工程，预计或实际在土地市场、设备市场、技术劳务市场以及承包市场等交易中所形成的建筑安装工程的价格和建设工程的总价格。

（二）投资控制的手段

进行工程项目投资控制，必须有明确的控制手段。常用的手段有：

1. 计划与决策

计划作为投资控制的手段，是指在充分掌握信息资料的基础上，把握未来的投资前景，正确决定投资活动目标，提出实施目标的最佳方案，合理安排投资资金，以争取最大的投资效益。决策这一管理手段与计划密不可分。决策是在调查研究的基础上，对某方案的可行与否作出判断，或在多方案中作出某项选择。

2. 组织与指挥

组织可以从两个方面来理解：一是控制的组织机构设置；二是控制的组织活动。组织手段包括如下内容：控制制度的确立、控制机构的设置、控制人员的选配；控制环节的确定、责权利的合理划分及管理活动的组织等。充分发挥投资控制的组织手段，能够使整个投资活动形成一个具有内在联系的有机整体。指挥与组织紧密相连。有组织就必须有相应的指挥，没有指挥的组织，其活动是不可想象的。指挥就是上级组织或领导对下属的活动所进行的布置安排、检查调度、指示引导，以使下属的活动沿着一定的轨道通向预定的目标。指挥是保证投资活动取得成效的重要条件。

3. 调节与控制

调节是指投资机构和控制人员对投资过程中所出现的新情况作出的适应性反应。控制是指控制机构和控制人员为了实现预期的目标，对投资过程进行的疏导和约束。调节和控制是控制过程的重要手段。

4. 监督与考核

监督是指投资控制人员对投资过程进行的监察和督促。考核是指投资控制人员对投资过程和投资结果的分析比较。通过投资过程的监督与考核，可以进一步提高投资的经济效益。

5. 激励与惩戒

激励是指用物质利益和精神鼓励去调动人的积极性和主动性的手段。惩戒则是对失职者或有不良行为的人进行的惩罚教育，其目的在于加强人们的责任心，从另外一个侧面来确保计划目标的实现。激励和惩戒二者结合起来用于投资控制，对投资效益的提高有极大的促进作用。

上述各种控制手段是相互联系、相互制约的。在工程项目投资活动中，只有各种手段协调一致发挥作用，才能有效地管理投资活动。

（三）施工阶段投资控制原理

由于建设工程项目管理是动态管理的过程，所以监理工程师在施工阶段进行投资控制的基本原理也应该是动态控制的原理。监理工程师在施工阶段进行投资控制的基本原理是把计划投资额作为投资控制的目标值，在工程施工过程中定期进行投资实际值与目标值的比较。通过比较找出实际支出额与投资控制目标值之间的偏差，然后分析产生偏差的原因，并采取有效措施加以控制，以保证投资控制目标的实现。施工阶段投资控制应包括从工程项目开工直到竣工验收的全过程。

（四）监理工程师在施工阶段投资控制中的任务

1. 施工招投标阶段投资控制的任务

在施工招投标阶段，监理工程师投资控制的主要任务就是通过协助建设单位编制招标文件及合理确定标底价，使工程建设施工发包的期望价格合理化。协助建设单位对投标单位进行资格审查，协助建设单位进行开标、评标、定标，最终选择最优秀的施工承包单位，通过选择完成施工任务的主体，进而达到对投资的有效控制。

2. 施工阶段投资控制的任务

在施工阶段，监理工程师投资控制的主要任务是通过工程付款控制、工程变更费用控制、预防并处理好费用索赔、挖掘节约投资潜力来努力实现实际发生的投资费用不超过计划投资费用。

3. 竣工验收交付使用阶段投资控制的任务

在竣工验收、交付使用阶段，监理工程师投资控制的主要任务是合理控制工程尾款的支付，处理好质量保修金的扣留及合理使用，协助建设单位做好建设项目后评估。

（五）施工阶段投资控制的措施

在施工阶段的投资控制工作周期长、内容多、潜力大，需要采取多方面的控制措施，确保投资实际支出值小于计划目标值。项目监理工程师应从组织、技术、经济、合同等多方面采取措施控制投资。

1. 组织措施

组织措施是指从投资控制的组织管理方面采取的措施，包括：

（1）在项目监理组织机构中落实投资控制的人员、任务分工和职能分工、权利和责任。

（2）编制施工阶段投资控制工作计划和详细的工作流程图。

2. 技术措施

从投资控制的要求来看，技术措施并不都是因为发生了技术问题才加以考虑，也可能因为出现了较大的投资偏差而加以应用。不同的技术措施会有不同的经济效果。

（1）对设计变更进行技术经济比较，严格控制设计变更。

（2）继续寻找建设设计方案，挖潜节约投资的可能性。

（3）审核施工承包单位编制的施工组织设计，对主要施工方案进行技术经济分析比较。

3. 经济措施

（1）编制资金使用计划，确定、分解投资控制目标。

（2）按照合同文件进行工程计量。

（3）复核工程付款账单，签发付款证书。

（4）在工程实施过程中，进行投资跟踪控制，定期地进行投资实际值与计划值的比较，若发现偏差，分析产生偏差的原因，采取纠偏措施。

（5）协商确定工程变更的价款，审核竣工结算。

（6）对工程实施过程中的投资支出作出分析与预测，定期或不定期地向建设单位提交项目投资控制存在问题的报告。

4. 合同措施

合同措施在投资控制工作中主要指索赔管理。在施工过程中，索赔事件的发生是难免的，监理工程师在发生索赔事件后，要认真审查有关索赔依据是否符合合同规定，索赔计算是否合理等。

（1）做好建设项目实施阶段质量、进度等控制工作，掌握工程项目实施情况，为正确处理可能发生的索赔事件提供依据，参与处理索赔事宜。

（2）参与合同管理工作，协助建设单位合同变更管理，并充分考虑合同变更对投资的影响。

（六）施工阶段投资控制的工作程序

施工阶段投资控制的工作程序如图 3-2 所示。

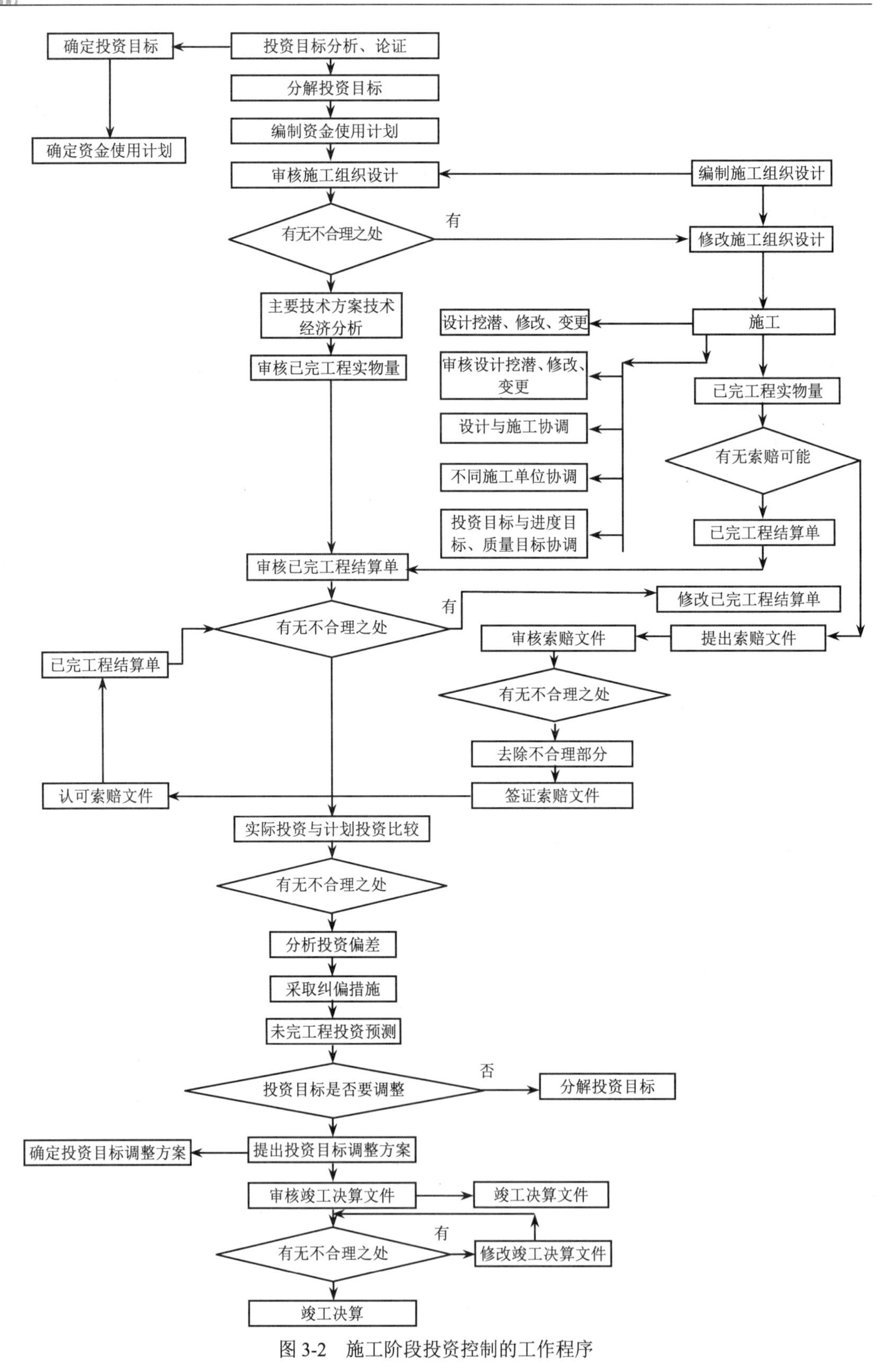

图 3-2　施工阶段投资控制的工作程序

（七）施工阶段投资控制的工作内容

1. 确定投资控制目标，编制资金使用计划

施工阶段投资控制目标，一般是以招投标阶段确定的合同价作为投资控制目标，监理工程师应对投资目标进行分析、论证，并进行投资目标分解，在此基础上依据项目实施进度，编制资金使用计划。做到控制目标明确，便于实际值与目标值的比较，使投资控制具体化、可实施。施工阶段投资资金使用计划的编制方法如下：

（1）按项目结构划分编制资金使用计划。

根据工程分解结构的原理，一个建设项目可以由多个单项工程组成，每个单项工程还可以由多个单位工程组成，而单位工程又可分解成若干个分部和分项工程。按照不同子项目的投资比例将投资总费用分摊到单项工程和单位工程中去，不仅包括建筑安装工程费用，而且包括设备购置费用和工程建设其他费用，从而形成单项工程和单位工程资金使用计划。在施工阶段，要对各单位工程的建筑安装工程费用作进一步的分解，形成具有可操作性的分部、分项工程资金使用计划。

（2）按时间进度编制资金使用计划。

工程项目的总投资是分阶段、分期支出的，考虑到资金的合理使用和效益，监理工程师有必要将总投资目标按使用计划时间（年、季、月、旬）进行分解，编制工程项目年、季、月、旬资金使用计划，并报告建设单位，据此筹措资金、支付工程款，尽可能减少资金占用和利息支付。在按时间进度编制工程资金使用计划时，必须先确定工程的时间进度计划，通常可用横道图或网络图，根据时间进度计划所确定的各子项目开始时间和结束时间，安排工程投资资金支出，同时对时间进度计划也形成一定的约束作用。其表达形式有多种，其中资金需要量曲线和资金累计曲线（S 形曲线）较常见。

2. 审核施工组织设计

施工组织设计是施工承包单位依据投标文件编制的指导施工阶段开展工作的技术经济文件。监理工程师审核施工组织方案的合理性，从而判断主要技术、经济指标的合理性，通过设计控制、修改、优化，达到预先控制、主动控制的效果，从而保证施工阶段投资控制的效果。

对施工组织设计的审核，可从施工方案、进度计划、施工现场布置以及保证质量、安全、工期的措施是否合理、可行等内容进行。采取不同的施工方法，选用不同的施工机械设备，不同的施工技术、组织措施，不同的施工现场布置等等，都会直接影响到工程建设投资。监理工程师对施工组织设计具体内容的审核，从投资控制的角度讲，就是审核施工承包单位采取的施工方案、编制的进度计划、设计的现场平面布置、采取的保证质量、安全、工期的措施能否保证在招投标及签订合同阶段已经确定的投资额或在合同价范围内完成工程项目建设。

在施工阶段审核施工组织设计，还应注意施工承包单位开工前编制的施工组织设计内容应与招投标阶段技术标中施工组织设计承诺的内容一致，并注意与商务标中分部分项工程清单、措施项目清单、零星工作项目表中的单价形成是统一的。即采取什么施工方案，实际发生多少工程量，用多少人工、材料、机械数量，发生多少费用与投标报价清单是吻合的。为此，审核施工组织设计，应与投标报价中的分部分项工程量清单综合单价分析表、措施项目费用分析表，以及实施工程承包单位的资金使用计划结合起来进行，从而达到通

过审核施工组织设计预先控制资金使用的效果。

3. 审核已完工程实物量并计量

审核已完工程实物量，是施工阶段监理工程师做好投资控制的一项最重要的工作。依照合同规定按实际发生的工程量进行工程价款结算是大多数工程项目施工合同所要求的。为此监理工程师应依据施工设计图纸、工程量清单、技术规范、质量合格证书等认真做好工程计量工作，并据此审核施工承包单位提交的已完工程结算单，签发付款证书。项目监理机构应按下列程序进行工程计量和工程款支付工作：

（1）施工承包单位统计经专业监理工程师质量验收合格的工程量，按施工合同的约定填报工程量清单和工程款支付申请表。

（2）专业监理工程师进行现场计量，按施工合同的约定审核工程量清单和工程款支付申请表，并报总监理工程师审定。

（3）总监理工程师签署工程款支付证书，并报建设单位。

（4）未经监理人员质量验收合格的工程量，或不符合规定的工程量，监理人员应拒绝计量，拒绝该部分的工程款支付申请。

4. 处理变更索赔事项

在施工阶段，不可避免地会发生工程量变更、工程项目变更、进度计划变更、施工条件变更等，也经常会出现索赔事项，直接影响到工程项目的投资。科学、合理地处理索赔事件，是施工阶段监理工程师的重要工作。总监理工程师应从项目投资、项目的功能要求、质量和工期等方面审查工程变更的内容，并且在工程变更实施前与建设单位、施工承包单位协商确定工程变更的价款。专业监理工程师应及时收集、整理有关的施工和监理资料，为处理费用索赔提供证据。监理工程师应加强主动控制，尽量减少索赔，及时、合理地处理索赔，保证投资支出的合理性。

（1）项目监理机构处理费用索赔的依据。

1）国家有关的法律、法规和工程项目所在地的地方法规。

2）本工程的施工合同文件。

3）国家、部门和地方有关的标准、规范和定额。

4）施工合同履行过程中与索赔事件有关的凭证。

（2）项目监理机构处理费用索赔的程序。

1)施工承包单位在施工合同规定的期限内向项目监理机构提交对建设单位的费用索赔意向通知书。

2）总监理工程师指定专业监理工程师收集与索赔有关的资料。

3)施工承包单位在承包合同规定的期限内向项目监理机构提交对建设单位的费用索赔申请表。

4）总监理工程师初步审查费用索赔申请表，符合费用索赔条件（索赔事件造成了施工承包单位直接经济损失、索赔事件是由于非承包单位的责任发生的）时予以受理。

5）总监理工程师进行费用索赔审查，并在初步确定一个额度后，与承包单位和建设单位进行协商。

6）总监理工程师应在施工合同规定的期限内签署费用索赔审批表，或在施工合同规定的期限内发出要求施工承包单位提交有关索赔报告的进一步详细资料的通知，待收到施工单位提交的详细资料后，按第 4、5、6 条规定程序进行。

5. 实际投资与计划投资比较，及时进行纠偏

专业监理工程师应及时建立月完成工程量和工作量统计表，对实际完成量与计划完成量进行比较、分析，定期地将实际投资与计划投资（或合同价）作比较，发现投资偏差，计算投资偏差，分析投资偏差产生的原因，制定调整措施，并应在监理月报中向建设单位报告。

投资偏差是指投资计划值与实际值之间存在的差异，即

投资偏差 ＝ 已完工程实际投资－已完成工程计划投资
＝ 已完工程量×实际单价－已完工程量×计划单价

上式中结果为正表示投资增加，结果为负表示投资节约。需要注意的是，与投资偏差密切相关的是进度偏差，在进行投资偏差分析的时候要同时考虑进度偏差，只有进度计划正常的情况下，投资偏差为正值时，表示投资增加；如果实际进度比计划进度超前，单纯分析投资偏差是看不出本质问题的。为此，在进行投资偏差分析时往往同时进行进度偏差计算分析。

引起投资偏差的原因，主要包括 4 个方面：①客观原因，包括人工费涨价、材料费涨价、自然因素、地基因素、交通原因、社会原因、法规变化等；②建设单位原因，包括投资规划不当、组织不落实、建设手续不齐备、未及时付款、协调不佳等；③设计原因，包括设计错误或缺陷、设计标准变更、图纸提供不及时、结构变更等；④施工原因，包括施工组织设计不合理、质量事故、进度安排不当等。从偏差产生的原因看，由于客观原因是无法避免的，施工原因造成的损失由施工承包单位自己负责，因此，监理工程师投资纠偏的主要对象是由建设单位原因和设计原因造成的投资偏差。

除上述投资控制工作内容外，监理工程师还应协助建设单位按期提供施工现场、符合要求的设计文件以及应由建设单位提供的材料、设备等，避免索赔事件的发生，造成投资费用增加。在工程价款结算时，还应审查有关变更费用的合理性，审查价格调整的合理性等。

（八）竣工验收阶段的投资控制

竣工验收是工程项目建设全过程的最后一个程序，是检验、评价建设项目是否按预定的投资意图全面完成工程建设任务的过程，是投资成果转入生产使用的转折阶段。

1. 工程竣工结算过程中监理工程师的职责

工程项目进入竣工验收阶段，按照我国工程项目施工管理惯例，也就进入了工程尾款结算阶段，监理工程师应在全面检查验收工程项目质量的基础上，对整个工程项目施工预付款、已结算价款、工程变更费用、合同规定的质量保留金等综合考虑分析计算后，审核施工承包单位工程尾款结算报告，符合支付条件的，报建设单位进行支付。

工程竣工结算是指施工承包单位按照合同规定的内容全部完成所承包的工程，经验收质量合格，并符合合同要求之后，向建设单位进行的最终工程价款结算。办理工程价款结算的一般公式如下：

竣工结算工程价款＝预算（或概算）或合同价+施工过程中预算或合同价款调整数额－预付及已结算工程价款－保修金

我国《建设工程施工合同（示范文本）》对竣工结算的规定如下：

（1）工程竣工验收报告经建设单位认可后28天内，施工承包单位向建设单位递交竣工结算报告及完整的结算资料，双方按照协议书约定的合同价款及专用条款约定的合同价款调整内容，进行工程竣工结算。

（2)建设单位收到施工承包单位递交的竣工结算报告及结算资料后28天内进行核实，给予确认或者提出修改意见。建设单位确认竣工结算报告后通知经办银行向施工承包单位支付工程竣工结算价款。

（3）建设单位收到竣工结算报告及结算资料后28天内无正当理由不支付工程竣工结算价款，从第29天起按施工承包单位向银行贷款利率支付拖欠工程价款的利息，并承担违约责任。

（4）建设单位收到竣工结算报告及结算资料后28天内不支付工程竣工结算价款，施工承包单位可以催告建设单位支付结算价款。建设单位在收到竣工结算报告及结算资料56天内仍不支付的，施工承包单位可以与建设单位协议工程折价，也可以由施工承包单位申请人民法院将该工程依法拍卖，施工承包单位就该工程折价或拍卖的价款优先受偿。

（5）工程竣工验收报告经建设单位认可后28天内，施工承包单位未能向建设单位递交竣工结算报告及完整的结算资料，造成工程竣工结算不能正常进行或工程竣工结算价款不能及时支付，建设单位要求交付工程的，施工承包单位应当交付；建设单位不要求交付工程的，施工承包单位承担保管责任。

（6）建设单位和施工承包单位对工程竣工结算价款发生争议时，按争议的约定处理。按照我国现行《建设工程监理规范》（GB 50319—2000）的规定和委托建设监理工程项目管理的通常作法，在竣工结算过程中，监理机构及其监理工程师的主要职责是：一方面承发包双方之间的结算申请、报表、报告及确认等资料均通过监理机构传递，监理方起协调、督促作用；另一方面，施工承包单位向建设单位递交的竣工结算报表应由专业监理工程师审核，总监理工程师审定，由总监理工程师与建设单位、施工承包单位协商一致后，签发竣工结算文件和最终的工程款支付证书报建设单位。项目监理机构应及时按施工合同的有关规定进行竣工结算，并应对竣工结算的价款总额与建设单位和施工承包单位进行协商。

2．竣工结算的审查

对工程竣工结算的审查是竣工验收阶段监理工程师的一项重要工作。经审查核定的工程竣工结算是核定建设工程投资造价的依据，也是建设项目验收后编制竣工决算和核定新增固定资产价值的依据。监理工程师应严把竣工结算审核关。在审查竣工结算时应从以下几方面入手。

（1）核对合同条款。

首先，应对竣工工程内容是否符合合同条件要求，工程是否竣工验收合格进行核对。只有按合同要求完成全部工程并验收合格才能进行竣工结算。其次，应按合同约定的结算方法、计价定额、取费标准、主材价格和优惠条款等，对工程竣工结算进行审核，若发现合同开口或有漏洞，应请建设单位和施工承包单位认真研究，明确结算要求。

（2）检查隐蔽验收记录。

所有隐蔽工程均需进行验收，有隐检记录，并经监理工程师签证确认。审核竣工结算时应检查隐蔽工程施工记录和验收签证，做到手续完整、工程量与竣工图一致方可列入结算。

（3）落实设计变更签证。

设计修改变更应由设计单位出具设计变更通知单和修改图纸，设计、核审人员签字并加盖公章，经建设单位和监理工程师审查同意、签证，重大设计变更应经原审批部门审批，否则不应列入结算。

（4）按图核实工程数量。

竣工结算的工程量应依据竣工图、设计变更单和现场签证等进行核算，并按国家统一的计算规则计算工程量。

（5）认真核实单价。

结算单价应按现行的计价原则和计价方法确定，不得违背。

（6）注意各项费用计取。

建筑安装工程的取费标准，应按合同要求或项目建设期间与计价定额配套使用的建筑安装工程费用定额及有关规定执行，先审核各项费率、价格指数或换算系数是否正确，价差调整计算是否符合要求，再核实特殊费用和计算程序。要注意各项费用的计取基数，如安装工程间接费是以人工费（或人工费与机械费合计）为基数，此处人工费是直接工程费中的人工费（或人工费与机械费合计）与措施费中人工费（或人工费与机械费合计），再加上人工费（或人工费与机械费）调整部分之和。

（7）防止各种计算误差。

工程竣工结算子项目多、篇幅大，往往有计算误差，应认真核算，防止因计算误差多计或少算。

3. 协助建设单位编制竣工决算文件

所有竣工验收的项目，在办理验收手续之前，必须对所有财产和物资进行清理，编制竣工决算。通过竣工决算，一方面反映建设项目实际造价和投资效果，另一方面还可以通过竣工决算与概算、预算的对比分析，考核投资控制的工作成效，总结经验教训，积累技术经济方面的基础资料，提高未来建设工程的投资效益。

竣工决算是建设工程从筹建到竣工投产全过程中发生的所有实际支出费用，包括设备工器具购置费、建筑安装工程费和其他费用等。竣工决算由竣工决算报表、竣工财务决算说明书、竣工工程平面示意图、工程投资造价比较分析 4 部分组成。

（1）竣工决算的编制依据。

1）可行性研究报告、投资估算书、初步设计或扩大初步设计、（修正）总概算及其批复文件。

2）设计变更记录、施工记录或施工签证及其他施工发生的费用记录。

3）经批准的施工图预算或标底造价、承包合同、工程结算等有关资料。

4）历年基建计划、历年财务决算及批复文件。

5）设备、材料调价文件和调价记录。

6）其他有关资料。

（2）竣工决算的编制步骤。

1）整理和分析有关依据资料。在编制竣工决算文件之前，应系统地收集、整理所有的技术资料、费用结算资料、有关经济文件、施工图纸和各种变更与签证资料，并分析它们的正确性。

2）清理各项财务、债务和结余物资。在收集、整理和分析有关资料时，要特别注意建设工程从筹建到竣工投产或使用的全部费用的各项账务、债权和债务的清理，做到工程完毕账目清晰。既要核对账目，又要查点库存实物的数量，做到账与物相等，账与账相符；对结余的各种材料、工器具和设备，要逐项清点核实，妥善管理，并按规定及时处理，收回资金。对各种往来款项要及时进行全面清理，为编制竣工决算提供准确的数据和结果。

3）填写竣工决算报表。填写建设工程竣工决算表格中的内容，应按照编制依据中的有关资料进行统计或计算各个项目和数量，并将其结果填到相应表格的栏目内，完成所有报表的填写。

4）编制建设工程竣工决算说明。按照建设工程竣工决算说明的内容要求，根据编制依据材料填写在报表中，一般以文字说明表述。

5）做好工程造价对比分析。

6）清理、装订好竣工图。

7）上报主管部门审查。

4. 工程投资造价比较分析

工程投资造价比较分析时，可先对比整个项目的总概算，然后将建筑安装工程费、设备及工器具费和其他工程费用逐一与竣工决算表中所提供的实际数据和相关资料及批准的概算、预算指标、实际的工程投资造价进行对比分析，以确定竣工项目总投资造价是节约还是超支，并在对比的基础上，总结先进经验，找出节约和超支的内容及其原因，提出改进措施。在实际工作中，监理工程师应主要分析以下内容：

（1）主要实物工程量。对于实物工程量出入比较大的情况，必须查明原因。

（2）主要材料消耗量。考核主要材料消耗量，要按照竣工决算表中所列明的主要材料实际超概算的消耗量，查明是在工程的哪个环节超出量最大，再进一步查明超耗的原因。

（3）考核建设单位管理费、建筑及安装工程措施费、间接费等的取费标准。建设单位管理费、建筑及安装工程措施费、间接费等的取费要按照国家有关规定以及工程项目实际发生情况，根据竣工决算报表中所列的数额与概预算或措施项目清单、其他项目清单中所列数额进行比较，依据规定查明是否多列或少列费用项目，确定其节约超支的数额，帮助建设单位查明原因。对整个建设项目建设投资情况进行总结，提出成功经验及应吸取的教训。

二、工程进度控制

（一）建设工程进度控制概述

建设工程进度控制指将工程项目建设各阶段的工作内容、工作程序、持续时间和衔接关系，根据进度总目标及优化资源的原则编制成进度计划，并将该计划付诸实施。在实施过程中，监理工程师运用各种监理手段和方法，依据合同文件和法律法规所赋予的权力，监督工程项目任务承揽人采用先进合理的技术、组织、经济等措施，不断检查调整自身的进度计划，在确保工程质量、安全和投资费用的前提下，按照合同规定的工程建设期限加上监理工程师批准的工程延期时间以及预订的计划目标去完成项目建设任务。

对建设工程项目的控制贯穿于项目实施的全过程，而且首先应认识到对项目的控制越早，对计划（标准）的实现越有保障。其次，对控制工作而言，不能只看成是少数人的事情，而应该是全体参与人员的责任。最后应该明确要尽力提倡主动控制，即在实施前或偏离前已预测到偏离的可能，主动采取措施，提早防止偏离的发生。

（二）影响工程进度的因素

由于建设工程具有规模庞大、工艺技术复杂、建设周期长、关联多等特点，决定了建设工程进度将受到许多因素影响。例如，人的因素（如建设单位使用要求改变而设计变更；建设单位应提供的场地条件不及时或不能满足工程需要；图纸供应不及时、不配套或出现差错；计划不周，导致停工待料和相关作业脱节，工程无法正常进行等），技术因素，设备、材料及构配件因素，机具因素，资金因素，水文、地质与气象因素，以及其他自然与社会环境等方面的因素。其中，人的因素是影响工程进度的最大干扰因素。

从影响因素产生的根源来看，有的来源于建设单位及其上级主管部门，有的来源于勘察设计、施工及材料、设备供应单位，有的来源于建设主管部门和社会，有的来源于各种自然条件，也有的来源于建设监理单位本身。

（三）进度控制中监理方面的基本工作

1. 项目实施阶段进度控制的主要任务

项目实施阶段进度控制的主要任务有设计前准备阶段的工作进度控制、设计阶段的工作进度控制、招标工作进度控制、施工前准备工作进度控制、施工（土建和安装）进度控制、工程物资采购工作进度控制、项目动用前的准备工作进度控制等。

设计前的准备工作进度控制的任务是搜集有关工期的信息，协助建设单位确定工期总目标；进行项目总进度目标的分析、论证，并编制项目总进度计划；编制准备阶段详细工作计划，并控制该计划的执行；施工现场条件的调查研究和分析等。

设计阶段进度控制的任务是编制设计阶段工作进度计划并控制其执行；编制详细的各设计阶段的出图计划并控制其执行。注意，尽可能使设计工作进度与招标、施工、物资采购等工作进度相协调。

施工阶段进度控制的任务是编制施工总进度计划及单位工程进度计划并控制其执行；编制施工年（或月、季、旬、周）实施计划并控制其执行。

供货进度控制的任务是编制供货进度计划并控制其执行，供货计划应包括供货过程中的原材料采购、加工制造、运输等主要环节。

2. 进度控制中监理方面的基本工作

根据监理合同，监理单位从事的监理工作，可以是全过程的监理，也可以是阶段性的监理；可以是整个建设项目的监理，也可以是某个子项目的监理。从某种意义上说，监理的进度控制工作取决于业主的委托要求。

（四）进度控制的主要方法

1. 进度计划的编制方法

（1）横道图进度计划。

横道图进度计划法是一种传统方法，它的横坐标是时间标尺，各工程活动（工作）的进度示线与之相对应，这种表达方式简便直观、易于管理使用，依据它直接进行统计计算可以得到资源需要量计划。

横道图的基本形式如图 3-3 所示。它的纵坐标按照项目实施的先后顺序自上而下表示各工作的名称、编号，为了便于审查与使用计划，在纵坐标上也可以表示出各工作的工程量、劳动量（或机械量）、工作队人数（或机械台数）、工作持续时间等内容。图中的横道线段表示计划任务各工作的开展情况，工作持续时间，开始与结束时间一目了然。它实质上是图和表的结合形式，在工程中广泛应用，很受欢迎。

施工过程	工作日（天）														
	1	2	3	4	5	6	7	8	9	10	11	12	13	14	15
挖基础		1			2										
做垫层					1			2							
做基础								1			2				
回填											1			2	

图 3-3　横道图基本形式

当然，横道图的使用也有局限性，主要是工作之间的逻辑关系表达不清楚，不能确定关键工作，对于计划偏差不能简单而迅速地进行调整，不能充分利用计算机等，尤其是当项目包含的工作数量较多时，这些缺点表现得更加突出。所以，它适用于一些简单的小项目；适用于工作划分范围很大的总进度计划；适用于工程活动及其相互关系还分析不很清楚的项目初期的总体计划。

（2）网络图进度计划。

网络图是由箭线和节点组成的，表示工作流程的网状图形。这种利用网络图的形式来表达各项工作的相互制约和相互依赖关系，并标注时间参数，用以编制计划，控制进度，优化管理的方法，统称为网络计划技术。我国《工程网络计划技术规程》（JGJ/T 121—1999）推荐的常用的工程网络计划类型包括双代号网络计划、双代号时标网络计划、单代号网络计划、单代号搭接网络计划。

网络计划有着横道图无法比拟的优点，是目前最理想的进度计划与控制方法。我国目前较多使用的是双代号时标网络计划。国际上，美国较多使用双代号网络计划，欧洲较多使用单代号网络计划，其中德国普遍使用单代号搭接网络计划。双代号网络图是以箭线及两端节点的编号表示工作的网络图，如图 3-4 所示。

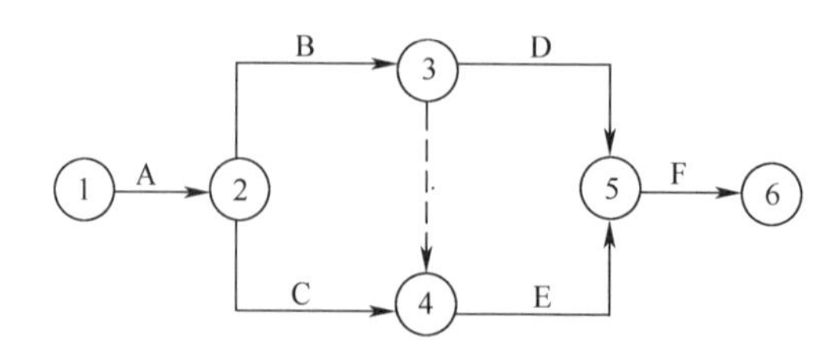

图 3-4　双代号网络图

2. 进度控制的原理与方法

（1）进度控制的原理。

进度控制的原理是在工程项目实施中不断检查和监督各种进度计划执行情况，通过连续地报告、审查、计算、比较，力争将实际执行结果与原计划之间的偏差减少到最低限度，保证进度目标的实现。

进度控制就其全过程而言，主要工作环节首先是依进度目标的要求编制工作进度计划；其次是把计划执行中正在发生的情况与原计划比较；再次是对发生的偏差分析出现的原因；最后是及时采取措施，对原计划予以调整，以满足进度目标要求。以上4个环节缺一不可，当完成之后再开始下一个循环，直至任务结束。进度控制的关键是计划执行中的跟踪检查和调整。

（2）实际进度与计划进度的比较方法。

进度计划的检查方法主要是对比法，即实际进度与计划进度相对比较。通过比较发现偏差，以便调整或修改计划，保证进度目标的实现。计划检查是对执行情况的总结，实际进度都是记录在原计划图上的，故因计划图形的不同而产生了各种检查方法。

1）横道图比较法。横道图比较检查的方法就是将项目实施中针对工作任务检查实际进度收集到的信息，经过整理后直接用横道双线（彩色线或其他线型）并列标于原计划的横道单线下方（或上方），进行直观比较的方法。例如，某工程的实际施工进度与计划进度比较，如图3-5所示。

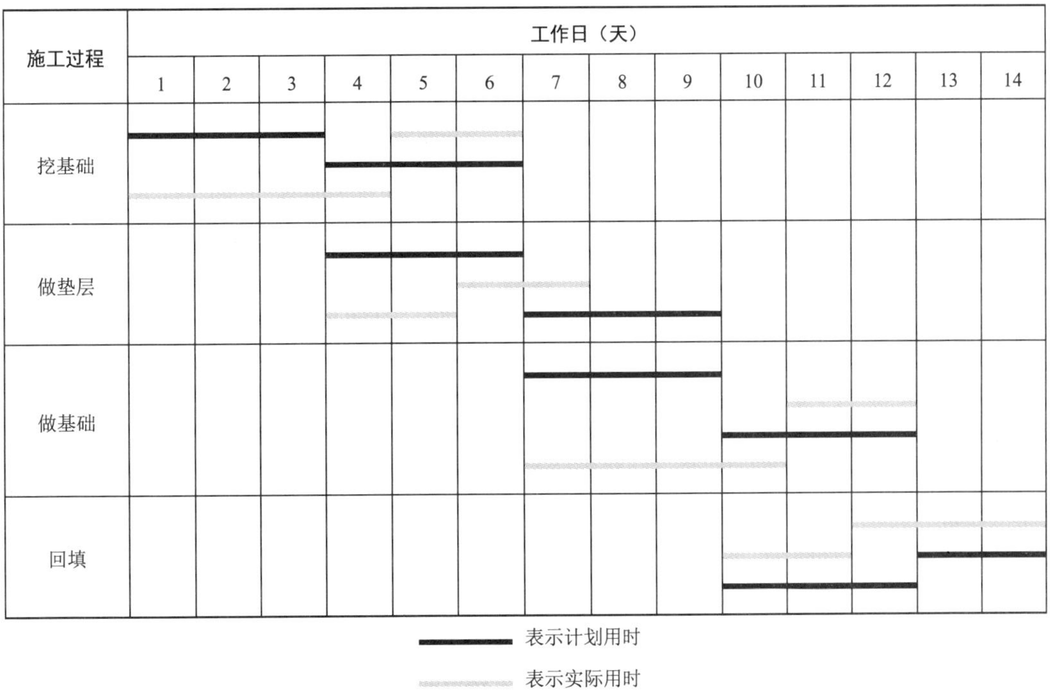

施工过程	工作日（天）													
	1	2	3	4	5	6	7	8	9	10	11	12	13	14
挖基础														
做垫层														
做基础														
回填														

表示计划用时

表示实际用时

图3-5 某工程实际施工进度与计划进度比较

通过这种比较，管理人员能很清晰和方便地观察出实际进度与计划进度的偏差。需要注意的是，横道图比较法中的实际进度可用持续时间或任务量（如劳动消耗量、实物工程量、已完工程价值量等）的累计百分比表示。但由于计划图中的进度横道线只表示工作的开始时间、持续时间和完成时间，并不表示计划完成量，所以在实际工作中要根据工作任务的性质分别考虑。

工作进展有两种情况：一种是工作任务是匀速进行的（单位时间完成的任务量是相同的）；另一种是工作任务的进展速度是变化的。因此，进度比较法就需相应采取不同的方法。每一期检查，管理人员应将每一项工作任务的进度评价结果合理地标在整个项目的进度横道图上，最后综合判断工程项目的进度进展情况。

2）实际进度前锋线比较法。前锋线比较法主要适用于双代号时标网络图计划。该方法是从检查时刻的时间标点出发，用点画线依次连接各工作任务的实际进度点（前锋），最后回到计划检查的时点为止，形成实际进度前锋线，按前锋线判定工程项目进度偏差，如图 3-6 所示。

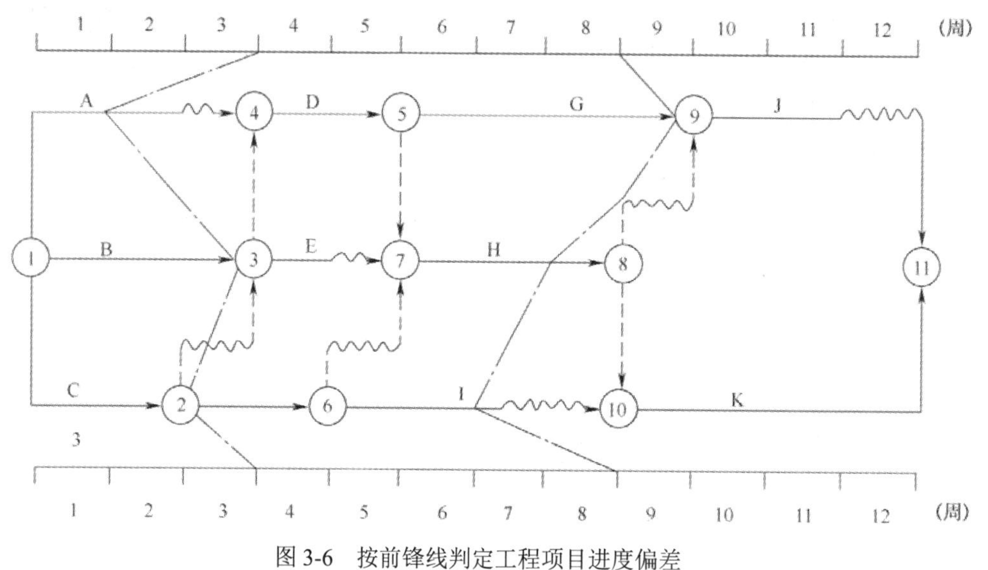

图 3-6　按前锋线判定工程项目进度偏差

简单地讲，前锋线比较法就是通过实际进度前锋线，比较工作实际进度与计划进度偏差，进而判定该偏差对总工期及后续工作影响程度的方法。当某工作前锋点落在检查日期左侧，表明该工作实际进度拖延，拖延时间为两者之差；当该前锋点落在检查日期右侧，表明该工作实际进度超前，超前时间为两者之差。进度前锋点的确定可以采用比例法。这种方法形象直观，便于采取措施，但最后应针对项目计划作全面分析（主要利用总时差和自由时差），以判定实际进度情况对应的工期。Project 软件具有前锋线比较的功能，并可以根据实际进度检查结果，直接计算出新的时间参数，包括相应的工期。

3. 进度计划实施中的调整

工程项目实施过程中工期经常发生延误，发生工期延误后，通常应采取积极的措施赶工，以弥补或部分地弥补已经产生的延误。主要通过调整后期计划，采取措施赶工，修改原网络进度计划等方法解决进度延误问题。

（1）分析偏差对工期的影响。

当出现进度偏差时，需要分析该偏差对后续工作及总工期产生的影响。偏差所处的位置及其大小不同，对后续工作和总工期的影响是不同的。某工作进度偏差的影响分析方法主要是利用网络计划中工作总时差和自由时差的概念进行判断：若偏差大于总时差，对总工期有影响；若偏差未超过总时差而大于自由时差，对总工期无影响，只对后续工作的最早开始时间有影响；若偏差小于该工作的自由时差，对进度计划无任何影响。如果检查的周期比较长，期间完成的工作比较多且有不符合计划情况时，往往需要对网络计划作全面的分析才能知道总的影响结果。

（2）进度计划的调整是利用网络计划的关键线路进行的。

1）关键工作持续时间的缩短，可以减小关键线路的长度，即可以缩短工期，要有目的地去压缩那些能缩短工期的某些关键工作的持续时间。解决此类问题往往要求综合考虑压缩关键工作的持续时间对质量、安全的影响，对资源需求的增加程度等多种因素，从而对关键工作进行排序，优先压缩排序靠前，即综合影响小的工作的持续时间。这种方法的实质是“工期”优化。

2）如果通过工期优化还不能满足工期要求时，必须调整原来的技术或组织方法，即改变某些工作间的逻辑关系。例如，从组织上可以把依次进行的工作改变为平行或互相搭接的以及分成几个施工区（段）进行流水施工的工作，都可以达到缩短工期的目的。

3）若遇非承包人原因引起的工期延误，如果要求其赶工，一般都会引起投资额度的增加。在保证工期目标的前提下，如何使相应追加费用的数额最小呢？关键线路上的关键工作有若干个，在压缩它们持续时间上，显然也有一个次序排列的问题需要解决，其实质就是“工期－费用”优化。

（五）施工进度控制

1. 工程进度目标的确定

为了提高进度计划的预见性和进度控制的主动性，在确定施工进度控制目标时，必须结合土木工程产品及其生产的特点，全面细致地分析与本工程项目进度有关的各种有利因素和不利因素，以便能制定出一个科学合理的、切合实际的进度控制目标。确定施工进度控制目标的主要依据有：施工合同的工期要求、工期定额及类似工程的实际进度、工程难易程度和施工条件的落实情况等。在确定施工进度分解目标时，还要考虑以下几个方面的问题：

（1）对于建筑群及大型工程建筑项目，应根据尽早投入使用、尽快发挥投资效益的原则，集中力量分期分批配套建设。

（2）科学合理安排施工顺序。在同一场地上不同工种交叉作业，其施工的先后顺序反映了工艺的客观要求，而平行交叉作业则反映了人们争取时间的主观努力。施工顺序的科学合理能够使施工在时空上得到统筹安排，流水施工是理想的生产组织方式。尽管施工顺序随工程项目类别、施工条件的不同而变化，但还是有其可供遵循的某些共同规律，如先准备，后施工；先地下，后地上；先外，后内；先土建，后安装等。

（3）参考同类工程建设的经验，结合本工程的特点和施工条件，制定切合实际的施工进度目标。避免制定进度时的主观盲目性，消除实施过程中的进度失控现象。

（4）做好资源配置工作。施工过程就是一个资源消耗的过程，要以资源支持施工。一旦进度确定，则资源供应能力必须满足进度的需要。技术、人力、材料、机械设备、资金统称为资源（生产要素），即 5M。技术是第一生产力。在商品生产条件下，一切生产经营活动都离不开资金，它是一种流通手段，是财产、物资、活劳动的货币表现。

（5）土木工程的实施具有很强的综合性和复杂性，应考虑外部协作条件的配合情况。包括施工过程中及项目竣工动用所需的水、电、气、通信、道路及其他社会服务对项目的满足程度和满足时间，它们必须与工程项目的进度目标相协调。

（6）因为工程项目建设大多都是露天作业，以及建设地点的固定性，应考虑工程项目建设地点的气象、地形、地质、水文等自然条件的限制。

2. 施工进度控制的监理工作

监理工程师对工程项目的施工进度控制从审核承包单位提交的施工进度计划开始，直至工程项目保修期满为止，其工作内容主要有以下几个方面：

（1）编制施工阶段进度控制工作细则。

施工进度控制工作细则的主要内容包括以下内容：

1）施工进度控制目标分解图。

2）施工进度控制的主要工作内容和深度。

3）进度控制人员的责任分工。

4）与进度控制有关的各项工作时间安排及其工作流程。

5）进度控制的手段和方法［包括进度检查周期、实际数据的收集、进度报告（表）格式、统计分析方法等］。

6）进度控制的具体措施（包括组织措施、技术措施、经济措施及合同措施等）。

7）施工进度控制目标实现的风险分析。

8）尚待解决的有关问题。

（2）编制或审核施工进度计划。

对于大型工程项目，由于单项工程数量较多、施工总工期较长，若业主采取分期分批发包，没有一个负责全部工程的总承包单位时，监理工程师就要负责编制施工总进度计划；或者当工程项目由若干个承包单位平行承包时，监理工程师也有必要编制施工总进度计划。施工总进度计划应确定分期分批的项目组成；各批工程项目的开工、竣工顺序及时间安排；全场性施工准备工作，特别是首批子项目进度安排及准备工作的内容等。

当工程项目有总承包单位时，监理工程师只需对总承包单位提交的工程总进度计划进行审核即可。而对于单位工程施工进度计划，监理工程师只负责审核而不管编制。施工进度计划审核的主要内容有以下几点：

1）进度安排是否符合工程项目建设总进度计划中总目标和分目标的要求，是否符合施工合同中开竣工日期的规定。

2）施工总进度计划中的项目是否有遗漏，分期施工是否满足分批动用的需要和配套动用的要求。

3）施工顺序的安排是否符合施工程序的原则要求。

4）劳动力、材料、构配件、机具和设备的供应计划是否能保证进度计划的实现，供应是否均衡，需求高峰期是否有足够实现计划的供应能力。

5）业主的资金供应能力是否满足进度需要。

6）施工的进度安排是否与设计单位的图纸供应进度相符。

7）业主应提供的场地条件及原材料和设备，特别是国外设备的到货与施工进度计划是否衔接。

8）总分包单位分别编制的各单位工程施工进度计划之间是否相协调，专业分工与衔接的计划安排是否明确合理。

9）进度安排是否存在造成业主违约而导致索赔的可能。

如果监理工程师在审核施工进度计划的过程中发现问题，应及时向承包单位提出书面修改意见，并协助承包单位修改，其中重大问题应及时向业主汇报。

尽管承包单位向监理工程师提交施工进度计划是为了听取建设性意见，但施工进度计划一经监理工程师确认，即应当视为合同文件的组成部分。它是以后处理承包单位提出的工程延期或费用索赔的一个重要依据。

（3）按年、季、月编制工程综合计划。

在按计划期编制的进度计划中，监理工程师应着重解决各承包单位施工进度计划之间、施工进度计划与资源保障计划之间及外部协作条件的延伸性计划之间的综合平衡与相互衔接问题。并根据上期计划的完成情况对本期计划作必要的调整，从而作为承包单位近期执行的指令性（实施性）计划。

（4）下达工程开工令。

在 FIDIC 合同条件下，监理工程师应根据承包单位和业主双方关于工程开工的准备情况，选择合适的时机发布工程开工令。工程开工令的发布，要尽可能及时，因为从发布工程开工令之日算起，加上合同工期后即为工程竣工日期。如果开工令发布拖延，就等于推迟了竣工时间，甚至可能引起承包单位的索赔。

为了检查双方的准备情况，在一般情况下应由监理工程师组织召开有业主和承包单位参加的第一次工地会议。业主应按照合同规定，做好征地拆迁工作，及时提供施工用地。同时还应当完成法律及财务方面的手续，以便能及时向承包单位支付工程预付款。承包单位应当将开工所需要的现场工作及人力、材料、设备准备好，同时还要按合同规定为监理工程师提供各种条件。

（5）协助承包单位实施进度计划。

监理工程师要随时了解施工进度计划执行过程中所存在的问题，并帮助承包单位予以解决，特别是承包单位无力解决的外层关系协调问题。

（6）监督施工进度计划的实施。

这是工程项目施工阶段进度控制的经常性工作。监理工程师不仅要及时检查承包单位报送的施工进度报表和分析资料，同时还要进行必要的现场实地检查，核实所报送的已完成的项目时间及工程量，杜绝虚假现象。

在对工程实际进度资料进行整理的基础上，监理工程师应将其与计划进度相比较，以判定实际进度是否出现偏差。如果出现偏差，监理工程师应进一步分析偏差对进度控制目标的影响程度及其产生的原因，以便研究对策，提出纠偏措施建议，必要时还应对后期工程进度计划做适当的调整。计划调整要及时有效。

（7）组织现场协调会。

监理工程师应每月、每周定期组织召开不同层次的现场协调会议，以解决工程施工过程中的相互协调配合问题。在平行、交叉施工单位多、工序交接频繁且工期紧迫的情况下，现场协调会甚至需要每日召开。在会上通报和检查当天的工程进度，确定薄弱环节，部署当天的赶工任务，以便为次日正常施工创造条件。对于某些未曾预料的突发变故或问题，监理工程师还可以发布紧急协调指令，督促有关单位采取应急措施维护工程施工的正常秩序。

（8）签发工程进度款支付凭证。

监理工程师应对承包单位申报的已完成分项工程量进行核实，在其质量通过检查验收后签发工程进度款支付凭证。

（9）审批工程延期。

1）工期延误。当出现工期延误时，监理工程师有权要求承包单位采取有效措施加快施工进度。如果经过一段时间后，实际进度没有明显改进，仍然落后于计划进度，而且将影响工程按期竣工时，监理工程师应要求承包单位修改进度计划，并提交监理工程师重新确认。

监理工程师对修改后的施工进度计划的确认，并不是对工程延期的批准，他只是要求承包单位在合理的状态下施工。因此，监理工程师对进度计划的确认，并不能解除承包单位应负的一切责任，承包单位需要承担赶工的全部额外开支和延误工期的损失赔偿。

2）工程延期。如果由于承包单位以外的原因造成工期拖延，承包单位有权提出延长工期的申请。监理工程师应根据合同规定，审批工程延期时间，应纳入合同工期，作为合同工期的一部分。即新的合同工期应等于原定的合同工期加监理工程师批准的工程延期时间。

监理工程师对于施工进度的拖延，是否批准为工程延期，对承包单位和业主都十分重要。如果承包单位得到监理工程师批准的工程延期，不仅可以不赔偿由于工期延长而支付的误期损失费，而且由业主承担由于工期延长所增加的费用。因此，监理工程师应按照合同的有关规定，公正区分工期延误和工程延期，并合理地批准工程延期时间。

（10）向业主提供进度报告。

监理工程师应随时整理进度材料，并做好工程记录，定期向业主提交工程进度报告。

（11）督促承包单位整理技术资料。

监理工程师要根据工程进展情况，督促承包单位及时整理有关技术资料。

（12）审批竣工申请报告，协助组织竣工验收。

当工程竣工后，监理工程师应审批承包单位在自行预验基础上提交的初验申请报告，组织业主和设计单位进行初验。在初验通过后填写初验报告及竣工验收申请书，并协助业主组织工程项目的竣工验收，编写竣工验收报告书。

（13）处理争议和索赔。

在工程结算过程中，监理工程师要处理有关争议和索赔问题。

（14）整理工程进度资料。

在工程完工以后，监理工程师应将工程进度资料收集起来，进行归类、编目和建档，以便为今后类似工程项目的进度控制提供参考。

（15）工程移交。

监理工程师应督促承包单位办理工程移交手续，颁发工程移交证书。在工程移交后的保修期内，还要处理使用中（验收后出现）的质量缺陷或事故的原因等争议问题，并督促责任单位及时修理。当保修期满且再无争议时，工程项目进度控制的任务即告完成。

三、建筑工程质量控制

（一）建设工程质量控制概述

1. 建设工程质量的概念

建设工程质量是指工程满足业主需要的，符合国家现行的有关法律、法规、技术规范标准、设计文件及合同规定的特性综合。

建设工程质量的主体是工程项目，也包含工作质量。任何建设工程项目都是由分项工程、分部工程和单位工程所组成的，而建设工程项目的建设是通过一道道工序来完成和创造的。所以，建设工程项目质量包含工序质量、分项工程质量、分部工程质量和单位工程质量。

2. 建设工程质量的特点

建设工程质量的特点是由建筑工程本身和建设生产的特点决定的。建设工程（产品）及其生产的特点：①产品的固定性，生产的流动性；②产品的多样性，生产的单件性；③产品形体庞大、高投入、生产周期长、具有风险性；④产品的社会性，生产的外部约束性等。建设工程的上述特点形成了工程质量本身具有以下特点：

（1）影响因素多。

建设工程质量受到多种因素的影响。主要可以归纳为人员素质、工程材料、机械设备、工艺方法、环境条件、工期、工程造价等，这些因素直接或间接地影响工程项目质量。

（2）质量波动大。

建筑生产的单件性、流动性直接引起工程质量具有较大的波动性。影响工程质量的偶然性、系统性因素变动后，都将造成工程质量的波动。因此，必须防止系统性因素导致质量变异，并使质量波动控制在偶然性因素的范围之内。

（3）质量隐蔽性。

由于工程施工过程存在着大量的交叉作业、中间产品以及隐蔽工程，其质量的隐蔽性相当突出。如果不能及时地检查、发现，而仅依靠事后的表面检查很难发现内在的质量问题，容易导致判断错误。

（4）终检局限性。

仅仅依靠工程项目的终检（即竣工验收），难以发现隐蔽起来的质量缺陷，无法科学地评估工程的内在质量。因此，质量控制应以预防为主，重视事前、事中控制，重视档案资料的积累并将其作为终检的重要依据。

（5）评价方法特殊性。

工程质量评价通常按照“验评分离、强化验收、完善手段、过程控制”的思想，在施工单位按照质量合格标准自行检查评定的基础上，由监理单位或建设单位（监理工程师或建设单位项目负责人）组织有关单位、人员进行确认验收。

工程质量的检查评定及验收依次按照检验批、分项工程、分部工程、单位工程进行。检验批的质量是分项工程乃至整个工程质量检验的基础；隐蔽工程在隐蔽前必须检查验收合格；涉及结构安全的试块、试件、材料应按规定进行见证取样；涉及结构安全和使用功能的重要分部工程需进行抽样检测。

3. 影响建筑工程质量的因素

影响建筑工程的因素很多，归纳起来主要有 5 个方面，即人（man）、材料（material）、机械（machine）、方法（method）和环境（environment），简称 4M1E 因素。

（1）人员素质。

人是生产经营活动的主体，也是工程项目建设的决策者、管理者、操作者，人员的素质，会对规划、决策、勘察、设计和施工的质量产生影响。因此，建筑行业实行经营企业资质管理和专业人员执业资格与持证上岗制度是保证人员素质的重要管理措施。

（2）工程材料。

工程材料选用是否合理、产品是否合格、材质是否符合规范要求、运输与保管是否得当等，都将直接影响建设工程结构的刚度和强度、影响工程外表及观感、影响工程的使用功能、影响工程的使用安全、影响工程的耐久性。

（3）机械设备。

工程机具设备的质量优劣，直接影响工程质量。施工机具设备的类型是否符合工程施工特点，性能是否先进稳定，操作是否方便安全等，都将影响工程项目的质量。

（4）方法。

方法是指工艺方法、操作方法、施工方案。在工程施工中，方案是否合理，施工工艺是否先进，施工操作是否正确，都将对工程质量产生重大的影响。完善施工组织设计，大力采用新技术、新工艺、新方法，不断提高工艺技术水平，是保证工程质量稳定提高的重要因素。

（5）环境条件。

环境是指对工程质量特性起重要作用的环境因素，包括工程管理环境、技术环境、周边环境等。环境条件往往对工程质量产生特定的影响。加强环境管理，改进作业条件，把握好技术环境，辅以必要的措施，是控制环境对质量影响的重要保证。

（二）建设工程质量控制

1. 建设工程质量控制的概念

建设工程质量控制，就是为了实现项目的质量满足工程合同、规范标准要求所采取的一系列措施、方法和手段。质量控制有对直接从事质量活动者的控制和对他人质量行为进行监控的控制两种方法。前者被称为自控，后者被称为监控。监理单位与政府监督部门为监控主体，承建商，如勘测、设计单位与施工单位为自控主体。

建设工程监理的质量控制，其性质属于监控。这是指监理单位受业主委托，代表建设单位为保证工程合同规定的质量标准对工程项目的全过程进行的质量监督和控制。其目的在于保证工程项目能够按照工程合同规定的质量要求达到业主的建设意图。其控制依据是国家现行的法律、法规、合同、设计图纸。

施工单位属于自控主体，它是以工程合同、设计图纸和技术规范为依据，对施工准备阶段、施工阶段、竣工验收交付阶段等施工全过程的工作质量和工程质量进行控制，以达到合同文件规定的质量要求。

2. 质量控制的原则

在建筑工程建设的质量控制中，监理工程师起着质量控制的主导作用，因为质量控制的中心工作由监理工程师承担。监理工程师在工程质量控制过程中，应遵循以下几条原则：

（1）坚持质量第一的原则。

（2）坚持以人为核心的原则。

（3）坚持以预防为主的原则。

（4）坚持质量标准的原则。

（5）坚持科学、公正、守法的职业道德规范的原则。

（三）施工单位的质量责任

（1）施工单位应依法取得相应的资质证书，必须在其资质等级许可的范围内承揽工程，禁止承揽超越其资质等级业务范围以外的任务，不得转包或违法分包，不得以其他施工单位的名义承揽工程，也不得允许其他单位或个人以本单位的名义承揽工程。

（2）施工单位对所承揽的建设工程的施工质量负责。应当建立健全质量管理体系，落实质量责任制，确定工程项目的项目经理、技术负责人和施工管理负责人。实行总承包的工程，总承包单位应对全部建设工程质量负责。建设工程勘察、设计、施工、设备采购中的一项或多项实行总承包的，总承包单位应对其承包的建设工程或采购的设备的质量负责；总包单位依法将建设工程分包给其他单位的，分包单位应按照分包合同约定对其分包工程的质量向总承包单位负责，总承包单位与分包单位对分包工程的质量承担连带责任。

（3）施工单位必须按照工程设计图纸和施工技术规范标准组织施工，不得擅自修改工程设计。在施工中，必须按照工程设计要求、施工技术规范标准和合同约定，对建筑材料、构配件、设备和商品混凝土进行检验，不得偷工减料，不得使用不符合设计和强制性技术标准要求的产品，不得使用未经检验和试验或检验和试验不合格的产品。

（四）工程监理单位的质量责任

（1）工程监理单位应依法取得相应等级的资质证书，并在其资质等级许可的范围内承担工程监理业务。禁止超越本单位资质等级许可的范围或以其他工程监理单位的名义承担工程监理业务，不允许其他单位或个人以本单位的名义承担工程监理业务，不得转让工程监理业务。

（2）工程监理单位应与建设单位签订监理合同，应依照法律、法规以及有关技术标准、设计文件和建设工程承包合同，代表建设单位对工程质量实施监理，并对工程质量承担监理责任。

（五）施工阶段的质量控制

工程施工是使业主及工程设计意图最终实现并形成工程实体的阶段，也是最终形成工程产品质量和工程项目使用价值的重要阶段。因此，施工阶段的质量控制不但是施工监理重要的核心内容，也是工程项目质量控制的重点。监理工程师对工程施工的质量控制，就是按照监理合同赋予的权利，针对影响工程质量的各种因素，对建设工程项目的施工过程进行有效的监督和管理。

1. 施工质量控制的依据

施工阶段监理工程师进行质量控制的依据，一般有以下 4 个类型。

（1）工程承包合同文件。

工程施工承包合同文件（还包括招标文件、投标文件及补充文件）和委托监理合同中分别规定了工程项目参建各方在质量控制方面的权利和义务的条款，有关各方必须履行在合同中的承诺。

（2）设计文件。

“按图施工”是施工阶段质量控制的一项重要原则。因此，经过批准的设计图纸和技术说明书等设计文件是质量控制的重要依据。监理单位应组织设计单位及施工单位进行设计交底及图纸会审工作，以便使相关各方了解设计意图和质量要求。

（3）国家及政府有关部门颁布的有关质量管理方面的法律、法规性文件。

它包括 3 个层次：第一个层次是国家的法律，第二个层次是部门的规章，第三个层次是地方的法规与规定。

（4）有关质量检验与控制的专门技术标准。

这类文件依据一般是针对不同行业、不同的质量控制对象而制定的技术法规性的文件，包括各种有关的技术标准、技术规范、规程或质量方面的规定。技术标准有国际标准（如ISO 系列）、国家标准、行业标准和企业标准之分。它是建立和维护正常的生产和工作秩序应遵守的准则，也是衡量工程、设备和材料质量的尺度。例如，质量检验及评定标准，材料、半成品或构配件的技术检验和验收标准等。技术规程或规范，一般是执行技术标准，保证施工有秩序地进行而为有关人员制定的行动的准则，通常它们与质量的形成有密切关系，应严格遵守。例如，施工技术规程、操作规程、设备维护和检修规程、安全技术规程以及施工及验收规范等。各种有关质量方面的规定，一般是有关主管部门根据需要而发布的带有方针目标性的文件，它对于保证标准规程、规范的实施具有指令性的特点。

2. 施工质量控制的程序

在施工阶段监理中，监理工程师的质量控制任务就是要对施工的全过程、全方位进行监督、检查与控制，不仅涉及最终产品的检查、验收，而且涉及施工过程的各环节及中间产品的监督、检查与验收。一般按以下程序进行。

（1）开工条件审查（事前控制）。

单位工程（或重要的分部、分项工程）开工前，承包商必须做好施工准备工作，然后填报《工程开工／复工报审表》，并附上该项工程的开工报告、施工组织设计（施工方案），特别要注明进度计划、人员及机械设备配置、材料准备情况等，报送监理工程师审查。若审查合格，则由总监理工程师批复，准予施工。否则，承包单位应进一步做好施工准备，具备施工条件时，再次填报开工申请。

（2）施工过程中督促检查（事中控制）。

在施工过程中监理工程师应督促承包单位加强内部质量管理，同时监理人员进行现场巡视、旁站、平行检验、实验室试验等工作，涉及结构安全的试块、试件以及有关材料，应按规定进行见证取样检测；对涉及结构安全和使用功能的重要分部工程，应进行抽样检测。承担见证取样及有关结构安全检测的单位应具有相应资质。每道工序完成后，承包单位应进行自检，填写相应质量验收记录表，自检合格后，填报《报验申请表》交监理工程师检验。

（3）质量验收（事后控制）。

当一个检验批、分项、分部工程完成后，承包单位首先对检验批、分项、分部工程进行自检，填写相应质量验收记录表，确认工程质量符合要求，然后向监理工程师提交《报验申请表》，附上自检的相关资料。监理工程师收到检查申请后应在合同规定的时间内到现场检验，并组织施工单位项目专业质量（技术）负责人等进行验收，现场检查及对相关资料审核，验收合格后由监理工程师予以确认，并签署质量验收证明。反之，则指令承包单位进行整改或返工处理。一定要坚持上道工序被确认质量合格后，方能准许下道工序施工的原则，按上述程序完成逐道工序。

（六）施工准备阶段的质量控制

施工准备阶段的质量控制属事前控制，如事前的质量控制工作做得充分，不仅是工程项目施工的良好开端，而且会为整个工程项目质量的形成创造极为有利的条件。

1. 监理工作准备

（1）组建项目监理机构，进驻现场。

在签订委托监理合同后，监理单位要组建项目监理机构，在工程开工前的3～4周派出满足工程需要的监理人员进驻现场，开始施工监理准备工作。

（2）完善组织体系，明确岗位职责。

项目监理机构进驻现场后，应完善组织体系，明确岗位责任。监理机构（监理部）的组织体系一般有两种设置形式，一是按专业分工，可分为土建、水暖、电、试验、测量等；二是按项目分工，建筑工程可按单位工程划分、道路工程按路段划分。在一些情况下，专业和项目也可混合配置，但无论怎样设置，工程监理工作面应全部覆盖，不能有遗漏，确保每个施工面上都应有基层的监理员。做到岗位明确、责任到人。

（3）编制监理规划性文件。

监理规划应在签订委托监理合同后开始编制，由总监理工程师主持，专业监理工程师参加。编制完成后须经监理单位技术负责人审核批准，并应在召开第一次工地会议前报送建设单位。监理规划的编制应针对项目实际情况，明确项目监理机构的工作目标，确定具体的监理工作制度、程序、方法和措施，并具有可操作性。

监理部进驻现场后，总监理工程师应组织专业监理工程师编制专业监理细则，编制完成后须经总监理工程师审定后执行，并报送建设单位。监理细则应写明控制目标、关键工序、重点部位、关键控制点以及控制措施等内容。

（4）拟定监理工作流程。

要使监理工作规范化，就应在开工之前编制监理工作流程。工程项目的实际情况不同，施工监理流程也有所不同。同一类型工程，由于项目的大小、项目所处的地点、周围的环境等各种因素的不同，其监理工作流程也有所不同。

（5）监理设备仪器准备。

在工程开工以前应做好充分准备，有充分的办公生活设施，包括用房、办公桌椅、文件柜、通信工具、交通工具、试验测量仪器等。这些装备中用房、桌椅、生活用具等应由业主提供，也可以折价由承包人提供，竣工之后归业主所有，还可以根据监理合同规定检测仪器等由监理公司自备。

（6）熟悉监理依据，准备监理资料。

开工之前总监理工程师应组织监理工程师熟悉图纸、设计文件、施工承包合同。对图纸中存在的问题通过建设单位向设计单位提出书面意见和建议。准备监理资料所用的各种表格、各种规范及与本工程有关的资料。

2. 开工前的质量监理工作

（1）参与设计技术交底。

设计交底一般由建设单位主持，参加单位有：设计单位、承包单位和监理单位的主要项目负责人及有关人员。通过设计交底，设计交底应形成会议纪要，会后由承包单位负责整理，总监理工程师签认。监理工程师应了解以下基本内容。

1）建设单位对本工程的要求，施工现场的自然条件、工程地质与水文地质条件等。

2）设计主导思想，建筑艺术要求与构思，使用的设计规范，抗震烈度，基础设计，主体结构设计，装修设计，设备设计（设备选型）等，工业建筑应包括工艺流程与设备选型。

3）对基础、结构及装修施工的要求，对建材的要求，对使用新技术、新工艺、新材料的要求，对建筑与工艺之间配合的要求以及施工中的注意事项等。

4）设计单位对监理单位和承包单位提出的施工图纸中的问题的答复。

（2）审查承包单位的现场项目质量管理体系、技术管理体系和质量管理体系。

审查由总监理工程师组织进行。对质量管理体系、技术管理体系和质量保证体系应审核以下内容：

1）质量管理、技术管理和质量保证的组织机构。

2）质量管理、技术管理制度。

3）专职人员和特种作业人员的资格证、上岗证。

（3）审查分包单位的资质。

分包工程开工前，专业监理工程师应审查承包单位报送的分包单位资格报审表和分包单位的有关资质资料。审查内容如下：

1）审查分包单位的营业执照、企业资质等级证书、特殊行业施工许可证、国外（境外）企业在国内承包工程许可证等。

2）审查分包单位的业绩。

3）审查拟分包工程的内容与范围。

4）专职人员和特种作业人员的资格证、上岗证，如质量员、安全员、资料员、电工、电焊工、塔吊驾驶员等。

（4）审定施工组织设计（方案）。

工程项目开工之前，总监理工程师应组织专业监理工程师审查承包单位编制的《施工组织设计（方案）》，提出审查意见，并经总监理工程师审核、签认后报建设单位。施工组织设计（方案）的审查程序：

1）工程项目开工前约定的时间内，承包单位必须完成施工组织设计的编制及内部自审批准工作，填写《施工组织设计（方案）报审表》报送项目监理机构审定。

2）总监理工程师组织专业监理工程师审查，提出意见后，由总监理工程师签认同意，批准实施。需要承包单位修改时，由总监理工程师、监理工程师签发书面意见，退回承包单位修改后再报审，重新审查。

3）已审定的施工组织设计由项目监理机构报送建设单位。

4）承包单位应按审定的施工组织设计文件组织施工。

3. 现场施工准备的质量控制

（1）查验承包单位的测量放线。

施工测量放线是建设工程产品形成的第一步，其质量好坏，直接影响工程产品的质量，并且制约着施工过程中相关工序的质量。因此，工程测量控制是施工中事前质量控制的一项基础工作。监理工程师应将其作为保证工程质量的一项重要的内容，在监理工作中，应进行工程测量的复核控制工作。专业监理工程师应按以下要求对承包单位报送的测量放线成果及保护措施进行检查，符合要求时，专业监理工程师对承包单位报送的施工测量成果报验申请予以签认。

1）检查承包单位专职测量人员的岗位证书及测量设备检定证书。

2）复核控制桩的校核成果、控制桩的保护措施以及平面控制网、高程控制网和临时水准点的测量成果。

（2）施工平面布置的检查。

为了保证承包单位能够顺利地施工，监理工程师应检查施工现场总体布置是否合理，是否有利于保证施工的顺利进行，是否有利于保证施工质量，特别是要对场区的道路、消防、防洪排水、设备存放、供电、给水、混凝土搅拌及主要垂直运输机械设备布置等进行重点检查。

（3）工程材料、半成品、构配件报验的签认。

工程中需要的原材料、半成品、构配件等都将构成为工程的组成部分。其质量的好坏直接影响到建筑产品的质量，因此事先对其质量进行严格控制很有必要。

（4）检查进场的主要施工设备。

施工机械设备是影响施工质量的重要因素。除应检测其技术性能、工作效率，工作质量、安全性能外，还应考虑其数量配置对施工质量的影响与保证条件。

1）监理工程师应审查施工现场主要设备的规格、型号是否符合施工组织设计的要求。例如选择起重机械进行吊装施工时，其起重量、起重高度及起重半径均应满足吊装要求。

2）监理工程师应审查施工机械设备的数量是否足够。例如，在大规模的混凝土灌注时，是否有备用的混凝土搅拌机和振捣设备，以防止由于机械发生故障，使混凝土浇筑工作中断等。

3）对需要定期检定的设备应检查承包单位提供的检定证明。如测量仪器、检测仪器、磅秤等应按规定进行。

（5）　审查主要分部（分项）工程施工方案。

1）对某些主要分部（分项）工程，项目监理部可规定在施工前承包单位应将施工工艺、原材料使用、劳动力配置、质量保证措施等情况编写专项施工方案，填《施工组织设计（方案）报审表》，报项目监理部审定。

2）承包单位应将季节性的施工方案（冬施、雨施等），提前填《施工组织设计（方案）报审表》，报项目监理部审定。

4. 审查现场开工条件，签发开工报告

监理工程师应审查承包单位报送的工程开工报审表及相关资料，具备开工条件时，由总监理工程师签发，并报建设单位。主要审查的内容为：

（1）施工许可证已获政府主管部门批准。

（2）征地拆迁工作能满足工程进度的需要。

（3）施工组织设计已获总监理工程师批准。

（4）承包单位现场管理人员已到位，机具、施工人员已进场，主要工程材料已落实。

（5）进场道路及水、电、通信已满足开工条件。

（七）施工过程的质量控制

1. 施工过程质量监理程序

施工阶段的监理是对建设工程产品生产全过程的监控，监理工程师要做到全过程监理、全方位控制，重点部位及重点工序应重点控制，尤其应重点控制各工序之间的交接。过程控制中应坚持上道工序被确认质量合格后，才能准许进行下道工序施工的原则，如此循环，每一道合格的工序均被确认。当一个检验批、分项工程、分部工程施工完工后，承包单位应自检，自检合格后向监理单位申报验收，由监理单位组织相关单位验收，工程的阶段验收均需参加验收的各方签字确认后方可继续下面的工作，不合格的应停工整改，待再次验收合格后继续施工。当单位工程或施工项目完成后，承包单位提出竣工报告，由建设单位主持勘察单位、设计单位、监理单位、施工单位进行验收并向建设行政管理部门备案。

2. 施工过程质量控制的方法与手段

（1）利用施工文件控制。

1）审查承包单位的技术文件。事前控制的主要内容是要审查承包单位的技术文件。需要审查的文件有设计图纸、施工方案、分包申请、变更申请、质量问题与质量事故处理方案、各种配合比、测量放线方案、试验方案、验收报告、材料证明文件、开工申请等，通过审查这些文件的正确性、可靠性来保证工程的顺利开展。

2）下达指令性文件。下达指令性文件是运用监理工程师指令控制权的具体形式。在施工过程中，如发现施工方法与施工方案不符、所使用的材料与设计要求不符、施工质量与规范标准不符、施工进度与合同要求不符等，监理工程师有权下达指令性文件，令其改正。这些文件有："监理通知"、"工程暂停令"。

3）审核作业指导书。施工组织设计（方案）是保证工程施工质量的纲领性文件。作业指导书（技术交底）是对施工组织设计或施工方案的具体化，是更细致、明确、具体的技术实施方案，是工序施工或分项工程施工的具体指导性文件。作业指导书要紧紧围绕与具体施工有关的操作者、机械设备、使用的材料、构配件、工艺、工法、施工环境、具体管理措施等方面进行，要明确做什么、谁来做、如何做、作业标准和要求、什么时间完成等。为保证每一道工序的施工质量，每一分项工程开始实施前均要进行交底。技术交底的内容包括施工方法、质量要求和验收标准，施工过程中注意的问题，可能出现意外情况应采取的措施与应急方案。

（2）应用支付手段控制。

支付手段是业主按监理委托合同赋予监理工程师的控制权。所谓支付控制权就是：对施工承包单位支付任何工程款项，均需由监理工程师开具支付证明书，没有监理工程师签署的支付证书，业主不得向承包方进行支付工程款。而工程款支付的条件之一就是工程质量要达到施工质量验收规范以及合同规定的要求。如果承包单位的工程质量达不到要求的标准，又不能按监理工程师的指示予以处理使之达到要求的标准，监理工程师有权采取拒绝开具支付证书的手段，停止对承包单位支付部分或全部工程款，由此造成的损失由承包单位负责。监理工程师可以使用计量支付控制权来保障工程质量，这是十分有效的控制和约束手段。

（3）现场监理的方法。

1）现场巡视。现场巡视是监理人员最常用的手段之一，通过巡视，一方面掌握正在施工的工程质量情况，另一方面掌握承包单位的管理体系是否运转正常。具体方法是通过目视或常用工具检查施工质量，例如，用百格网检查砌砖的砂浆饱满度、用坍落度筒检测混凝土的坍落度、用尺子检测桩机的钻头直径以保证基桩直径等。在施工过程中发现偏差，及时纠正，并指令施工单位处理。

2）旁站监理。旁站监理也是现场监理人员经常采用的一种检查形式。对房屋建筑工程的关键部位、关键工序，如在基础工程方面包括：土方回填，混凝土灌注桩浇筑，地下连续墙、土钉墙、后浇带及其他结构混凝土、防水混凝土浇筑，卷材防水层细部构造处理，钢结构安装；在主体结构工程方面包括梁柱节点钢筋隐蔽过程、混凝土浇筑、预应力张拉、装配式结构安装、钢结构安装、网架结构安装、索膜安装等。

3）平行检验。平行检验是指项目监理机构利用一定的检查或检测手段，在承包单位自检的基础上，按照一定的比例独立进行检查或检测的活动。

4）见证取样和送检见证试验。见证取样和送检是指在工程监理人员或建设单位驻工地人员的见证下，由施工单位的现场试验人员对工程中涉及结构安全的试块、试件和材料在现场取样，并送至经过省级以上建设行政主管部门对其计量认证的质量检测单位进行检测的行为。见证试验是指对在现场进行一些检验检测，由施工单位或检测机构进行检测，监理人员全过程进行见证并记录试验检测结果的行为。

（4）现场质量检查的手段：目测法、量测法和试验法。

1）目测法。目测法，即凭借感官进行检查，一般采用看、摸、敲、照等手法对检查对象进行检查。

“看”就是根据质量标准要求进行外观检查：例如，钢筋有无锈蚀、批号是否正确；水泥的出厂日期、批号、品种是否正确；构配件有无裂缝；清水墙表面是否洁净，油漆或涂料的颜色是否良好、均匀；工人的施工操作是否规范；混凝土振捣是否符合要求等。

“摸”就是通过触摸手感进行检查、鉴别：例如，油漆的光滑度；浆活是否牢固、不掉粉；模板支设是否牢固；钢筋绑扎是否正确等。

“敲”就是运用敲击方法进行声感检查：例如，对墙面瓷砖、大理石镶贴、地砖铺砌等的质量均可通过敲击检查，根据声音虚实、脆闷判断有无空鼓等质量问题。

“照”就是通过人工光源或反射光照射，仔细检查难以看清的部位，如构件的裂缝宽度、孔隙大小等。

2）量测法。就是利用量测工具或计量仪表，通过实际量测结果与规定的质量标准或规范的要求相对照，从而判断质量是否符合要求。量测的手法可归纳为：靠、吊、量、套。

“靠”是用直尺、塞尺检查诸如地面、墙面的平整度等。一般选用 2m 靠尺，在缝隙较大处插入塞尺，测出平整度差的大小。

“吊”是指用铅直线检查垂直度。如检测墙、柱的垂直度等。

“量”是指用量测工具或计量仪表等检测轴线尺寸、断面尺寸、标高、温度、湿度等数值并确定其偏差，例如，室内墙角的垂直度、门窗的对角线、摊铺沥青拌和料的温度等。

“套”是指以方尺套方辅以塞尺，检查诸如踢角线的垂直度、预制构件的方正，门窗口及构件的对角线等。

3）试验法。通过现场取样，送试验室进行试验，取得有关数据，分析判断质量是否合格。

力学性能试验，如测定抗拉强度、抗压强度、抗弯强度、抗折强度、冲击韧性、硬度、承载力等。

物理性能试验，如测定相对密度、密度、含水量、凝结时间、安定性、抗渗性、耐磨性、耐热性、隔音性能等。

化学性能试验，如材料的化学成分（钢筋的磷、硫含量等）、耐酸性、耐碱性、抗腐蚀等。

无损测试，如超声波探伤检测、磁粉探伤检测、X 射线探伤检测、γ 射线探伤检测、渗透液探伤检测、低应变检测桩身完整性等。

3. 施工活动前的质量控制（质量预控）

（1） 质量控制点的设置。

1）质量控制点的概念。质量控制点是指为了保证施工质量而确定的重点控制对象:包括重要工序、关键部位和薄弱环节。质量控制人员在分析项目的特点之后，把影响工序施工质量的主要因素、对工程质量危害大的环节等事先列出来，分析影响质量的原因，并提出相应的措施，以便进行预控。

在国际上质量控制点又根据其重要程度分为见证点（witness point）、停止点（hold point）和旁站点（stand point）。

见证点（或截留点）监督也称为W点监督。凡是列为见证点的质量控制对象，在规定的关键工序（控制点）施工前，施工单位应提前通知监理人员在约定的时间内到现场进行见证和对其施工实施监督。如果监理人员未能在约定的时间内到现场见证和监督，则施工单位有权进行该W点的相应的工序操作和施工。工程施工过程中的见证取样和重要的试验等应作为见证点来处理。监理工程师收到通知后，应按规定的时间到现场见证。对该质量控制点的实施过程进行认真的监督、检查，并在见证表上详细记录该项工作所在的建筑物部位、工作内容、数量、质量等后签字，作为凭证。如果监理人员在规定的时间未能到场见证，施工单位可以认为已获监理工程师认可，有权进行该项施工。

停止点也称为“待检点”或H点监督，其重要性高于见证点的质量控制点。是指那些施工过程或工序施工质量不易或不能通过其后的检验和试验而充分得到验证的“特殊工序”。凡列为停止点的控制对象，要求必须在规定的控制点到来之前通知监理人员对控制点实施监控，如果监理人员未在约定的时间到现场监督、检查，施工单位应停止进入该H点相应的工序，并按合同规定等待监理人员，未经认可不能越过该点继续活动。所有的隐蔽工程验收点都是停止点。另外，某些重要的工序如预应力钢筋混凝土结构或构件的预应力张拉工序，某些重要的钢筋混凝土结构在钢筋安装后、混凝浇筑之前，重要建筑物或结构物的定位放线后，重要的重型设备基础预埋螺栓的定位等均可设置停止点。

旁站点（或S点），是指监理人员在房屋建筑工程施工阶段监理中，对关键部位、关键工序的施工质量实施全过程现场跟班的监督活动，如混凝土灌注，回填土等工序。

2）控制点选择的一般原则。可作为质量控制点的对象涉及面广，它可能是技术要求高、施工难度大的结构部位，也可能是影响质量的关键工序、操作或某一环节，也可以是施工质量难以保证的薄弱环节，还可能是新技术、新工艺、新材料的部位。具体包括以下内容:

a．施工过程中的关键工序或环节以及隐蔽工程，例如，预应力张拉工序、钢筋混凝土结构中的钢筋绑扎工序。

b．施工中的薄弱环节或质量不稳定的工序、部位或对象，例如，地下防水工程、屋面与卫生间防水工程。

c．对后续工程施工或安全施工有重大影响的工序，例如，原配料质量、模板的支撑与固定等。

d．采用新技术、新工艺、新材料的部位或环节。

e．施工条件困难或技术难度大的工序，例如，复杂曲线模板的放样等。

3）常见控制点设置。一般工程的质量控制点设置位置见表3-2。

表 3-2　质量控制点的设置位置

分项工程	质量控制点
测量定位	标准轴线桩、水平桩、龙门板、定位轴线
地基、基础	基坑（槽）尺寸、标高、土质、地基承载力、基础垫层标高，基础位置、尺寸、标高、预留洞孔、预埋件的位置、规格、数量，基础墙皮数杆及标高、杯底弹线
砌体	砌体轴线，皮数杆，砂浆配合比，预留洞孔、预埋件位置，数量，砌块排列
模板	位置、尺寸、标高，预埋件位置，预留洞孔尺寸、位置，模板强度及稳定性，模板内部清理及润湿情况
钢筋混凝土	水泥品种、强度等级，砂石质量，混凝土配合比，外加剂比例，混凝土振捣，钢筋品种、规格、尺寸、接头、预留洞（孔）及预埋件规格数量和尺寸等、预制构件的吊装等
吊装	吊装设备、吊具、索具、地锚
钢结构	翻样图、放大样、胎模与胎架、连接形式的要点（焊接及残余变形）
装修	材料品质、色彩、各种工艺

一般工程隐蔽验收见表 3-3。

表 3-3　一般工程隐蔽验收

分项工程	质量控制点
土方	基坑（槽或管沟）开挖，排水盲沟设置情况，填方土料，冻土块含量及填土压实试验记录
地基与基础工程	基坑（槽）底土质情况，基底标高及宽度，对不良基土采取的处理情况，地基夯实施工记录，桩施工记录及桩位竣工图
砖体工程	基础砌体、沉降缝、伸缩缝和防震缝、砌体中配筋
钢筋混凝土工程	钢筋的品种、规格、形状尺寸、数量及位置，钢筋接头情况，钢筋除锈情况，预埋件数量及其位置，材料代用情况
屋面工程	保温隔热层、找平层、防水层
地下防水工程	卷材防水层及沥青胶结材料防水层的基层，防水层被土、水、砌体等掩盖的部位，管道设备穿过防水层的封固处
地面工程	地面下的基土；各种防护层以及经过防腐处理的结构或连接件
装饰工程	各类装饰工程的基层情况
管道工程	各种给、排水，暖、卫暗管道的位置、标高、坡度、试压通水试验、焊接、防腐、防锈保温及预埋件等情况
电气工程	各种暗配电气线路的位置、规格、标高、弯度、防腐、接头等情况，电缆耐压绝缘试验记录，避雷针的接地电阻试验
其他	完工后无法进行检查的工程，重要结构部位和有特殊要求的隐蔽工程

4）质量控制点的设置。设置质量控制点是保证达到施工质量要求的必要前提。在工程开工前，监理工程师就明确提出要求，要求承包单位在工程施工前根据施工过程质量控制的要求，列出质量控制点明细表，表中详细地列出各质量控制点的名称或控制内容、检验标准及方法等，提交监理工程师审查批准后，在此基础上实施质量预控。监理工程师在拟

定质量控制工作计划时，应予以详细地考虑，并以制度来保证落实。

5）质量控制点的控制重点。影响工程施工质量的因素有许多种，对质量控制点的控制重点有以下几方面：

a．人的行为。人是影响施工质量的第一因素。如对高空、水下、危险作业等，对人的身体素质或心理应有相应的要求；对技术难度大或精度要求高的作业，如复杂模板放样、精密的设备安装应对人的技术水平均有相应的要求。

b．物的状态。组成工程的材料性能、施工机械或测量仪器是直接影响工程质量和安全的主要因素，应予以严格控制。

c．关键的操作。如预应力钢筋的张拉工艺操作过程及张拉力的控制，是可靠地建立预应力值和保证预应力构件质量的关键过程。

d．技术参数。例如，对回填地基土进行压实时，填料的含水量、虚铺厚度与碾压遍数等参数是保证填方质量的关键。

e．施工顺序。对于某些工作必须严格作业之间的顺序，例如，对于冷拉钢筋应当先对焊、后冷拉，否则会失去冷拉强度；对于屋架固定一般应采取对角同时施焊，以免焊接应力使已校正的屋架发生变形等。

f. 技术间歇。有些作业之间需要有必要的技术间歇时间，例如，砖墙砌筑与抹灰工序之间，以及抹灰与粉刷或喷涂之间，均应保证有足够的间歇时间；混凝土浇筑后至拆模之间也应保持一定的间歇时间等。

g．新工艺、新技术、新材料的应用。由于缺乏经验，施工时可作为重点进行严格控制。

h．易发生质量通病的工序。例如，防水层的铺设，管道接头的渗漏等。

i．对工程质量影响重大的施工方法。如液压滑模施工中的支承杆失稳问题、升板法施工中提升差的控制等，都是一旦施工不当或控制不严，即可能引起重大质量事故问题，也应作为质量控制的重点。

j．特殊地基或特种结构。如湿陷性黄土、膨胀土等特殊土地基的处理、大跨度和超高结构等难度大的施工环节和重要部位等都应予以特别重视。

（2）审查作业指导书。

分项工程施工前，承包单位应将作业指导书报监理工程师审查。无作业指导书或作业指导书未经监理工程师批准，相应的工序或分项工程不得进入正式实施。承包单位强行施工，可视为擅自开工，监理工程师有权令其停止该分项的施工。

（3）测量器具精度与实验室条件的控制。

1）施工测量开始前，监理工程师应要求承包单位报验测量仪器的型号、技术指标、精度等级、计量部门的检定证书，测量人员的上岗证明，监理工程师审核确认后，方可进行正式测量作业。在施工过程中，监理工程师也应定期与不定期地检查计量仪器、测量设备的性能、精度状况，保证其处于良好的状态之中。

2）工程作业开始前，监理部应要求承包单位报送试验室（或外委试验室）的资质证明文件，列出本试验室所开展的试验、检测项目、主要仪器、设备；法定计量部门对计量器具的检定证明文件；试验检测人员上岗资质证明；试验室管理制度等。监理工程师也应到试验室考核，确认能满足工程质量检验要求，则予以批准，同意使用，否则，承包单位应进一步完善、补充，在未得到监理工程师同意之前，试验室不得从事该工程项目的试验工作。

（4）劳动组织与人员资格控制。

开工前监理工程师应检查承包单位的人员与组织，其内容包括相关制度是否健全，如各类人员的岗位职责、现场的安全消防规定、紧急情况的应急预案等，并应有措施保证其能贯彻落实。

应检查管理人员是否到位、操作人员是否持证上岗。如技术负责人、专职质检人员、安全员、测量人员、材料员、试验员必须是在岗；特殊作业的人员（如电焊工、电工、起重工、架子工、爆破工），是否持证上岗。

4. 施工活动过程中的质量控制

（1）坚持质量跟踪监控。

在施工活动过程中，监理工程师应对施工现场有目的地进行巡视检查和旁站，必要时进行平行检查。在巡视过程中发现和及时纠正施工中所发生的不符合要求的问题。应对施工过程的关键工序、特殊工序、重点部位和关键控制点进行旁站。对所发现的问题应先口头通知承包单位改正，然后应由监理工程师签发《监理通知》，承包单位应将整改结果书面回复，监理工程师进行复查。

（2）抓好承包单位的自检与专检。

承包单位是施工质量的直接实施者和责任者，有责任保证施工质量合格。监理工程师的质量检查与验收，是对承包单位作业活动质量的复核与确认，但决不能代替承包单位的自检，而且，监理工程师的检查必须是在承包单位自检并确认合格的基础上进行的。专职质检员没有检查或检查不合格不能报监理工程师，否则监理工程师有权拒绝进行检查。

（3）技术复核与见证取样。

为确保工程质量，建设部规定，在市政工程及房屋建筑工程项目中，对工程材料、承重结构的混凝土试块，承重墙体的砂浆试块、结构工程的受力钢筋（包括接头）实行见证取样。见证取样的频率，国家或地方主管部门有规定的，执行相关规定；施工承包合同中如有明确规定的，执行施工承包合同的规定。见证取样的频率和数量，包括在承包单位自检范围内，一般所占比例为30%。

（4）工程变更控制。

施工过程中，由于勘察设计的原因，或外界自然条件的变化，或施工工艺方面的限制，或建设单位要求的改变，都会引起工程变更。工程变更的要求可能来自建设单位、设计单位或施工承包单位。变更以后，往往会引起质量、工期、造价的变化，也可能导致索赔。所以，无论哪一方提出的工程变更要求，都应持十分谨慎的态度。在工程施工过程中，无论是建设单位或者施工及设计单位提出的工程变更或图纸修改，都应通过监理工程师审查并经有关方面研究，确认其必要性后，由总监理工程师发布变更指令，方能生效并予以实施。

（5）工地例会管理。

工地例会是施工过程中参建各方沟通情况、解决分歧、达成共识、作出决定的主要方式，通过工地例会，监理工程师检查分析施工过程的质量状况，指出存在的问题，承包单位提出整改的措施，并作出相应的保证。例会应由总监理工程师主持。会议纪要应由项目监理机构负责起草并经与会各方代表会签。

（6）停工令、复工令的应用。

根据委托监理合同中建设单位对监理工程师的授权，出现下列情况时，总监理工程师有权行使质量控制权，下达停工令，及时进行质量控制。

1）施工中出现质量异常情况，经监理提出后，承包单位未采取有效措施，或措施不力。

2）隐蔽工程未按规定查验确认合格，而擅自封闭。

3）已发生质量问题，但迟迟未按监理工程师要求进行处理，或者是已发生质量缺陷或问题，如不停工则质量缺陷或问题将继续发展的情况下。

4）未经监理工程师审查同意，而擅自变更设计或修改图纸进行施工。

5）未经技术资质审查的人员或不合格人员进入现场施工。

6）使用的原材料、构配件不合格或未经检查确认，或擅自采用未经审查认可的代用材料。

7）擅自使用未经项目监理部审查认可的分包单位进场施工。

承包单位经过整改具备恢复施工条件时，向项目监理机构报送复工申请及有关材料，证明造成停工的原因已消失。经监理工程师现场复查，认为已符合继续施工的条件，造成停工的原因确已消失，总监理工程师应及时签署工程复工报审表，指令承包单位继续施工。

应该注意的是：总监下达停工指令及复工指令，宜事先向建设单位报告。

5. 施工活动结果的质量控制

要保证最终单位工程产品的合格，必须使每道工序及各个中间产品均符合质量要求。施工活动结果在土建工程中一般有：基槽（基坑）验收，隐蔽工程验收，工序交接，检验批、分项、分部工程验收，不合格项目处理等。

（1）基槽（基坑）验收。

基槽（开挖）是地基与基础施工中的一个关键工序，对后续工程质量影响大，一般作为一个检验批进行质量验收，有专用的验收表格。基槽（基坑）开挖质量验收主要涉及地基承载力和地质条件的检查确认，所以基槽开挖验收均要有勘察设计单位的有关人员参加，并请当地或主管质量监督部门参加，经现场检查，测试（或平行检测）确认其地基承载力是否达到设计要求，地质条件是否与设计相符。如相符，则共同签署验收资料，如达不到设计要求或与勘察设计资料不符，则应采取措施进一步处理或变更工程，由原设计单位提出处理方案，经承包单位实施完毕后重新验收。

（2）隐蔽验收。

隐蔽工程验收是指将被后续工程施工所覆盖的分项、分部工程，在隐蔽前所进行的检查验收。由于其检查对象将要被后续工程所覆盖，给以后的检查整改造成障碍，所以它是质量控制的一个关键过程，一般有专用的隐蔽验收表格。

隐蔽验收项目应在监理规划中列出，例如，基槽开挖及地基处理；钢筋混凝土中的钢筋工程；埋入结构中的避雷导线；埋入结构中的工艺管线；埋入结构中的电气管线；设备安装的二次灌浆；基础、厕浴间、屋顶防水；装修工程中吊顶龙骨及隔墙龙骨；预制构件的焊（连）接；隐蔽的管道工程水压试验或闭水试验等等。

隐蔽工程施工完毕，承包单位应先进行自检，自检合格后，填写《报验申请表》，附上相应的或隐蔽工程检查记录及有关材料证明、试验报告、复试报告等，报送项目监理机构。监理工程师收到报验申请后首先对质量证明资料进行审查，并按规定时间与承包单位的专职质检员及相关施工人员一起到现场检查，如符合质量要求，监理工程师在《报验申请表》及隐蔽工程检查记录上签字确认，准予承包单位隐蔽、覆盖，进入下一道工序施工。否则，指令承包单位整改，整改后，自检合格再报监理工程师复验。

（3）工序交接。

工序交接是指作业活动中一种作业方式的转换及作业活动效果的中间确认，也包括相关专业之间的交接。通过工序交接的检查验收或办理交接手续，保证上道工序合格后方可进入下道工序，使各工序间和相关专业工程之间形成一个有机整体，也使各工序的相关人员担负起各自的责任。

（4）检验批、分项、分部工程验收。

检验批、分项、分部工程完成后，承包单位应先自行检查验收，确认合格后向监理工程师提交验收申请，由监理工程师予以检查、确认。如确认其质量符合要求，则予以确认验收。如有质量问题则指令承包单位进行处理，待质量合乎要求后再予以检查验收。对涉及结构安全和使用功能的重要分部工程应进行抽样检测。

（5）单位工程或整个工程项目的竣工验收。

一个单位工程或整个工程项目完成后，承包单位应先进行竣工自检，自验合格后，向项目监理机构提交《工程竣工报验单》，总监理工程师组织专业监理工程师进行竣工初验，初验合格后，总监理工程师对承包单位的《工程竣工报验单》予以签认，并上报建设单位，同时提出《工程质量评估报告》。由建设单位组织竣工验收。监理单位参加由建设单位组织的正式竣工验收。

1）初验应检测的内容。审查施工承包单位所提交的竣工验收资料，包括各种质量控制资料、安全和功能检测资料及各种有关的技术性文件等。

审核承包单位提交的竣工图，并与已完工程、有关的技术文件（如图纸、工程变更文件、施工记录及其他文件）对照进行核查。

总监理工程师组织专业监理工程师对拟验收工程项目的现场进行检查，如发现质量问题应指令承包单位进行处理。

2）工程质量评估报告。《工程质量评估报告》是监理单位对所监理的工程的最终评价，是工程验收中的重要资料，它由项目总监理工程师和监理单位技术负责人签署。主要包括以下主要内容：

a．工程项目建设概况介绍，参加各方的单位名称、负责人。

b．工程检验批、分项、分部、单位工程的划分情况。

c．工程质量验收标准，各检验批、分项、分部工程质量验收情况。

d．地基与基础分部工程中，涉及桩基工程的质量检测结论，基槽承载力检测结论，涉及结构安全及使用功能的检测结论，建筑物沉降观测资料。

e．施工过程中出现的质量事故及处理情况，验收结论。

本工程项目（单位工程）是否达到合同约定，是否满足设计文件要求，是否符合国家强制性标准及条款的规定。

（八）建筑工程施工质量验收

工程施工质量验收是工程建设质量控制的一个重要环节，包括工程施工质量的中间验收和工程的竣工验收两个方面。通过对工程建设中间产出品和最终产品的质量把关验收，以确保达到业主所要求的功能和使用价值，实现建设投资的经济效益和社会效益。

1．建筑工程质量验收规范体系简介

建筑工程施工质量验收统一标准的编制依据，主要是《中华人民共和国建筑法》、《建设工程质量管理条例》、《建筑结构可靠度设计统一标准》及其他有关设计规范等。

2．施工质量验收的术语与基本规定

（1）施工质量验收的术语。

1）验收。建筑工程在施工单位自行质量检查评定的基础上，参与建筑活动的有关单位共同对检验批、分项、分部、单位工程的质量进行抽样检查，根据相关标准以书面形式对工程质量达到合格与否作出确认。

2）检验批。按同一的生产条件或按规定的方式汇总起来供检验用的，由一定数量样本组成的检验体。检验批是施工质量验收的最小单位，是分项工程乃至整个建筑工程质量验收的基础。

3）主控项目。建筑工程中对安全、卫生、环境保护和公众利益起决定性作用的检验项目。如混凝土工程中："受力钢筋的品种、级别、规格、数量和连接方式必须符合设计要求"，"纵向受力钢筋连接方式应符合设计要求"。

4）一般项目。除主控项目以外的检验项目。"钢筋的接头宜设置在受力较小处。同一纵向受力钢筋不宜设置两个或两个以上接头。接头末端至钢筋弯起点的距离不应小于钢筋直径的 10 倍"，"钢筋应平直、无损伤，表面不得有裂纹、油污、颗粒状或片状老锈"等都是一般项目。

5）观感质量。通过观察和必要的量测所反映的工程外在质量。

6）返修。对工程不符合标准规定的部位采取整修等措施。

7）返工。对不合格的工程部位采取的重新制作、重新施工等措施。

（2）施工现场质量管理要求。

建筑工程的质量控制应为全过程控制。施工现场质量管理应有相应的施工技术标准，健全的质量管理体系、施工质量检验制度和综合施工质量水平评价考核制度，并做好施工现场质量管理检查记录。

施工现场质量管理检查记录应由施工单位按要求填写，总监理工程师（建设单位项目负责人）进行检查，并作出检查结论。

（3）施工质量控制规定。

1）建筑工程采用的主要材料、半成品、成品、建筑构配件、器具和设备应进行现场验收。凡涉及安全、功能的有关成品，应按各专业工程质量验收规范规定进行复验，并应经监理工程师（建设单位技术负责人）检查认可。

2）各工序应按施工技术标准进行质量控制，每道工序完成后，应进行检查。

3）相关各专业工种之间，应进行交接检查，并形成记录。未经监理工程师（建设单位负责人）检查认可，不得进行下道工序施工。

（4）施工质量验收要求。

1）建筑工程施工质量应符合《建筑工程施工质量验收统一标准》和相关专业验收规范的规定。

2）建筑工程施工应符合工程勘察、设计文件的要求。

3）参加工程施工质量验收的各方人员应具备规定的资格。

4）工程质量的验收均应在施工单位自行检查评定的基础上进行。

5）隐蔽工程在隐蔽前应由施工单位通知有关单位进行验收，并应形成验收文件。

6）涉及结构安全的试块、试件以及有关材料，应按规定进行见证取样检测。

7）检验批的质量应按主控项目和一般项目验收。

8）对涉及结构安全和使用功能的重要分部工程应进行抽样检测。

9）承担见证取样检测及有关结构安全检测的单位应具有相应资质。

10）工程的观感质量应由验收人员进行现场检查，并应共同确认。

3. 建筑工程质量验收的划分

建筑工程施工质量验收涉及建筑工程施工过程控制和竣工（最终）验收控制，均是工程施工质量控制的重要环节。另外，随着经济发展和施工技术进步，建筑规模较大的单体工程和具有综合使用功能的综合性建筑物比比皆是。有时投资者为追求最大的投资效益，在建设期间，需要将其中一部分提前建成使用。因此，合理划分建筑工程施工质量验收层次就显得非常必要。

建筑工程质量验收应划分为单位（子单位）工程、分部（子分部）工程、分项工程和检验批。

（1）单位工程的划分。

单位工程的划分应按下列原则确定。

1）具备独立施工条件并能形成独立使用功能的建筑物及构筑物为一个单位工程。如一个单位的办公楼、某城市的广播电视塔等。

2）规模较大的单位工程，可将其能形成独立使用功能的部分划分为一个子单位工程。一些具有独立施工条件和能形成独立使用功能的子单位工程划分，在施工前由建设、监理、施工单位自行商议确定，并据此收集整理施工技术资料和验收。

（2）分部工程的划分。

分部工程的划分应按下列原则确定。

1）分部工程的划分应按专业性质、建筑部位确定。如建筑工程划分为地基与基础、主体结构、建筑装饰装修、建筑屋面、建筑给水排水及采暖、建筑电气、智能建筑、通风与空调、电梯等 9 个分部工程。对于大型工业建筑，应根据行业特点来划分。

2）当分部工程较大或较复杂时，可按施工程序、专业系统及类别等划分为若干个子分部工程。如智能建筑分部工程中就包含了火灾及报警消防联动系统、安全防范系统、综合布线系统、智能化集成系统、电源与接地、环境、住宅（小区）智能化系统等子分部工程。

（3）分项工程的划分。

分项工程应按主要工种、材料、施工工艺、设备类别等进行划分。如混凝土结构工程中按主要工种分为模板工程、钢筋工程、混凝土工程等分项工程；按施工工艺又分为预应力现浇混凝土结构、装配式结构等分项工程。

（4）检验批的划分。

分项工程可由一个或若干个检验批组成，检验批可根据施工及质量控制和专业验收需要按楼层、施工段、变形缝等进行划分。如一栋 6 层住宅建筑主体结构的钢筋分项工程最少按 6 个检验批来进行验收。

（5）室外工程的划分。

室外工程可根据专业类别和工程规模划分单位（子单位）工程、分部（子分部工程）。

4. 建筑工程施工质量验收

（1）检验批的质量验收。

1）检验批的合格规定。主控项目和一般项目的质量经抽样检验合格。具有完整的施工操作依据、质量检查记录。

2）检验批的验收。检验批的验收是建筑工程验收中最基本的验收单元。质量验收包括了质量资料检查和主控项目与一般项目的检验两个方面的内容：

a. 资料检查。质量控制资料反映了检验批从原材料到验收的各施工工序的施工操作依据，其完整性是检验批合格的前提。一般有图纸会审、设计变更、洽商记录；建筑材料、成品、半成品、建筑构配件、器具和设备的质量证明书及进场检（试）验报告；工程测量、放线记录；按专业质量验收规范规定的抽样检验报告；隐蔽工程检查记录；施工过程记录和施工过程检查记录；新材料、新技术、新工艺的施工记录；质量管理资料和施工单位操作依据等。

b. 主控项目与一般项目的检验。检验批的质量合格与否主要取决于对主控项目和一般项目的检验结果。主控项目是对检验批的质量起决定性影响的检验项目，因此必须全部符合有关专业工程验收规范的规定。主控项目的检查具有否决权，不允许有不符合要求的检验结果。如钢筋安装检验批中：“钢筋安装时，受力钢筋的品种、级别、规格和数量必须符合设计要求”，如不符合，仅此一项，本检验批即不符合质量要求，不可验收。一般项目则应满足规范要求。如受力钢筋间距一项，检查 10 处，其偏差在±10mm 以内的点大于 80%，其中超差点的超差量小于允许偏差的 150%，即本项合格。

（2）分项工程质量验收。

1）分项工程质量合格标准。分项工程所含的检验批均应符合合格质量规定；分项工程所含的检验批的质量验收记录应完整。

2）分项工程验收。一般情况下，分项工程与检验批两者性质相同或相近，只是批量的大小不同，分项工程的验收在检验批验收合格的基础上进行。因此，只要构成分项工程的各检验批的验收资料文件完整，并且均已验收合格，则分项工程验收合格。

（3）分部（子分部）工程质量验收。

1）分部（子分部）工程质量合格标准。分部（子分部）工程所含分项工程的质量均应验收合格；质量控制资料应完整；地基与基础、主体结构和设备安装等分部工程有关安全及功能的检验和抽样检测结果应符合有关规定；观感质量验收应符合要求。

2）分部（子分部）工程验收。部工程的验收在其所含各分项工程验收的基础上进行。首先，分部工程的各分项工程必须已验收合格，且相应的质量控制资料文件必须完整，这是验收的基本条件。此外，由于各分项工程的性质不尽相同，因此作为分部工程不能简单地组合而加以验收，尚须增加以下两类检查。

涉及安全和使用功能的地基基础、主体结构、有关安全及重要使用功能的安装分部工程应进行有关见证取样送样试验或抽样检测。关于观感质量验收，这类检查往往难以定量，只能以观察、触摸或简单量测的方式进行，并由各个人的主观印象判断，检查结果并不给出“合格”或“不合格”的结论，而是综合给出质量评价，如“好”、“一般”、“差”。对于“差”的检查点应通过返修处理等补救。

（4）单位（子单位）工程质量验收。

1）单位（子单位）质量合格标准。单位（子单位）工程所含分部（子分部）工程的质量应验收合格；质量控制资料应完整；单位（子单位）工程所含分部工程有关安全和功能的检验资料应完整；主要功能项目的抽查结果应符合相关专业质量验收规范的规定；观感质量验收应符合要求。

2）单位（子单位）工程验收。单位工程质量验收也称质量竣工验收，是建筑工程投入使用前的最后一次验收，也是最重要的一次验收。验收合格的条件有 5 个，除构成单位工程的各分部工程应该合格，并且有关的资料文件应完整以外，还须进行以下 3 个方面的检查：涉及安全和使用功能的分部工程应进行检验资料的复查，不仅要全面检查其完整性（不得有漏检缺项），而且对分部工程验收时补充进行的见证抽样检验报告也要复核。这种强化验收的手段体现了对安全和主要使用功能的重视；此外，对主要使用功能还须进行抽查。使用功能的检查是对建筑工程和设备安装工程最终质量的综合检验，也是用户最为关心的内容。因此，在分项、分部工程验收合格的基础上，竣工验收时再作全面检查。抽查项目是在检查资料文件的基础上由参加验收的各方人员商定，并用计量、计数的抽样方法确定检查部位；检查要求按有关专业工程施工质量验收标准的要求进行；最后，还须由参加验收的各方人员共同进行观感质量检查。检查的方法、内容、结论等应在分部工程的相应部分中阐述，共同确定是否通过验收。

（5）施工质量不符合要求时的处理。

一般情况下，不合格现象在最基层的验收单位，即检验批时就应发现并及时处理，否则将影响后续检验批和相关的分项工程、分部工程的验收。因此所有质量隐患必须尽快消灭在萌芽状态，这也是本标准以强化验收促进过程控制原则的体现。非正常情况按下列情况进行处理。

1）经返工重做或更换器具、设备检验批，应重新进行验收。在检验批验收时，其主控项目不能满足验收规范规定或一般项目超过偏差限值的子项不符合检验规定的要求时，应及时进行处理。其中，严重的缺陷应推倒重来；一般的缺陷通过翻修或更换器具、设备予以解决，应允许施工单位在采取相应的措施后重新验收。如能够符合相应的专业工程质量验收规范，则应认为该检验批合格。

2）经有资质的检测单位鉴定达到设计要求的检验批，应予以验收。个别检验批发现试块强度等不满足要求等问题，难以确定是否验收时，应请具有资质的法定检测单位检测。当鉴定结果能够达到设计要求时，该检验批仍应认为通过验收。

3)经有资质的检测单位鉴定达不到设计要求但经原设计单位核算认可能满足结构安全和使用功能的检验批，可予以验收。一般情况下，规范标准给出了满足安全和功能的最低限度要求，而设计往往在此基础上留有一些余量。不满足设计要求和符合相应规范标准的要求，两者并不矛盾。

4）经返修或加固的分项、分部工程，虽然改变外形尺寸但仍能满足安全使用要求，可按技术处理方案和协商文件进行验收。更为严重的缺陷或者超过检验批的更大范围内的缺陷，可能影响结构的安全性和使用功能。若经法定检测单位检测鉴定以后认为达不到规范标准的相应要求，即不能满足最低限度的安全储备和使用功能，则必须按一定的技术方案进行加固处理，使之能保证其满足安全使用的基本要求。这样会造成一些永久性的缺陷，如改变结构外形尺寸，影响一些次要的使用功能等。为了避免社会财富遭受更大的损失，在不影响安全和主要使用功能条件下可按技术处理方案和协商文件进行验收，但不能作为轻视质量而回避责任的一种出路，这是应该特别注意的。

5）分部工程、单位（子单位）工程存在最为严重的缺陷，经返修或加固处理仍不能满足安全使用要求的，严禁验收。

5. 建筑工程施工质量验收的程序与组织

（1）检验批及分项工程的验收。

检验批及分项工程应由监理工程师（建设单位项目技术负责人）组织施工单位项目专业质量（技术）负责人等进行验收。检验批和分项工程是建筑工程质量基础，因此，所有检验批和分项工程均应由监理工程师或建设单位项目技术负责人组织验收。验收前，施工承包单位先填好“检验批和分项工程的质量验收记录”（有关监理记录和结论不填），并由项目专业质量检验员和项目专业技术负责人分别在检验批和分项工程质量检验记录中相关栏目签字，然后由监理工程师组织，严格按规定程序进行验收。

（2）分部工程的验收。

分部工程应由总监理工程师（建设单位项目负责人）组织施工单位项目负责人和项目技术、质量负责人等进行验收。由于地基基础、主体结构技术性能要求严格，技术性强，关系到整个工程的安全，因此规定与地基基础、主体结构分部工程相关的勘察、设计单位工程项目负责人和施工单位技术、质量部门负责人也应参加相关分部工程验收。

（3）单位（子单位）工程的验收。

一个单位工程竣工后，对满足生产要求或具备使用条件，施工单位已预验，监理工程师已初验通过的单位（子单位）工程，建设单位可组织进行验收。单位（子单位）工程的验收，一般应分为竣工初验与正式验收两个步骤。

1）竣工初验。当单位（子单位）工程达到竣工验收条件后，施工单位应进行自检，自检合格后填写工程竣工报验申请表，并将全部竣工资料报送项目监理机构，申请竣工验收。

总监理工程师应组织各专业监理工程师对竣工资料及各专业工程的质量情况进行全面检查，对检查出的问题，应督促施工单位及时整改。经项目监理机构对竣工资料及实物全面检查、验收合格后，由总监理工程师签署工程竣工报验单，并向建设单位提出质量评估报告。

2）正式验收。建设单位收到工程验收报告后，应由建设单位（项目）负责人组织施工（含分包单位）、设计、监理等单位（项目）负责人进行单位（子单位）工程验收。单位工程由分包单位施工时，分包单位对所承包的工程项目应按规定的程序检查评定，总包单位应派人参加。分包工程完成后，应将工程有关资料交总包单位。建设工程经验收合格的，方可交付使用。参加验收各方对工程质量验收意见不一致时，可请当地建设行政主管部门或工程质量监督机构协调处理。

建设工程竣工验收应当具备下列条件：完成建设工程设计和合同约定的各项内容；有完整的技术档案和施工管理资料；有工程使用的主要建筑材料、建筑构配件和设备的进场试验报告；有勘察、设计、施工、工程监理等单位分别签署的质量合格文件；有施工单位签署的工程保修书。

（4）单位工程竣工验收备案。

单位工程质量验收合格后，建设单位应在规定时间内将工程竣工验收报告和有关文件，报建设行政管理部门备案。

（九）工程质量问题与质量事故的处理

由于建筑工程具有建设工期长、所用材料品种多、影响因素复杂的特点，建设中往往会出现一些质量问题，甚至是质量事故。监理工程师应学会区分工程质量问题和质量事故，正确处理工程质量问题和质量事故。

1. 工程质量问题与质量事故

根据2007年建设部颁布的第168号令《工程建设重大事故报告和调查程序规定》的说明：凡是工程质量不合格，必须进行返修、加固或报废处理，由此造成直接经济损失低于5000元的称为质量问题；直接经济损失在5000 元（含5000元）以上的称为工程质量事故。

2. 工程质量事故处理

（1）质量事故的分类。

国家现行对工程质量通常采用按造成损失严重程度进行分类，其基本分类如下。

1）一般质量事故。直接经济损失在5000元（含5000元）以上，不满50000元的。影响使用功能和工程结构安全，造成永久质量缺陷的。

2）严重质量事故。直接经济损失在50000 元（含50000 元）以上，不满10万元的。严重影响使用功能或工程结构安全，存在重大质量隐患的。事故性质恶劣或造成2人以下重伤的。

3）重大质量事故。工程倒塌或报废；由于质量事故，造成人员死亡或重伤3人以上；直接经济损失10万元以上。

4）特别重大事故。

凡具备国务院发布的《特别重大事故调查程序暂行规定》所列发生一次死亡30人及其以上，或直接经济损失达500万元及其以上，或其他性质特别严重，上述影响3个之一均属特别重大事故。

（2）质量事故的处理程序。

工程质量事故发生后，总监理工程师应签发《工程暂停令》，并要求停止进行质量缺陷部位和与其有关联部位及下道工序施工，应要求施工单位采取必要的措施，防止事故扩大并保护好现场。同时，要求质量事故发生单位迅速按类别和等级向相应的主管部门上报，并于24小时内写出书面报告。

监理工程师在事故调查组展开工作后，应积极协助，客观地提供相应证据，若监理方无责任，监理工程师可应邀参加调查组，参与事故调查；若监理方有责任，则应予以回避，但应配合调查组工作。

当监理工程师接到质量事故调查组提出的技术处理意见后，可组织相关单位研究，并责成相关单位完成技术处理方案，并予以审核签认。必要时，应委托法定工程质量检测单位进行质量鉴定或请专家论证，以确保技术处理方案可靠、可行、保证结构安全和使用功能。技术处理方案核签后，监理工程师应要求施工单位制定详细的施工方案，必要时应编制监理实施细则，对工程质量事故技术处理进行监理，技术处理过程中的关键部位和关键工序应进行旁站，并会同设计、建设等有关单位共同检查认可。

施工承包单位按方案处理完工后，应进行自检并报验结果，监理工程师组织有关各方进行检查验收，必要时应进行处理结果鉴定。要求事故单位整理编写质量事故处理报告，并审核签认，组织将有关技术资料归档。

工程保险是业主和承包商转移风险的一种重要手段。当出现保险范围内的风险，造成财产损失时，业主和承包商可以向保险公司索赔，以获得一定数量的赔偿。

3. 积极采取技术和组织措施

在承包合同的签订和实施过程中，采取相应的技术和组织措施，以提高应变能力和对风险的抵抗能力。如组织得力的投标队伍，进行详细的招标文件分析，作详细的环境调查，通过周密的计划和组织，作精细的报价降低投标风险；选择自信好、能力强、能够圆满完成合同任务的承（分）包商、设计单位和供应商；对风险大的工程，作更周密的计划，采取有效地检查、监督和控制手段等。

4. 在工程实施过程中加强索赔管理

用索赔和反索赔来弥补或减少由风险造成的损失。

5. 采取合作措施，与其他方面共同承担风险

通过与其他企业合作，提高工程实施的效率，充分发挥各自的技术、管理、财力的优势，借助各方面核心竞争力的优势互补降低风险。

思　考　题

1. 投资、进度、质量控制的含义是什么？它们之间有什么关系？
2. 我国现行建设工程投资由哪些部分构成？
3. 投资控制的手段有哪些？
4. 监理工程师在投资控制中有什么作用？
5. 项目监理工程师在工程建设施工阶段对投资控制采取哪些措施？
6. 工程建设施工阶段投资控制的主要工作有哪些？
7. 工程竣工结算过程中监理工程师的职责是什么？
8. 影响工程进度的因素有哪些？
9. 项目实施阶段进度控制的主要任务是什么？
10. 项目实施阶段进度控制的主要方法有哪些？
11. 如何进行工程进度目标的确定？
12. 工程建设施工进度控制的监理工作内容有哪些？
13. 建设工程质量有什么特点？
14. 影响建设工程质量的因素有哪些？
15. 建设工程质量控制的原则是什么？
16. 在工程建设中，工程监理单位和施工单位的质量责任是什么？
17. 现场施工准备的质量控制有哪些？
18. 工程建设中施工过程质量控制的方法与手段有哪些？
19. 如何进行建筑工程质量验收的划分？
20. 工程质量事故如何分类？质量事故处理的程序如何？

第四章　建设工程监理组织

职业能力目标要求

1. 了解建设工程监理组织的基本模式。
2. 掌握监理的委托模式与实施程序。
3. 熟悉项目监理机构的设置及人员配备。
4. 懂得工程监理的组织协调方法。

第一节　组织的基本原理

组织是管理中的一项重要职能。建立精干、高效的项目监理机构并使之正常运行，是实现建设工程监理目标的前提条件。因此，组织的基本原理是监理工程师必备的理论知识。

组织理论的研究分为两个相互联系的分支学科，即组织结构学和组织行为学。组织结构学侧重于组织的静态研究，即组织是什么，其研究目的是建立一种精干、合理、高效的组织结构；组织行为学则侧重组织的动态研究，即组织如何才能够达到其最佳效果，其研究目的是建立良好的组织关系。本节重点介绍组织结构学部分。

一、组织和组织结构

（一）组织

所谓组织，就是为了使系统达到它特定的目标，使全体参加者经分工与协作以及设置不同层次的权力和责任制度而构成的一种人的组合体。它含有3层意思：①目标是组织存在的前提；②没有分工与协作就不是组织；③没有不同层次的权力和责任制度就不能实现组织活动和组织目标。

作为生产要素之一，组织有如下特点：其他要素可以相互替代，如增加机器设备可以替代劳动力，而组织不能替代其他要素，也不能被其他要素所替代。但是，组织可以使其他要素合理配合而增值，即可以提高其他要素的使用效益。随着现代化社会大生产的发展，随着其他生产要素复杂程度的提高，组织在提高经济效益方面的作用也愈益显著。

（二）组织结构

组织内部构成和各部分间所确立的较为稳定的相互关系和联系方式，称为组织结构。以下几种提法反映了组织结构的基本内涵：①确定正式关系与职责的形式；②向组织各个部门或个人分派任务和各种活动的方式；③协调各个分离活动和任务的方式；④组织中权力、地位和等级关系。

1. 组织结构与职权的关系

组织结构与职权形态之间存在着一种直接的相互关系，这是因为组织结构与职位以及职位间关系的确立密切相关，因而组织结构为职权关系提供了一定的格局。组织中的职权指的就是组织中成员间的关系，而不是某一个人的属性。职权的概念是与合法地行使某一职位的权力紧密相关的，而且是以下级服从上级的命令为基础的。

2. 组织结构与职责的关系

组织结构与组织中各部门、各成员的职责的分派直接有关。在组织中，只要有职位就有职权，而只要有职权也就有职责。组织结构为职责的分配和确定奠定了基础，而组织的管理则是以机构和人员职责的分派和确定为基础的，利用组织结构可以评价组织各个成员的功绩与过错，从而使组织中的各项活动有效地开展起来。

3. 组织结构图

组织结构图是组织结构简化了的抽象模型。但是，它不能准确、完整地表达组织结构。如它不能说明一个上级对其下级所具有的职权的程度以及平级职位之间相互作用的横向关系。尽管如此，它仍不失为一种表示组织结构的好方法。

二、组织设计

组织设计就是对组织活动和组织结构的设计过程，有效的组织设计在提高组织活动效能方面起着重大的作用。组织设计有以下要点：①组织设计是管理者在系统中建立最有效相互关系的一种合理化的、有意识的过程；②该过程既要考虑系统的外部要素，又要考虑系统的内部要素；③组织设计的结果是形成组织结构。

（一）组织构成因素

组织构成一般是上小下大的形式，由管理层次、管理跨度、管理部门、管理职能四大因素组成。各因素是密切相关、相互制约的。

1. 管理层次

管理层次是指从组织的最高管理者到最基层的实际工作人员之间的等级层次的数量。管理层次可分为3个层次，即决策层、协调层和执行层、操作层。决策层的任务是确定管理组织的目标和大政方针以及实施计划，它必须精干、高效；协调层的任务主要是参谋、咨询职能，其人员应有较高的业务工作能力，执行层的任务是直接调动和组织人力、财力、物力等具体活动内容，其人员应有实干精神并能坚决贯彻管理指令；操作层的任务是从事操作和完成具体任务，其人员应有熟练的作业技能。这3个层次的职能和要求不同，标志着不同的职责和权限，同时也反映出组织机构中的人数变化规律。组织的最高管理者到最基层的实际工作人员权责逐层递减，而人数却逐层递增。

如果组织缺乏足够的管理层次将使其运行陷于无序的状态。因此，组织必须形成必要的管理层次。不过，管理层次也不宜过多，否则会造成资源和人力的浪费，也会使信息传递慢、指令走样、协调困难。

2. 管理跨度

管理跨度是指一名上级管理人员所直接管理的下级人数。在组织中，某级管理人员的管理跨度的大小直接取决于这一级管理人员所需要协调的工作量。管理跨度越大，领导者需要协调的工作量越大，管理的难度也越大。因此，为了使组织能够高效地运行，必须确定合理的管理跨度。

管理跨度的大小受很多因素影响，它与管理人员性格、才能、个人精力、授权程度以及被管理者的素质有关。此外，还与职能的难易程度、工作的相似程度、工作制度和程序等客观因素有关。确定适当的管理跨度，需积累经验并在实践中进行必要的调整。

3. 管理部门

组织中各部门的合理划分对发挥组织效应是十分重要的。如果部门划分不合理，会造成控制、协调困难，也会造成人浮于事，浪费人力、物力、财力。管理部门的划分要根据组织目标与工作内容确定，形成既有相互分工又有相互配合的组织机构。

4. 管理职能

组织设计确定各部门的职能，应使纵向的领导、检查、指挥灵活，达到指令传递快、信息反馈及时；使横向各部门间相互联系、协调一致，使各部门有职有责、尽职尽责。

（二）组织设计原则

项目监理机构的组织设计一般需考虑以下几项基本原则。

1. 集权与分权统一的原则

在任何组织中都不存在绝对的集权和分权。在项目监理机构设计中，所谓集权，就是总监理工程师掌握所有监理大权，各专业监理工程师只是其命令的执行者；所谓分权，是指在总监理工程师的授权下，各专业监理工程师在各自管理的范围内有足够的决策权，总监理工程师主要起协调作用。

项目监理机构是采取集权形式还是分权形式，要根据建设工程的特点，监理工作的重要性，总监理工程师的能力、精力及各专业监理工程师的工作经验、工作能力、工作态度等因素进行综合考虑。

2. 专业分工与协作统一的原则

对于项目监理机构来说，分工就是将监理目标，特别是投资控制、进度控制、质量控制三大目标分成各部门以及各监理工作人员的目标、任务，明确干什么、怎么干。在分工中特别要注意以下 3 点：①尽可能按照专业化的要求来设置组织机构；②工作上要有严密分工，每个人所承担的工作，应力求达到较熟悉的程度；③注意分工的经济效益。

在组织机构中还必须强调协作。所谓协作，就是明确组织机构内部各部门之间和各部门内部的协调关系与配合方法。在协作中应该特别注意以下两点：①主动协作。要明确各部门之间的工作关系，找出易出矛盾之点，加以协调。②有具体可行的协作配合办法。对协作中的各项关系，应逐步规范化、程序化。

3. 管理跨度与管理层次统一的原则

在组织机构的设计过程中，管理跨度与管理层次成反比例关系。这就是说，当组织机构中的人数一定时，如果管理跨度加大，管理层次就可以适当减少；反之，如果管理跨度缩小，管理层次肯定就会增多。一般来说，项目监理机构的设计过程中，应该在通盘考虑影响管理跨度的各种因素后，在实际运用中根据具体情况确定管理层次。

4. 权责一致的原则

在项目监理机构中应明确划分职责、权力范围，做到责任和权力相一致。从组织结构的规律来看，一定的人总是在一定的岗位上担任一定的职务，这样就产生了与岗位职务相适应的权力和责任，只有做到有职、有权、有责，才能使组织机构正常运行。由此可见，组织的权责是相对预定的岗位职务来说的，不同的岗位职务应有不同的权责。权责不一致对组织的效能损害是很大的。权大于责就容易产生瞎指挥、滥用权力的官僚主义；责大于权就会影响管理人员的积极性、主动性、创造性，使组织缺乏活力。

5. 才职相称的原则

每项工作都应该确定为完成该工作所需要的知识和技能。可以对每个人通过考察他的学历与经历，进行测验及面谈等，了解其知识、经验、才能、兴趣等，并进行评审比较。职务设计和人员评审都可以采用科学的方法，使每个人现有的和可能有的才能与其职务上的要求相适应，做到才职相称，人尽其才，才得其用，用得其所。

6. 经济效益原则

项目监理机构设计必须将经济性和高效率放在重要地位。组织结构中的每个部门、每个人为了一个统一的目标，应组合成最适宜的结构形式，实行最有效的内部协调，使事情办得简洁而正确，减少重复和扯皮。

7. 弹性原则

组织机构既要有相对的稳定性，不要总是轻易变动，又要随组织内部和外部条件的变化，根据长远目标作出相应的调整与变化，使组织机构具有一定的适应性。

三、组织机构活动基本原理

组织机构的目标必须通过组织机构活动来实现。组织活动应遵循如下基本原理。

1. 要素有用性原理

一个组织机构中的基本要素有人力、物力、财力、信息、时间等。

运用要素有用性原理，首先应看到人力、物力、财力等要素在组织活动中的有用性，充分发挥各要素的作用，根据各要素作用的大小、主次、好坏进行合理安排、组合和使用，做到人尽其才、财尽其利、物尽其用，尽最大可能提高各要素的有用率。

一切要素都有作用，这是要素的共性，然而要素不仅有共性，而且还有个性。例如，同样是监理工程师，由于专业、知识、能力、经验等水平的差异，所起的作用也就不同。因此，管理者在组织活动过程中不但要看到一切要素都有作用，还要具体分析各要素的特殊性，以便充分发挥每一要素的作用。

2. 动态相关性原理

组织机构处在静止状态是相对的，处在运动状态则是绝对的。组织机构内部各要素之间既相互联系，又相互制约；既相互依存，又相互排斥，这种相互作用推动组织活动的进行与发展。这种相互作用的因子，叫做相关因子。充分发挥相关因子的作用，是提高组织管理效应的有效途径。事物在组合过程中，由于相关因子的作用，可以发生质变。一加一可以等于二，也可以大于二，还可以小于二。整体效应不等于其各局部效应的简单相加，这就是动态相关性原理。组织管理者的重要任务就在于使组织机构活动的整体效应大于其局部效应之和，否则，组织就失去了存在的意义。

3. 主观能动性原理

人和宇宙中的各种事物，运动是其共有的根本属性，它们都是客观存在的物质，不同的是，人是有生命、有思想，有感情、有创造力的。人会制造工具，并使用工具进行劳动；

在劳动中改造世界，同时也改造自己；能继承并在劳动中运用和发展前人的知识。人是生产力中最活跃的因素，组织管理者的重要任务就是要把人的主观能动性发挥出来。

4. 规律效应性原理

组织管理者在管理过程中要掌握规律，按规律办事，把注意力放在抓事物内部的、本质的、必然的联系上，以达到预期的目标，取得良好效应。规律与效应的关系非常密切，一个成功的管理者懂得只有努力揭示规律，才有取得效应的可能，而要取得好的效应，就要主动研究规律，坚决按规律办事。

第二节　建设工程组织管理基本模式

建设工程组织管理模式对建设工程的规划、控制、协调起着重要作用。不同的组织管理模式有不同的合同体系和管理特点。本节介绍建设工程组织管理的基本模式。

一、平行承发包模式

（一）平行承发包模式特点

所谓平行承发包，是指业主将建设工程的设计、施工以及材料设备采购的任务经过分解分别发包给若干个设计单位、施工单位和材料设备供应单位，并分别与各方签订合同。各设计单位之间的关系是平行的，各施工单位之间的关系、各材料设备供应单位之间的关系也是平行的，如图 4-1 所示。

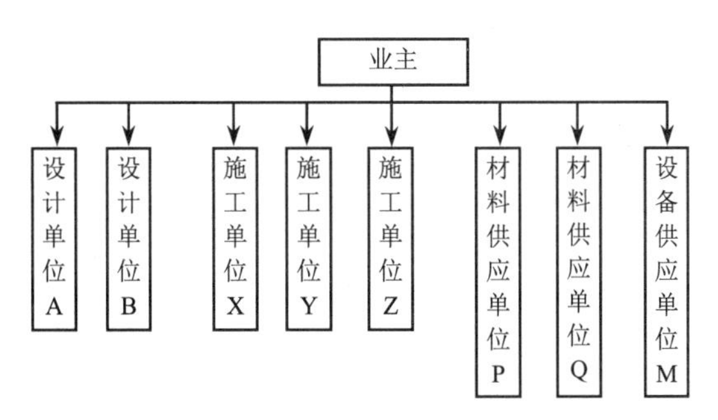

图 4-1　平行承发包模式

采用这种平行承发包模式首先应合理地进行工程建设任务的分解，然后进行分类综合，确定每个合同的发包内容，以便选择适当的承建单位。

进行任务分解与确定合同数量、内容时应考虑以下因素。

（1）工程情况。

建设工程的性质、规模、结构等是决定合同数量和内容的重要因素。规模大、范围广、专业多的建设工程往往比规模小、范围窄、专业单一的建设工程合同数量要多。建设工程实施时间的长短、计划的安排也对合同数量有影响。例如，对分期建设的 2 个单项工程，就可以考虑分成 2 个合同分别发包。

（2）市场情况。

首先，由于各类承建单位的专业性质、规模大小在不同市场的分布状况不同，建设工程的分解发包应力求使其与市场结构相适应。其次，合同任务和内容要对市场具有吸引力。中小合同对中小型承建单位有吸引力，又不妨碍大型承建单位参与竞争。另外，还应按市场惯例做法、市场范围和有关规定来决定合同内容和大小。

（3）贷款协议要求。

对两个以上贷款人的情况，可能贷款人对贷款使用范围、承包人资格等有不同要求，因此，需要在确定合同结构时予以考虑。

（二）平行承发包模式的优缺点

1. 优点

（1）有利于缩短工期。

由于设计和施工任务经过分解分别发包，设计阶段与施工阶段有可能形成搭接关系，从而缩短整个建设工程工期。

（2）有利于质量控制。

整个工程经过分解分别发包给各承建单位，合同约束与相互制约使每一部分能够较好地实现质量要求。如主体工程与装修工程分别由两个施工单位承包，当主体工程不合格时，装修单位是不会同意在不合格的主体工程上进行装修的，这相当于有了他人控制，比自己控制更有约束力。

（3）有利于业主选择承建单位。

在大多数国家的建筑市场中，专业性强、规模小的承建单位一般占较大的比例。这种模式的合同内容比较单一、合同价值小、风险小，使它们有可能参与竞争。因此，无论大型承建单位还是中小型承建单位都有机会竞争。业主可以在很大范围内选择承建单位，为提高择优性创造了条件。

2. 缺点

（1）合同数量多，会造成合同管理困难。

合同关系复杂，使建设工程系统内结合部位数量增加，组织协调工作量大。因此，应加强合同管理的力度，加强各承建单位之间的横向协调工作，沟通各种渠道，使工程有条不紊地进行。

（2）投资控制难度大。

这主要表现在：一是总合同价不易确定，影响投资控制实施；二是工程招标任务量大，需控制多项合同价格，增加了投资控制难度；三是在施工过程中设计变更和修改较多，导致投资增加。

二、设计或施工总分包模式

（一）设计或施工总分包模式特点

所谓设计或施工总分包，是指业主将全部设计或施工任务发包给 1 个设计单位或 1 个施工单位作为总包单位，总包单位可以将其部分任务再分包给其他承包单位，形成一个设计总包合同或一个施工总包合同以及若干个分包合同的结构模式。图 4-2 是设计和施工均采用总分包模式的合同结构图。

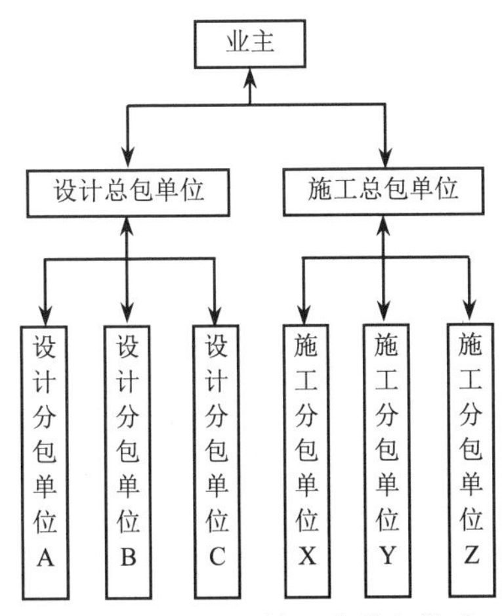

图 4-2　设计和施工总分包模式

（二）设计或施工总分包模式的优缺点

1. 优点

（1）有利于建设工程的组织管理。

由于业主只与一个设计总包单位或一个施工总包单位签订合同，工程合同数量比平行承发包模式要少很多，有利于业主的合同管理，也使业主协调工作量减少，可发挥监理工程师与总包单位多层次协调的积极性。

（2）有利于投资控制。

总包合同价格可以较早确定，并且监理单位也易于控制。

（3）有利于质量控制。

在质量方面，既有分包单位的自控，又有总包单位的监督，还有工程监理单位的检查认可，对质量控制有利。

（4）有利于工期控制。

总包单位具有控制的积极性，分包单位之间也有相互制约的作用，有利于总体进度的协调控制，也有利于监理工程师控制进度。

2. 缺点

（1）建设周期较长。

在设计和施工均采用总分包模式时，由于设计图纸全部完成后才能进行施工总包的招标，不仅不能将设计阶段与施丁阶段搭接，而且施工招标需要的时间也较长。

（2）总包报价可能较高。

对于规模较大的建设工程来说，通常只有大型承建单位才具有总包的资格和能力，竞争相对不甚激烈；另一方面，对于分包出去的工程内容，总包单位都要在分包报价的基础上加收管理费向业主报价。

三、项目总承包模式

（一）项目总承包模式的特点

所谓项目总承包模式是指业主将工程设计、施工、材料和设备采购等工作全部发包给一家承包公司，由其进行实质性设计、施工和采购工作，最后向业主交出一个已达到动用条件的工程。按这种模式发包的工程也称“交钥匙工程”。这种模式如图 4-3 所示。

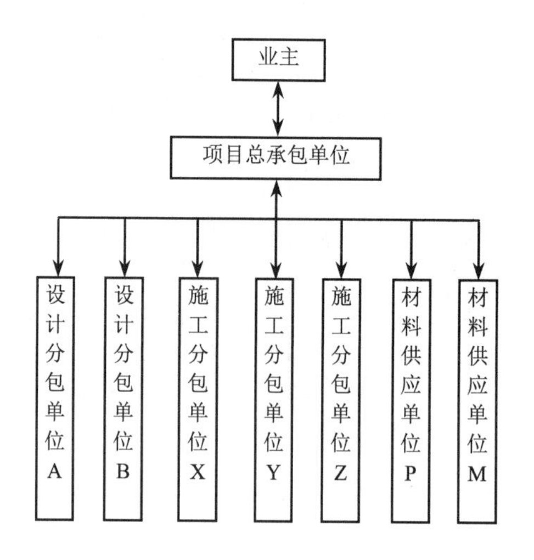

图 4-3 项目总承包模式

（二）项目总承包模式的优缺点

1. 优点

（1）合同关系简单，组织协调工作量小。

业主只与项目总承包单位签订一个合同，合同关系大大简化。监理工程师主要与项目总承包单位进行协调。许多协调工作量转移到项目总承包单位内部及其与分包单位之间，这就使建设工程监理单位的协调量大为减少。

（2）缩短建设周期。

由于设计与施工由一个单位统筹安排，使两个阶段能够有机地融合，一般都能做到设计阶段与施工阶段相互搭接，因此对进度目标控制有利。

（3）利于投资控制。

通过设计与施工的统筹考虑可以提高项目的经济性，从价值工程或全寿命费用的角度可以取得明显的经济效果，但这并不意味着项目总承包的价格低。

2. 缺点

（1）招标发包工作难度大。

合同条款不易准确确定，容易造成较多的合同争议。因此，虽然合同量最少，但是合同管理的难度一般较大。

（2）业主择优选择承包方范围小。

由于承包范围大、介入项目时间早、工程信息未知数多，因此承包方要承担较大的风险，而有此能力的承包单位数量相对较少，这往往导致竞争性降低，合同价格较高。

（3）质量控制难度大。

其原因：一是质量标准和功能要求不易做到全面、具体、准确，质量控制标准制约性受到影响；二是“他人控制”机制薄弱。

四、项目总承包管理模式

（一）项目总承包管理模式的特点

所谓项目总承包管理是指业主将工程建设任务发包给专门从事项目组织管理的单位，再由它分包给若干设计、施工和材料设备供应单位，并在实施中进行项目管理。

项目总承包管理与项目总承包的不同之处在于：前者不直接进行设计与施工，没有自己的设计和施工力量，而是将承接的设计与施工任务全部分包出去，他们专心致力于建设工程管理。后者有自己的设计、施工实体，是设计、施工、材料和设备采购的主要力量。项目总承包管理模式如图 4-4 所示。

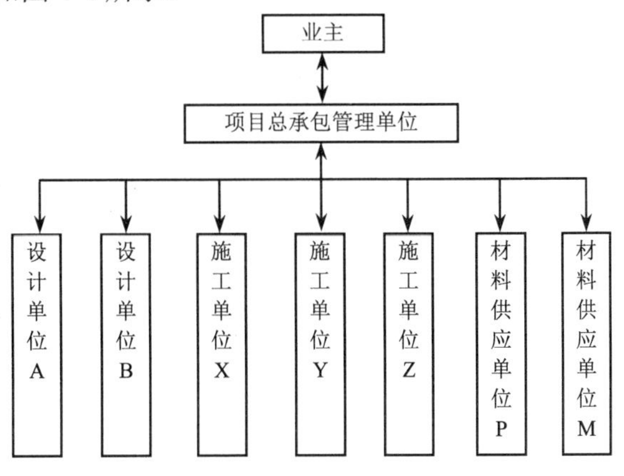

图 4-4　项目总承包管理模式

（二）项目总承包管理模式的优缺点

1. 优点

合同关系简单、组织协调比较有利，进度控制也有利。

2. 缺点

（1）由于项目总承包管理单位与设计、施工单位是总包与分包关系，后者才是项目实施的基本力量，所以监理工程师对分包的确认工作就成了十分关键的问题。

（2）项目总承包管理单位自身经济实力一般比较弱，而承担的风险相对较大，因此建设工程采用这种承发包模式应持慎重态度。

第三节　建设工程监理委托模式与实施程序

一、建设监理委托模式

建设监理委托模式的选择与建设工程组织管理模式密切相关，监理委托模式对建设工程的规划、控制协调起着重要作用。

（一）平行承发包模式相适应的建立委托有以下两种主要模式

1. 业主委托一家监理单位监理

这种建立委托模式是指业主只委托一家监理单位为其提供监理服务，如图 4-5 所示。

这种委托模式要求被委托的监理单位应该具有较强的合同管理与组织协调能力，并能做好全面规划工作。监理单位的项目监理机构可以组建多个监理分支机构对各承建单位分别实施监理。在具体的监理过程中，项目总监理工程师应重点做好总体协调工作，加强横向联系，保证建设工程监理工作的有效运行。

2. 业主委托多家监理单位监理

这种监理委托模式是指业主委托多家监理单位为其提供监理服务，如图 4-6 所示。采用这种委托模式，业主分别委托几家监理单位针对不同的承建单位实施监理。由于业主分别与多个监理单位签订委托监理合同，所以各监理单位之间的相互协作与配合需要业主进行协调。采用这种监理委托模式，监理单位的监理对象相对单一，便于管理。但整个工程的建设监理工作被肢解，各监理单位各负其责，缺少一个对建设工程进行总体规划与协调控制的监理单位。

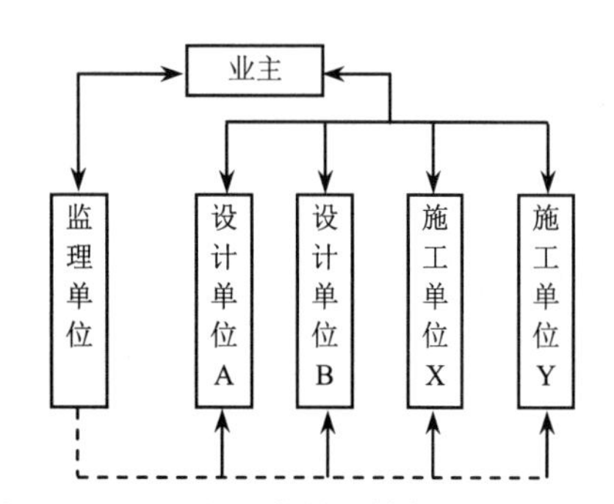

图 4-5　业主委托一家监理单位进行监理的模式

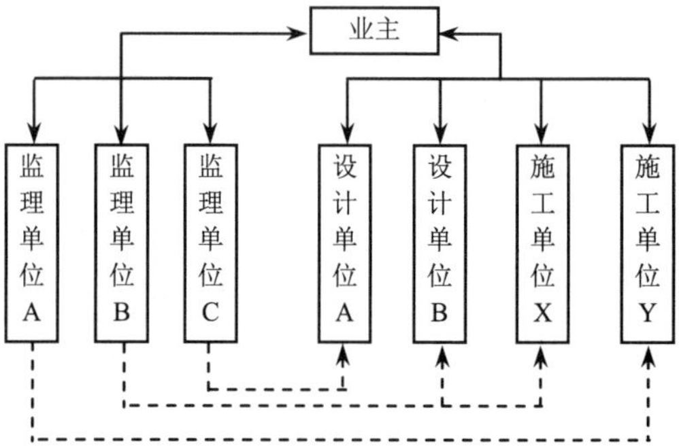

图 4-6　业主委托多家监理单位进行监理的模式

为了克服上述不足，在某些大、中型项目的监理实践中，业主首先委托一个“总监理工程师单位”总体负责建设工程的总规划和协调控制，再由业主和“总监理工程师单位”共同选择几家监理单位分别承担不同合同段的监理任务。在监理工作中，由“总监理工程师单位”负责协调、管理各监理单位的工作，大大减轻了业主的管理压力，形成如图 4-7 所示的模式。

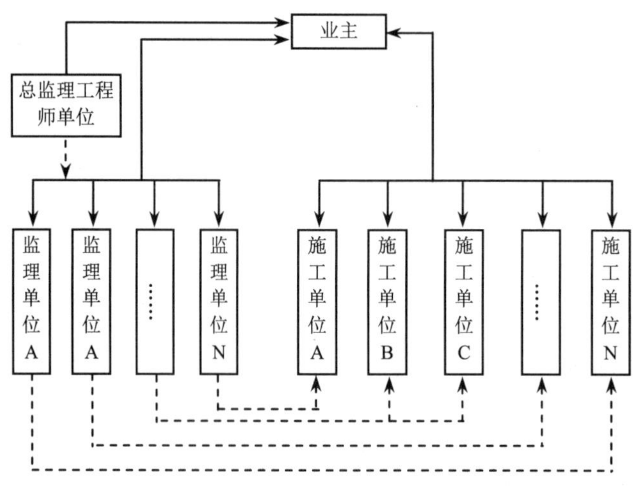

图 4-7　业主委托“总监理工程师单位”进行监理的模式

（二）设计或施工总分包模式条件下的监理委托模式

对设计或施工总分包模式，业主可以委托一家监理单位提供实施阶段全过程的监理服务（图 4-8），也可以分别按照设计阶段和施工阶段分别委托监理单位（图 4-9）。前者的优点是监理单位可以对设计阶段和施工阶段的工程投资、进度、质量控制统筹考虑，合理进行总体规划协调，更可使监理工程师掌握设计思路与设计意图，有利于施工阶段的监理工作。

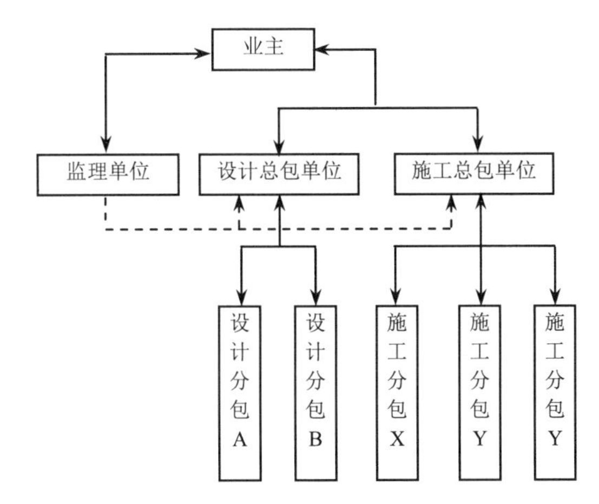

图 4-8　业主委托一家监理单位的模式

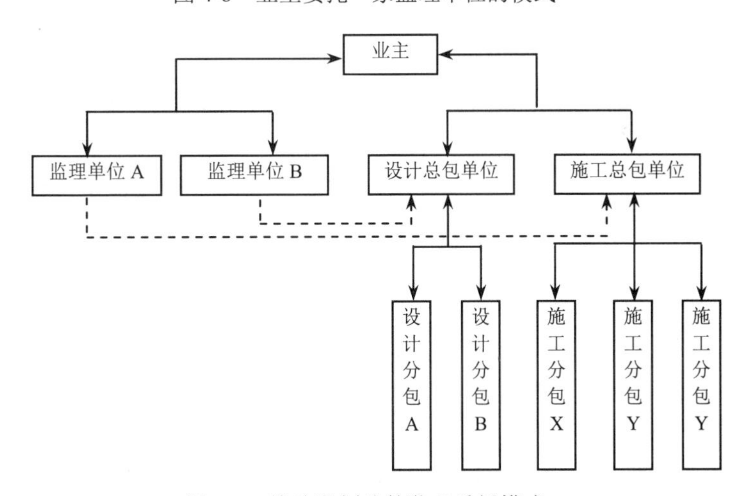

图 4-9　按阶段划分的监理委托模式

虽然总承包单位对承包合同承担乙方的最终责任，但分包单位的资质、能力直接影响着工程质量、进度等目标的实现，所以在这种模式条件下，监理工程师必须做好对分包单位资质的审查、确认工作。

（三）项目总承包模式条件下的监理委托模式

在项目总承包模式下，由于业主和总承包单位签订的是总承包合同，业主应委托一家监理单位提供监理服务（图 4-10）。在这种模式条件下，监理工作时间跨度大，监理工程师应具备较全面的知识，重点做好合同管理工作。

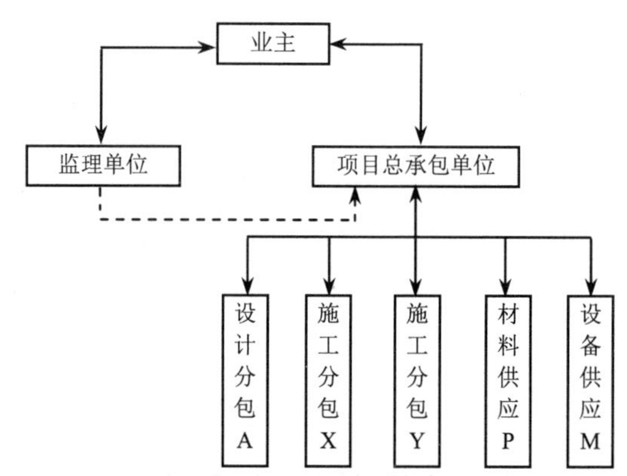

图 4-10　项目总承包模式条件下的监理委托模式

（四）项目总承包管理模式条件下的监理委托模式

在项目总承包管理模式下，业主应委托一家监理单位提供监理服务，这样可明确管理责任，便于监理工程师对项目总承包管理合同和项目总承包管理单位进行分包等活动的监理。

二、建设工程监理实施程序

1. 确定项目总监理工程师，成立项目监理机构

监理单位应根据建设工程的规模、性质、业主对监理的要求，委派称职的人员担任项目总监理工程师，代表监理单位全面负责该工程的监理工作。

一般情况下，监理单位在承接工程监理任务时，在参与工程监理的投标、拟定监理方案（大纲）以及与业主商签委托监理合同时，即应选派称职的人员主持该项工作。在监理任务确定并签订委托监理合同后，该主持人即可作为项目总监理工程师。这样，项目的总监理工程师在承接任务阶段即早已介入，从而更能了解业主的建设意图和对监理工作的要求，并与后续工作能更好地衔接。总监理工程师是一个建设工程监理工作的总负责人，他对内向监理单位负责，对外向业主负责。

监理机构的人员构成是监理投标书中的重要内容，是业主在评标过程中认可的，总监理工程师在组建项目监理机构时，应根据监理大纲内容和签订的委托监理合同内容组建，并在监理规划和具体实施计划执行中进行及时的调整。

2. 编制建设工程监理规划

建设工程监理规划是开展工程监理活动的纲领性文件，其内容将在第五章介绍。

3. 制定各专业监理实施细则

在监理规划的指导下，为具体指导投资控制、质量控制、进度控制的进行，还需结合建设工程实际情况，制定相应的实施细则，有关内容将在第六章介绍。

4. 规范化地开展监理工作

监理工作的规范化体现在：

（1）工作的时序性。

这是指监理的各项工作都应按一定的逻辑顺序先后展开，从而使监理工作能有效地达到目标而不致造成工作状态的无序和混乱。

（2）职责分工的严密性。

建设工程监理工作是由不同专业、不同层次的专家群体共同来完成的，他们之间严密的职责分工是协调进行监理工作的前提和实现监理目标的重要保证。

（3）工作目标的确定性。

在职责分工的基础上，每一项监理工作的具体目标都应是确定的，完成的时间也应有时限规定，从而能通过报表资料对监理工作及其效果进行检查和考核。

5. 参与验收，签署建设工程监理意见

建设工程施工完成以后，监理单位应在正式验交前组织竣工预验收，在预验收中发现的问题，应及时与施工单位沟通，提出整改要求。监理单位应参加业主组织的工程竣工验收，签署监理单位意见。

6. 向业主提交建设工程监理档案资料

建设工程监理工作完成后，监理单位向业主提交的监理档案资料应在委托监理合同文件中约定。不管在合同中是否作出明确规定，监理单位提交的资料应符合有关规范规定的要求，一般应包括：设计变更、工程变更资料，监理指令性文件，各种签证资料等档案资料。

7. 监理工作总结

监理工作完成后，项目监理机构应及时从两方面进行监理工作总结。其一，是向业主提交的监理工作总结，其主要内容包括：委托监理合同履行情况概述，监理组织机构、监理人员和投入的监理设施，监理任务或监理目标完成情况的评价，工程实施过程中存在的问题和处理情况，由业主提供的供监理活动使用的办公用房、车辆、试验设施等的清单，必要的工程图片，表明监理工作终结的说明等。其二，是向监理单位提交的监理工作总结，其主要内容包括：①监理工作的经验，可以是采用某种监理技术、方法的经验，也可以是采用某种经济措施、组织措施的经验，以及委托监理合同执行方面的经验或如何处理好与业主、承包单位关系的经验等；②监理工作中存在的问题及改进的建议。

三、建设工程监理实施原则

监理单位受业主委托对建设工程实施监理时，应遵守以下基本原则。

1. 公正、独立、自主的原则

监理工程师在建设工程监理中必须尊重科学、尊重事实，组织各方协同配合，维护有关各方的合法权益。为此，必须坚持公正、独立、自主的原则。业主与承建单位虽然都是独立运行的经济主体，但他们追求的经济目标有差异，监理工程师应在按合同约定的权、责、利关系的基础上，协调双方的一致性。只有按合同的约定建成工程，业主才能实现投资的目的，承建单位也才能实现自己生产的产品的价值，取得工程款和实现赢利。

2. 权责一致的原则

监理工程师承担的职责应与业主授予的权限相一致。监理工程师的监理职权，依赖于业主的授权。这种权力的授予，除体现在业主与监理单位之间签订的委托监理合同之中，而且还应作为业主与承建单位之间建设工程合同的合同条件。因此，监理工程师在明确业主提出的监理目标和监理工作内容要求后，应与业主协商，明确相应的授权，达成共识后明确反映在委托监理合同中及建设工程合同中。据此，监理工程师才能开展监理活动。

总监理工程师代表监理单位全面履行建设工程委托监理合同，承担合同中确定的监理方向业主方所承担的义务和责任。因此，在委托监理合同实施中，监理单位应给总监理工程师充分授权，体现权责一致的原则。

3. 总监理工程师负责制的原则

总监理工程师是工程监理全部工作的负责人。要建立和健全总监理工程师负责制，就要明确权、责、利关系，健全项目监理机构，具有科学的运行制度、现代化的管理手段，形成以总监理工程师为首的高效能的决策指挥体系。

总监理工程师负责制的内涵包括：

（1）总监理工程师是工程监理的责任主体。

责任是总监理工程师负责制的核心，它构成了对总监理工程师的工作压力与动力，也是确定总监理工程师权力和利益的依据。所以总监理工程师应是向业主和监理单位所负责任的承担者。

（2）总监理工程师是工程监理的权力主体。

根据总监理工程师承担责任的要求，总监理工程师全面领导建设工程的监理工作，包括组建项目监理机构，主持编制建设工程监理规划，组织实施监理活动，对监理工作总结、监督、评价。

4. 严格监理、热情服务的原则

严格监理，就是各级监理人员严格按照国家政策、法规、规范、标准和合同控制建设工程的目标，依照既定的程序和制度，认真履行职责，对承建单位进行严格监理。

监理工程师还应为业主提供热情的服务，“应运用合理的技能，谨慎而勤奋地工作”。由于业主一般不熟悉建设工程管理与技术业务，监理工程师应按照委托监理合同的要求多方位、多层次地为业主提供良好的服务，维护业主的正当权益。但是，不能因此而一味地向各承建单位转嫁风险，从而损害承建单位的正当经济利益。

5. 综合效益的原则

建设工程监理活动既要考虑业主的经济效益，也必须考虑与社会效益和环境效益的有机统一。建设工程监理活动虽经业主的委托和授权才得以进行，但监理工程师应首先严格遵守国家的建设管理法律、法规、标准等，以高度负责的态度和责任感，既对业主负责，谋求最大的经济效益，又要对国家和社会负责，取得最佳的综合效益。只有在符合宏观经济效益、社会效益和环境效益的条件下，业主投资项目的微观经济效益才能得以实现。

第四节　项目监理机构

监理单位与业主签订委托监理合同后，在实施建设工程监理之前，应建立项目监理机构。项目监理机构的组织形式和规模，应根据委托监理合同规定的服务内容、服务期限、工程类别、规模、技术复杂程度、工程环境等因素确定。

一、建立项目监理机构的步骤

监理单位在组建项目监理机构时，一般按以下步骤进行。

（一）确定项目监理机构目标

建设工程监理目标是项目监理机构建立的前提，项目监理机构的建立应根据委托监理合同中确定的监理目标，制定总目标并明确划分监理机构的分解目标。

（二）确定监理工作内容

根据监理目标和委托监理合同中规定的监理任务，明确列出监理工作内容，并进行分类归并及组合。监理工作的归并及组合应便于监理目标控制，并综合考虑监理工程的组织管理模式、工程结构特点、合同工期要求、工程复杂程度、工程管理及技术特点；还应考虑监理单位自身组织管理水平、监理人员数量、技术业务特点等。

如果建设工程进行实施阶段全过程监理，监理工作划分可按设计阶段和施工阶段分别归并和组合，如图 4-11 所示。

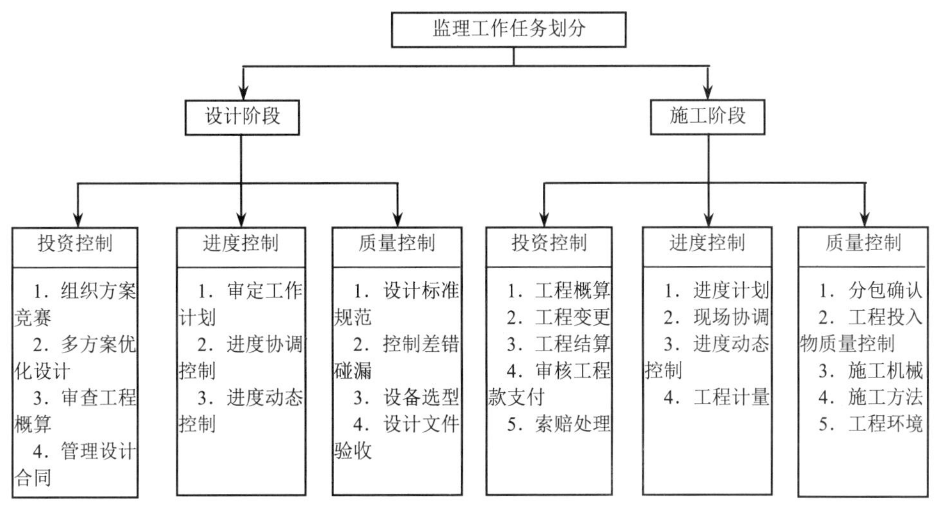

图 4-11　实施阶段监理工作划分

（三）确定项目监理机构的组织结构

1. 选择组织结构形式

由于建设工程规模、性质、建设阶段等的不同，设计项目监理机构的组织结构时应选择适宜的组织结构形式以适应监理工作的需要。组织结构形式选择的基本原则是：有利于工程合同管理、有利于监理目标控制、有利于决策指挥、有利于信息沟通。

2. 确定管理层次和管理跨度

项目监理机构中一般应有 3 个层次：①决策层。由总监理工程师和其他助手组成，主要根据建设工程委托监理合同的要求和监理活动内容进行科学化、程序化决策与管理。②中间控制层（协调层和执行层）。由各专业监理工程师组成，具体负责监理规划的落实，监理目标控制及合同实施的管理。③作业层（操作层）。主要由监理员、检查员等组成，具体负责监理活动的操作实施。项目监理机构中管理跨度的确定应考虑监理人员的素质、管理活动的复杂性和相似性、监理业务的标准化程度、各项规章制度的建立健全情况、建设工程的集中或分散情况等，按监理工作实际需要确定。

3. 划分项目监理机构部门

项目监理机构中合理划分各职能部门，应依据监理机构目标、监理机构可利用的人力和物力资源以及合同结构情况，将投资控制、进度控制、质量控制、合同管理、组织协调等监理工作内容按不同的职能活动或按子项分解形成相应的职能管理部门或子项目管理部门。

4. 制定岗位职责和考核标准

岗位职务及职责的确定，要有明确的目的性，不可因人设事。根据责权一致的原则，应进行适当的授权，以承担相应的职责；并应确定考核标准，对监理人员的工作进行定期考核，包括考核内容、考核标准及考核时间。表 4-1 和表 4-2 分别为项目总监理工程师和专业监理工程师岗位职责考核标准。

表 4-1　项目总监理工程师岗位职责标准

项目	职责内容	考核要求	
		标准	时间
工作目标	1．投资控制	符合投资控制计划目标	每月（季）末
	2．进度控制	符合合同工期及总进度控制计划目标	每月（季）末
	3．质量控制	符合质量控制计划目标	工程各阶段末
基本职责	1．根据监理合同，建立和有效管理项目监理机构	1．监理组织机构科学合理 2．监理机构有效运行	每月（季）末
	2．主持编写与组织实施监理规划；审批监理实施细则	1．对工程监理工作系统策划 2．监理实施细则符合监理规划要求，具有可操作性	编写和审核完成后
	3．审查分包单位资质	符合合同要求	规定时限内
	4．监督和指导专业监理工程师对投资、进度、质量进行监理；审核、签发有关文件资料；处理有关事项	1．监理工作处于正常工作状态 2．工程处于受控状态	每月（季）末
	5．做好监理过程中有关各方的协调工作	工程处于受控状态	每月（季）末
	6．主持整理建设工程的监理资料	及时、准确、完整	按合同约定

表 4-2　专业监理工程师岗位职责标准

项目	职责内容	考核要求	
		标准	时间
工作目标	1．投资控制	符合投资控制分解目标	每周（月）末
	2．进度控制	符合合同工期及总进度控制分解目标	每周（月）末
	3．质量控制	符合质量控制分解目标	工程各阶段末
基本职责	1．熟悉工程情况，制定本专业监理工作计划和监理实施细则	反映专业特点，具有可操作性	实施前 1 个月
	2．具体负责本专业的监理工作	1．工程监理工作有序 2．工程处于受控状态	每周（月）末
	3．做好监理机构内各部门之间的监理任务的衔接、配合工作	监理工作各负其责，相互配合	每周（月）末
	4．处理与本专业有关的问题；对投资、进度、质量有重大影响的监理问题应及时报告总监	1．工程处于受控状态 2．及时、真实	每周（月）末
	5．负责与本专业有关的签证、通知、备忘录，及时向总监理工程师提交报告、报表资料等	及时、真实、准确	每周（月）末
	6．管理本专业建设工程的监理资料	及时、准确、完整	每周（月）末

5. 安排监理人员

根据监理工作的任务，确定监理人员的合理分工，包括专业监理工程师和监理员，必要时可配备总监理工程师代表。监理人员的安排除应考虑个人素质外，还应考虑人员总体构成的合理性与协调性。

我国《建设工程监理规范》规定，项目总监理工程师应由具有 3 年以上同类工程监理工作经验的人员担任；总监理工程师代表应由具有 2 年以上同类工程监理工作经验的人员担任；专业监理工程师应由具有 1 年以上同类工程监理工作经验的人员担任。并且项目监理机构的监理人员应专业配套，数量满足建设工程监理工作的需要。

（四）制定工作流程和信息流程

为使监理工作科学、有序进行，应按监理工作的客观规律制定工作流程和信息流程，规范化地开展监理工作，如图 4-12 所示为施工阶段监理工作流程。

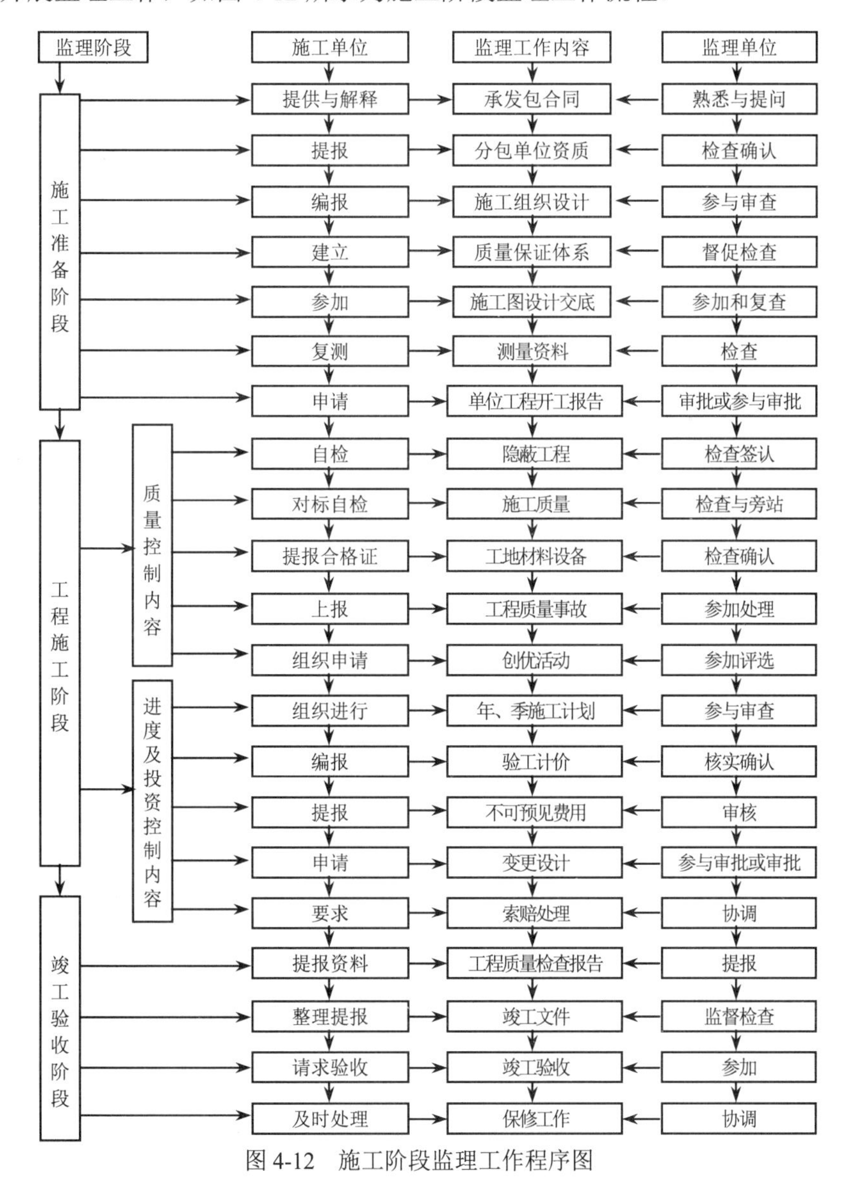

图 4-12　施工阶段监理工作程序图

二、项目监理机构的组织形式

项目监理机构的组织形式是指项目监理机构具体采用的管理组织结构，常用的项目监理机构组织形式有以下几种。

1. 直线制监理组织形式

这种组织形式的特点是项目监理机构中任何一个下级只接受唯一上级的命令。各级部门主管人员对所属部门的问题负责，项目监理机构中不再另设投资控制、进度控制、质量控制及合同管理等职能部门。

这种组织形式适用于能划分为若干相对独立的子项目的大、中型建设工程。如图 4-13 所示，总监理工程师负责整个工程的规划、组织和指导，并负责整个工程范围内各方面的指挥、协调工作；子项目监理组分别负责各子项目的目标控制，具体领导现场专业或专项监理组的工作。

如果业主委托监理单位对建设工程实施阶段全过程监理，项目监理机构的部门还可按不同的建设阶段分解设立直线制监理组织形式，如图 4-14 所示。

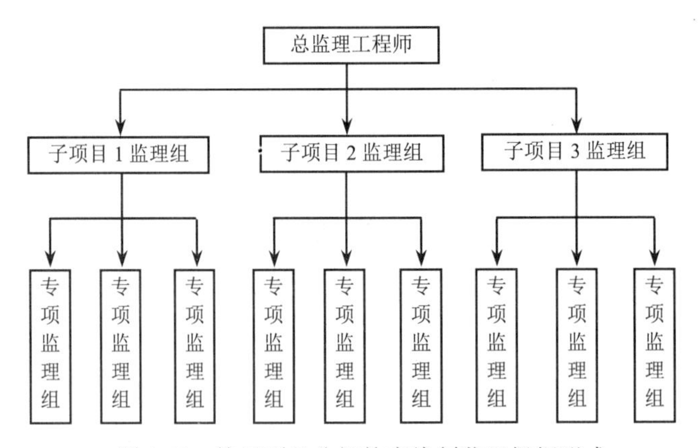

图 4-13　按子项目分解的直线制监理组织形式

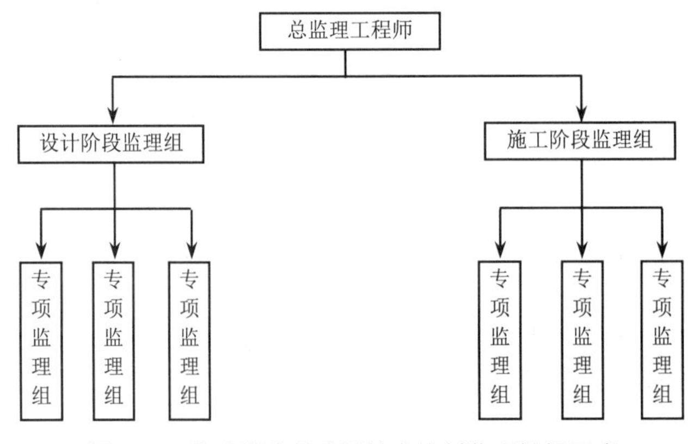

图 4-14　按建设阶段分解的直线制监理组织形式

对于小型建设工程，监理单位也可以采用按专业内容分解的直线制监理组织形式，如图 4-15 所示。

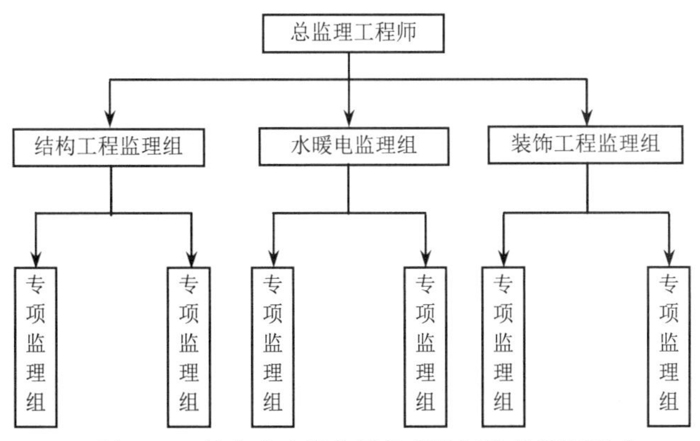

图 4-15　按专业内容分解的直线制监理组织形式

直线制监理组织形式的主要优点是组织机构简单，权力集中，命令统一，职责分明，决策迅速，隶属关系明确。缺点是实行没有职能部门的“个人管理”，这就要求总监理工程师博晓各种业务，通晓多种知识技能，成为“全能”式人物。

2. 职能制监理组织形式

职能制监理组织形式是把管理部门和人员分为两类：一类是以子项目监理为对象的直线指挥部门和人员；另一类是以投资控制、进度控制、质量控制及合同管理为对象的职能部门和人员。监理机构内的职能部门按总监理工程师授予的权力和监理职责有权对指挥部门发布指令，如图 4-16 所示。此种组织形式一般适用于大、中型建设工程，如果子项目规模较大时，也可以在子项目层设置职能部门，如图 4-17 所示。

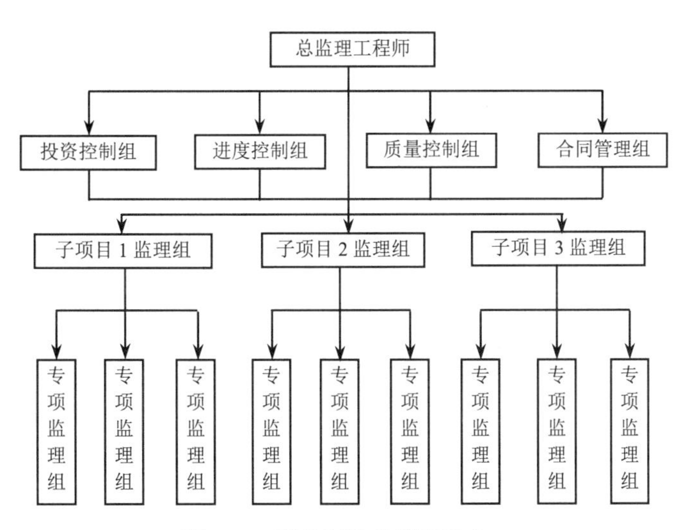

图 4-16　职能制监理组织形式

这种组织形式的主要优点是加强了项目监理目标控制的职能化分工，能够发挥职能机构的专业管理作用，提高管理效率，减轻总监理工程师负担。但由于直线指挥部门人员受职能部门多头指令，如果这些指令相互矛盾，将使直线指挥部门人员在监理工作中无所适从。

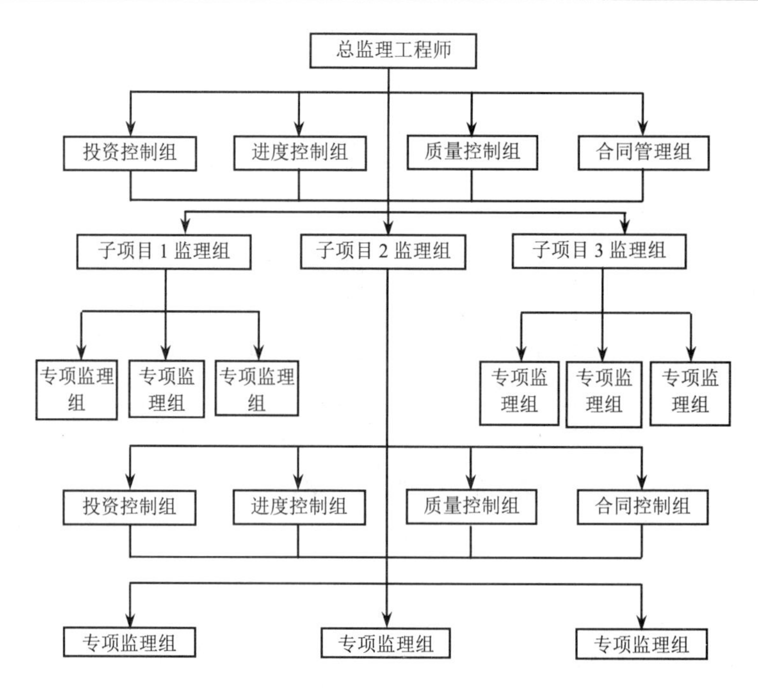

图 4-17 子项目层设立职能部门的职能制监理组织形式

3. 直线职能制监理组织形式

直线职能制监理组织形式是吸收了直线制监理组织形式和职能制监理组织形式的优点而形成的一种组织形式。直线指挥部门拥有对下级实行指挥和发布命令的权力，并对该部门的工作全面负责；职能部门是直线指挥人员的参谋，他们只能对指挥部门进行业务指导，而不能对指挥部门直接进行指挥和发布命令。如图 4-18 所示。

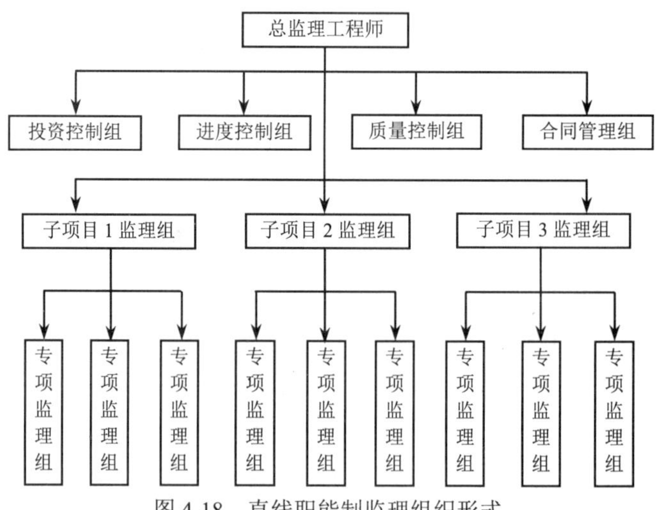

图 4-18 直线职能制监理组织形式

这种形式保持了直线制组织实行直线领导、统一指挥、职责清楚的优点，另一方面又保持了职能制组织目标管理专业化的优点；其缺点是职能部门与指挥部门易产生矛盾，信息传递路线长，不利于互通情报。

4．矩阵制监理组织形式

矩阵制监理组织形式是由纵横两套管理系统组成的矩阵性组织结构，一套是纵向的职能系统，另一套是横向的子项目系统，如图 4-19 所示。这种组织形式的纵、横两套管理系统在监理工作中是相互融合关系。图中虚线所绘的交叉点上，表示了两者协同以共同解决问题。如子项目 1 的质量验收是由子项目 1 监理组和质量控制组共同进行的。

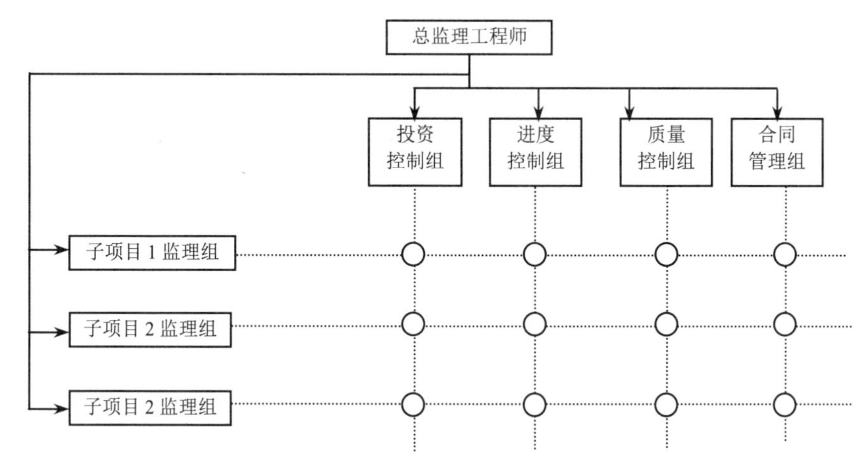

图 4-19　矩阵制监理组织形式

这种形式的优点是加强了各职能部门的横向联系，具有较大的机动性和适应性，把上下左右集权与分权实行最优的结合，有利于解决复杂难题，有利于监理人员业务能力的培养。缺点是纵横向协调工作量大，处理不当会造成扯皮现象，产生矛盾。

三、项目监理机构的人员配备及职责分工

（一）项目监理机构的人员配备

项目监理机构中配备监理人员的数量和专业应根据监理的任务范围、内容、期限以及工程的类别、规模、技术复杂程度、工程环境等因素综合考虑，并应符合委托监理合同中对监理深度和密度的要求，能体现项目监理机构的整体素质，满足监理目标控制的要求。

1．项目监理机构的人员结构

项目监理机构应具有合理的人员结构，包括以下两方面的内容。

（1）合理的专业结构。

此结构即项目监理机构应由与监理工程的性质（是民用项目或是专业性强的生产项目）及业主对工程监理的要求（是全过程监理或是某一阶段如设计或施工阶段的监理，是投资、质量、进度的多目标控制或是某一目标的控制）相适应的各专业人员组成，也就是各专业人员要配套。

一般来说，项目监理机构应具备与所承担的监理任务相适应的专业人员。但是，当监理工程局部有某些特殊性，或业主提出某些特殊的监理要求而需要采用某种特殊的监控手段时。如局部的钢结构、网架、罐体等质量监控需采用无损探伤、X 射线及超声探测仪，水下及地下混凝土桩基需采用遥测仪器探测等等。此时，将这些局部的专业性强的监控工作另行委托给有相应资质的咨询机构来承担，也应视为保证了人员合理的专业结构。

（2）合理的技术职务、职称结构。

为了提高管理效率和经济性，项目监理机构的监理人员应根据建设工程的特点和建设工程监理工作的需要确定其技术职称、职务结构。合理的技术职称结构表现在高级职称、中级职称和初级职称有与监理工作要求相称的比例。一般来说，决策阶段、设计阶段的监理，具有高级职称及中级职称的人员在整个监理人员构成中应占绝大多数。施工阶段的监理，可有较多的初级职称人员从事实际操作，如旁站、填记日志、现场检查、计量等。这里说的初级职称指助理工程师、助理经济师、技术员、经济员，还可包括具有相应能力的实践经验丰富的工人（应能看懂图纸、正确填报有关原始凭证）。施工阶段项目监理机构监理人员要求的技术职称结构如表 4-3 所示。

表 4-3　施工阶段项目监理机构监理人员要求的技术职称结构

层次	人员	职能	职称职务要求
决策层	总监理工程师、总监理工程师代表、专业监理工程师	项目监理的策划、规划；组织、协调、监控、评价等	高级职称
执行层/协调层	专业监理工程师	项目监理实施的具体组织、指挥、控制/协调	中级职称
作业层/操作层	监理员	具体业务的执行	初级职称

2. 项目监理机构监理人员数量的确定

（1）影响项目监理机构人员数量的主要因素。

1）工程建设强度。工程建设强度是指单位时间内投入的建设工程资金的数量，用下式表示

$$工程建设强度=\frac{投资}{工期}$$

其中，投资和工期是指由监理单位所承担的那部分工程的建设投资和工期。一般投资费用可按工程估算、概算或合同价计算，工期是根据进度总目标及其分目标计算。

显然，工程建设强度越大，需投入的项目监理人数越多。

2）建设工程复杂程度。根据一般工程的情况，工程复杂程度涉及以下各项因素：设计活动多少、工程地点位置、气候条件、地形条件、工程地质、施工方法、工程性质、工期要求、材料供应、工程分散程度等。

根据上述各项因素的具体情况，可将工程分为若干工程复杂程度等级。不同等级的工程需要配备的项目监理人员数量有所不同。例如，可将工程复杂程度按五级划分：简单、一般、一般复杂、复杂、很复杂。工程复杂程度定级可采用定量办法：对构成工程复杂程度的每一因素通过专家评估，根据工程实际情况给出相应权重，将各影响因素的评分加权平均后根据其值的大小确定该工程的复杂程度等级。例如，将工程复杂程度按 10 分制计评，则平均分值 1～3 分、3～5 分、5～7 分、7～9 分者依次为简单工程、一般工程、一般复杂工程和复杂工程，9 分以上为很复杂工程。

显然，简单工程需要的项目监理人员较少，而复杂工程需要的项目监理人员较多。

3）监理单位的业务水平。每个监理单位的业务水平和对某类工程的熟悉程度不完全相同，在监理人员素质、管理水平和监理的设备手段等方面也存在差异，这都会直接影响到

监理效率的高低。高水平的监理单位可以投入较少的监理人力完成一个建设工程的监理工作，而一个经验不多或管理水平不高的监理单位则需投入较多的监理人力。因此，各监理单位应当根据自己的实际情况制定监理人员需要量定额。

4）项目监理机构的组织结构和任务职能分工。项目监理机构的组织结构情况关系到具体的监理人员配备，务必使项目监理机构任务职能分工的要求得到满足。必要时，还需要根据项目监理机构的职能分工对监理人员的配备作进一步的调整。

有时监理工作需要委托专业咨询机构或专业监测、检验机构进行，当然，项目监理机构的监理人员数量可适当减少。

（2）项目监理机构人员数量的确定方法。

项目监理机构人员数量的确定方法可按如下步骤进行。

1）项目监理机构人员需要量定额。根据监理工程师的监理工作内容和工程复杂程度等级，测定、编制项目监理机构监理人员需要量定额，见表4-4。

表4-4　监理人员需要量定额　　单位：人·年／百万美元

工程复杂程度	监理工程师	监理员	行政、文秘人员
简单工程	0.20	0.75	0.10
一般工程	0.25	1.00	0.10
一般复杂工程	0.35	1.10	0.25
复杂工程	0.50	1.50	0.35
很复杂工程	>0.50	>1.50	>0.35

2）确定工程建设强度。根据监理单位承担的监理工程，确定工程建设强度。

例如，某工程分为2个子项目，合同总价为3900万美元，其中子项目1合同价为2100万美元，子项目2合同价为1800万美元，合同工期为30个月。

工程建设强度=3900÷30×12=1560（万美元／年）=15.6（百万美元／年）

3）确定工程复杂程度。按构成工程复杂程度的10个因素考虑，根据本工程实际情况分别按10分制打分。具体结果见表4-5。

表4-5　工程复杂程度等级评定表

项次	影响因素	子项目1	子项目2
1	设计活动	5	6
2	工程位置	9	5
3	气候条件	5	5
4	地形条件	7	5
5	工程地质	4	7
6	施工方法	4	6
7	工期要求	5	5
8	工程性质	6	6
9	材料供应	4	5
10	分散程度	5	5
平均分值		5.4	5.5

根据计算结果，此工程为一般复杂工程等级。

4）根据工程复杂程度和工程建设强度套用监理人员需要量定额。从定额中可查到相应项目监理机构监理人员需要量如下（人·年／百万美元）：

监理工程师：0.35；监理员 1.1；行政文秘人员 0.25。

各类监理人员数量如下：

监理工程师　　　0.35×15.6=5.46（人），按 6 人考虑。

监理员　　　　　1.10×15.6=17.16（人），按 17 人考虑。

行政文秘人员　　0.25×15.6=3.9（人），按 4 人考虑。

5）根据实际情况确定监理人员数量。本建设工程的项目监理机构的直线制组织结构如图 4-20 所示。

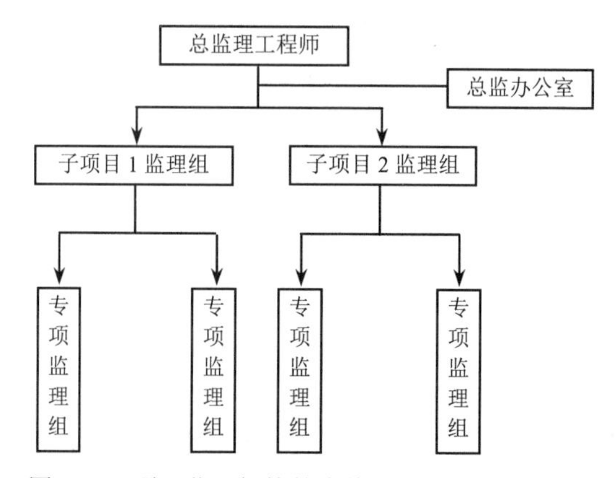

图 4-20　项目监理机构的直线制组织结构

根据项目监理机构情况决定每个部门各类监理人员如下。

监理总部（包括总监理工程师，总监理工程师代表和总监理工程师办公室）：总监理工程师 1 人，总监理工程师代表 1 人，行政文秘人员 2 人。

子项目 1 监理组：专业监理工程师 2 人，监理员 9 人，行政文秘人员 1 人。

子项目 2 监理组：专业监理工程师 2 人，监理员 8 人，行政文秘人员 1 人。

施工阶段项目监理机构的监理人员数量一般不少于 3 人。

项目监理机构的监理人员数量和专业配备应随工程施工进展情况作相应的调整，从而满足不同阶段监理工作的需要。

（二）项目监理机构各类人员的基本职责

监理人员的基本职责应按照工程建设阶段和建设工程的情况确定。

施工阶段，按照《建设工程监理规范》的规定，项目总监理工程师、总监理工程师代表、专业监理工程师和监理员应分别履行以下职责。

1. 总监理工程师职责

（1）确定项目监理机构人员的分工和岗位职责。

（2）主持编写项目监理规划、审批项目监理实施细则，并负责管理项目监理机构的日常工作。

（3）审查分包单位的资质，并提出审查意见。

（4）检查和监督监理人员的工作，根据工程项目的进展情况可进行人员调配，对不称职的人员应调换其工作。

（5）主持监理工作会议，签发项目监理机构的文件和指令。

（6）审定承包单位提交的开工报告、施工组织设计、技术方案、进度计划。

（7）审核签署承包单位的申请、支付证书和竣工结算。

（8）审查和处理工程变更。

（9）主持或参与工程质量事故的调查。

（10）调解建设单位与承包单位的合同争议、处理索赔、审批工程延期。

（11）组织编写并签发监理月报、监理工作阶段报告、专题报告和项目监理工作总结。

（12）审核签认分部工程和单位工程的质量检验评定资料，审查承包单位的竣工申请，组织监理人员对待验收的工程项目进行质量检查，参与工程项目的竣工验收。

（13）主持整理工程项目的监理资料。

总监理工程师不得将下列工作委托总监理工程师代表。

（1）主持编写项目监理规划、审批项目监理实施细则。

（2）签发工程开工／复工报审表、工程暂停令、工程款支付证书、工程竣工报验单。

（3）审核签认竣工结算。

（4）调解建设单位与承包单位的合同争议、处理索赔。

（5）根据工程项目的进展情况进行监理人员的调配，调换不称职的监理人员。

2. 总监理工程师代表职责

（1）负责总监理工程师指定或交办的监理工作。

（2）按总监理工程师的授权，行使总监理工程师的部分职责和权力。

3. 专业监理工程师职责

（1）负责编制本专业的监理实施细则。

（2）负责本专业监理工作的具体实施。

（3）组织、指导、检查和监督本专业监理员的工作，当人员需要调整时，向总监理工程师提出建议。

（4）审查承包单位提交的涉及本专业的计划、方案、申请、变更，并向总监理工程师提出报告。

（5）负责本专业分项工程验收及隐蔽工程验收。

（6）定期向总监理工程师提交本专业监理工作实施情况报告，对重大问题及时向总监理工程师汇报和请示。

（7）根据本专业监理工作实施情况做好监理日记。

（8）负责本专业监理资料的收集、汇总及整理，参与编写监理月报。

（9）核查进场材料、设备、构配件的原始凭证、检测报告等质量证明文件及其质量情况，根据实际情况认为有必要时对进场材料、设备、构配件进行平行检验，合格时予以签认。

（10）负责本专业的工程计量工作，审核工程计量的数据和原始凭证。

4. 监理员职责

（1）在专业监理工程师的指导下开展现场监理工作。

（2）检查承包单位投入工程项目的人力、材料、主要设备及其使用、运行状况，并做好检查记录。

（3）复核或从施工现场直接获取工程计量的有关数据并签署原始凭证。

（4）按设计图及有关标准，对承包单位的工艺过程或施工工序进行检查和记录，对加工制作及工序施工质量检查结果进行记录。

（5）担任旁站工作，发现问题及时指出并向专业监理工程师报告。

（6）做好监理日记和有关的监理记录。

第五节　建设工程监理的组织协调

建设工程监理目标的实现，需要监理工程师扎实的专业知识和对监理程序的有效执行，此外，还要求监理工程师有较强的组织协调能力。通过组织协调，使影响监理目标实现的各方主体有机配合，使监理工作实施和运行过程顺利。

一、建设工程监理组织协调概述

（一）组织协调的概念

协调就是联结、联合、调和所有的活动及力量，使各方配合得适当，其目的是促使各方协同一致，以实现预定目标。协调工作应贯穿于整个建设工程实施及其管理过程中。

建设工程系统就是一个由人员、物质、信息等构成的人为组织系统。用系统方法分析，建设工程的协调一般有三大类：一是“人员 / 人员界面”；二是“系统 / 系统界面”；三是“系统 / 环境界面”。

建设工程组织是由各类人员组成的工作班子，由于每个人的性格、习惯、能力、岗位、任务、作用的不同，即使只有两个人在一起工作，也有潜在的人员矛盾或危机。这种人和人之间的间隔，就是所谓的“人员 / 人员界面”。

建设工程系统是由若干个子项目组成的完整体系，子项目即子系统。由于子系统的功能、目标不同，容易产生各自为政的趋势和相互推诿的现象。这种子系统和子系统之间的间隔，就是所谓的“系统 / 系统界面”。

建设工程系统是一个典型的开放系统。它具有环境适应性，能主动从外部世界取得必要的能量、物质和信息。在取得的过程中，不可能没有障碍和阻力。这种系统与环境之间的间隔，就是所谓的“系统 / 环境界面”。

项目监理机构的协调管理就是在“人员 / 人员界面”、“系统 / 系统界面”、“系统 / 环境界面”之间，对所有的活动及力量进行连接、联合、调和的工作。系统方法强调，要把系统作为一个整体来研究和处理，因为总体的作用规模要比各子系统的作用规模之和大。为了顺利实现建设工程系统目标，必须重视协调管理，发挥系统整体功能。在建设工程监理中，要保证项目的参与各方围绕建设工程开展工作，使项目目标顺利实现。组织协调工作最为重要，也最为困难，是监理工作能否成功的关键，只有通过积极的组织协调才能实现整个系统全面协调控制的目的。

（二）组织协调的范围和层次

从系统方法的角度看，项目监理机构协调的范围分为系统内部的协调和系统外部的协调，系统外部协调又分为近外层协调和远外层协调。近外层和远外层的主要区别是，建设工程与近外层关联单位一般有合同关系，与远外层关联单位一般没有合同关系。

二、项目监理机构组织协调的工作内容

（一）项目监理机构内部的协调

1. 项目监理机构内部人际关系的协调

项目监理机构是由人组成的工作体系，工作效率很大程度上取决于人际关系的协调程度，总监理工程师应首先抓好人际关系的协调，激励项目监理机构成员。

（1）在人员安排上要量才录用。

对项目监理机构各种人员，要根据每个人的专长进行安排，做到人尽其才。人员的搭配应注意能力互补和性格互补，人员配置应尽可能少而精，防止力不胜任和忙闲不均现象。

（2）在工作委任上要职责分明。

对项目监理机构内的每一个岗位，都应订立明确的目标和岗位责任制，应通过职能清理，使管理职能不重不漏，做到事事有人管，人人有专责，同时明确岗位职权。

（3）在成绩评价上要实事求是。

谁都希望自己的工作做出成绩，并得到肯定。但工作成绩的取得，不仅需要主观努力，而且需要一定的工作条件和相互配合。要发扬民主作风，实事求是评价，以免人员无功自傲或有功受屈，使每个人热爱自己的工作，并对工作充满信心和希望。

（4）在矛盾调解上要恰到好处。

人员之间的矛盾总是存在的，一旦出现矛盾就应进行调解，要多听取项目监理机构成员的意见和建议，及时沟通，使人员始终处于团结、和谐、热情高涨的工作气氛之中。

2. 项目监理机构内部组织关系的协调

项目监理机构是由若干部门（专业组）组成的工作体系。每个专业组都有自己的目标和任务。如果每个子系统都从建设工程的整体利益出发，理解和履行自己的职责，则整个系统就会处于有序的良性状态，否则，整个系统便处于无序的紊乱状态，导致功能失调，效率下降。

项目监理机构内部组织关系的协调可从以下几方面进行：

（1）在目标分解的基础上设置组织机构，根据工程对象及委托监理合同所规定的工作内容，设置配套的管理部门。

（2）明确规定每个部门的目标、职责和权限，最好以规章制度的形式作出明文规定。

（3）事先约定各个部门在工作中的相互关系。在工程建设中许多工作是由多个部门共同完成的，其中有主办、牵头和协作、配合之分，事先约定，才不至于出现误事、脱节等贻误工作的现象。

（4）建立信息沟通制度，如采用工作例会、业务碰头会、发会议纪要、工作流程图或信息传递卡等方式来沟通信息，这样可使局部了解全局，服从并适应全局需要。

（5）及时消除工作中的矛盾或冲突。总监理工程师应采用民主的作风，注意从心理学、行为科学的角度激励各个成员的工作积极性；采用公开的信息政策，让大家了解建设工程实施情况、遇到的问题或危机；经常性地指导工作，和成员一起商讨遇到的问题，多倾听他们的意见、建议，鼓励大家同舟共济。

3. 项目监理机构内部需求关系的协调

建设工程监理实施中有人员需求、试验设备需求、材料需求等，而资源是有限的，因此，内部需求平衡至关重要。需求关系的协调可从以下环节进行：

（1）对监理设备、材料的平衡。

建设工程监理开始时，要做好监理规划和监理实施细则的编写工作，提出合理的监理资源配置，要注意抓住期限上的及时性、规格上的明确性、数量上的准确性、质量上的规定性。

（2）对监理人员的平衡。

要抓住调度环节，注意各专业监理工程师的配合。一个工程包括多个分部分项工程，复杂性和技术要求各不相同，这就存在监理人员配备、衔接和调度问题。如土建工程的主体阶段，主要是钢筋混凝土工程或预应力钢筋混凝土工程；设备安装阶段，材料、工艺和测试手段就不同；还有配套、辅助工程等。监理力量的安排必须考虑到工程进展情况，作出合理的安排，以保证工程监理目标的实现。

（二）与业主的协调

监理实践证明，监理目标的顺利实现和与业主协调的好坏有很大的关系。

我国长期的计划经济体制使得业主合同意识差、随意性大，主要体现在：一是沿袭计划经济时期的基建管理模式，搞“大业主，小监理”，在一个建设工程上，业主的管理人员要比监理人员多或管理层次多，对监理工作干涉多，并插手监理人员应做的具体工作；二是不把合同中规定的权力交给监理单位，致使监理工程师有职无权，发挥不了作用；三是科学管理意识差，在建设工程目标确定上压工期、压造价，在建设工程实施过程中变更多或时效按要求，给监理工作的质量、进度、投资控制带来困难。因此，与业主的协调是监理工作的重点和难点。监理工程师应从以下几方面加强与业主的协调：

（1）监理工程师首先要理解建设工程总目标、理解业主的意图。对于未能参加项目决策过程的监理工程师，必须了解项目构思的基础、起因、出发点，否则可能对监理目标及完成任务有不完整的理解，会给他的工作造成很大的困难。

（2）利用工作之便做好监理宣传工作，增进业主对监理工作的理解，特别是对建设工程管理各方职责及监理程序的理解；主动帮助业主处理建设工程中的事务性工作，以自己规范化、标准化、制度化的工作去影响和促进双方工作的协调一致。

（3）尊重业主，让业主一起投入建设工程全过程。尽管有预定的目标，但建设工程实施必须执行业主的指令，使业主满意。对业主提出的某些不适当的要求，只要不属于原则问题，都可先执行，然后利用适当时机、采取适当方式加以说明或解释；对于原则性问题，可采取书面报告等方式说明原委，尽量避免发生误解，以使建设工程顺利实施。

（三）与承包商的协调

监理工程师对质量、进度和投资的控制都是通过承包商的工作来实现的，所以做好与承包商的协调工作是监理工程师组织协调工作的重要内容。

1. 坚持原则，实事求是，严格按规范、规程办事，讲究科学态度

监理工程师在监理工作中应强调各方面利益的一致性和建设工程总目标；监理工程师应鼓励承包商将建设工程实施状况、实施结果和遇到的困难和意见向他汇报，以寻找对目标控制可能的干扰。双方了解得越多越深刻，监理工作中的对抗和争执就越少。

2. 协调不仅是方法、技术问题，更多的是语言艺术、感情交流和用权适度问题

有时尽管协调意见是正确的，但由于方式或表达不妥，反而会激化矛盾。而高超的协调能力则往往能起到事半功倍的效果，令各方面都满意。

3. 施工阶段的协调工作内容

施工阶段协调工作的主要内容如下：

（1）与承包商项目经理关系的协调。

从承包商项目经理及其工地工程师的角度来说，他们最希望监理工程师是公正、通情达理并容易理解别人的；希望从监理工程师处得到明确而不是含糊的指示，并且能够对他们所询问的问题给予及时的答复；希望监理工程师的指示能够在他们工作之前发出。他们可能对本本主义者以及工作方法僵硬的监理工程师最为反感。这些心理现象，作为监理工程师来说，应该非常清楚。一个既懂得坚持原则，又善于理解承包商项目经理的意见，工作方法灵活，随时可能提出或愿意接受变通办法的监理工程师肯定是受欢迎的。

（2）进度问题的协调。

由于影响进度的因素错综复杂，因而进度问题的协调工作也十分复杂。实践证明，有两项协调工作很有效：一是业主和承包商双方共同商定一级网络计划，并由双方主要负责人签字，作为工程施工合同的附件；二是设立提前竣工奖，由监理工程师按一级网络计划节点考核，分期支付阶段工期奖，如果整个工程最终不能保证工期，由业主从工程款中将已付的阶段工期奖扣回并按合同规定予以罚款。

（3）质量问题的协调。

在质量控制方面应实行监理工程师质量签字认可制度。对没有出厂证明、不符合使用要求的原材料、设备和构件，不准使用；对工序交接实行报验签证；对不合格的工程部位不予验收签字，也不予计算工程量，不予支付工程款。在建设工程实施过程中，设计变更或工程内容的增减是经常出现的，有些是合同签订时无法预料和明确规定的。对于这种变更，监理工程师要认真研究，合理计算价格，与有关方面充分协商，达成一致意见，并实行监理工程师签证制度。

（4）对承包商违约行为的处理。

在施工过程中，监理工程师对承包商的某些违约行为进行处理是一件很慎重而又难免的事情。当发现承包商采用一种不适当的方法进行施工，或是用了不符合合同规定的材料时，监理工程师除了立即制止外，可能还要采取相应的处理措施。遇到这种情况，监理工程师应该考虑的是自己的处理意见是否是监理权限以内的，根据合同要求，自己应该怎么做等等。在发现质量缺陷并需要采取措施时，监理工程师必须立即通知承包商。监理工程师要有时间期限的概念，否则承包商有权认为监理工程师对已完成的工程内容是满意或认可的。

监理工程师最担心的可能是工程总进度和质量受到影响。有时，监理工程师会发现，承包商的项目经理或某个工地工程师不称职。此时明智的做法是继续观察一段时间，待掌握足够的证据时，总监理工程师可以正式向承包商发出警告。万不得已时，总监理工程师有权要求撤换承包商的项目经理或工地工程师。

（5）合同争议的协调。

对于工程中的合同争议，监理工程师应首先采用协商解决的方式，协商不成时才由当

事人向合同管理机关申请调解。只有当对方严重违约而使自己的利益受到重大损失且不能得到补偿时才采用仲裁或诉讼手段。如果遇到非常棘手的合同争议问题，不妨暂时搁置等待时机，另谋良策。

（6）对分包单位的管理。

主要是对分包单位明确合同管理范围，分层次管理。将总包合同作为一个独立的合同单元进行投资、进度、质量控制和合同管理，不直接和分包合同发生关系。对分包合同中的工程质量、进度进行直接跟踪监控，通过总包商进行调控、纠偏。分包商在施工中发生的问题，由总包商负责协调处理，必要时，监理工程师帮助协调。当分包合同条款与总包合同发生抵触，以总包合同条款为准。此外，分包合同不能解除总包商对总包合同所承担的任何责任和义务。分包合同发生的索赔问题，一般由总包商负责，涉及总包合同中业主义务和责任时，由总包商通过监理工程师向业主提出索赔，由监理工程师进行协调。

（7）处理好人际关系。

在监理过程中，监理工程师处于一种十分特殊的位置。业主希望得到独立、专业的高质量服务，而承包商则希望监理单位能对合同条件有一个公正的解释。因此，监理工程师必须善于处理各种人际关系，既要严格遵守职业道德，礼貌而坚决地拒收任何礼物，以保证行为的公正性，也要利用各种机会增进与各方面人员的友谊与合作，以利于工程的进展。否则，便有可能引起业主或承包商对其可信赖程度的怀疑。

（四）与设计单位的协调

监理单位必须协调与设计单位的工作，以加快工程进度，确保质量，降低消耗。

（1）真诚尊重设计单位的意见，在设计单位向承包商介绍工程概况、设计意图、技术要求、施工难点等时，注意标准过高、设计遗漏、图纸差错等问题，并将其解决在施工之前；施工阶段，严格按图施工；结构工程验收、专业工程验收、竣工验收等工作，约请设计代表参加；若发生质量事故，认真听取设计单位的处理意见，等等。

（2）施工中发现设计问题，应及时按工作程序向设计单位提出，以免造成大的直接损失；若监理单位掌握比原设计更先进的新技术、新工艺、新材料、新结构、新设备时，可主动与设计单位沟通。为使设计单位有修改设计的余地而不影响施工进度，协调各方达成协议，约定一个期限，争取设计单位、承包商的理解和配合。

（3）注意信息传递的及时性和程序性。监理工作联系单、工程变更单传递，要按规定的程序进行传递。

这里要注意的是，在施工监理的条件下，监理单位与设计单位都是受业主委托进行工作的，两者之间并没有合同关系，所以监理单位主要是和设计单位做好交流工作，协调要靠业主的支持。设计单位应就其设计质量对建设单位负责，因此《建筑法》指出：工程监理人员发现工程设计不符合建筑工程质量标准或者合同约定的质量要求的，应当报告建设单位要求设计单位改正。

（五）与政府部门及其他单位的协调

一个建设工程的开展还存在政府部门及其他单位的影响，如政府部门、金融组织、社会团体、新闻媒介等，它们对建设工程起着一定的控制、监督、支持、帮助作用，这些关系若协调不好，建设工程实施也可能严重受阻。

1. 与政府部门的协调

（1）工程质量监督站是由政府授权的工程质量监督的实施机构，对委托监理的工程，质量监督站主要是核查勘察设计单位、施工单位和监理单位的资质，监督这些单位的质量行为和工程质量。监理单位在进行工程质量控制和质量问题处理时，要做好与工程质量监督站的交流和协调。

（2）重大质量、安全事故，在承包商采取急救、补救措施的同时，应敦促承包商立即向政府有关部门报告情况，接受检查和处理。

（3）建设工程合同应送公证机关公证，并报政府建设管理部门备案；协助业主的征地、拆迁、移民等工作要争取政府有关部门支持和协作；现场消防设施的配置，宜请消防部门检查认可；要敦促承包商在施工中注意防止环境污染，坚持做到文明施工。

2. 协调与社会团体的关系

一些大中型建设工程建成后，不仅会给业主带来效益，还会给该地区的经济发展带来好处，同时给当地人民生活带来方便，因此必然会引起社会各界关注。业主和监理单位应把握机会，争取社会各界对建设工程的关心和支持。这是一种争取良好社会环境的协调。

对本部分的协调工作，从组织协调的范围看是属于远外层的管理。根据目前的工程监理实践，对远外层关系的协调，应由业主主持，监理单位主要是协调近外层关系。如业主将部分或全部远外层关系协调工作委托监理单位承担，则应在委托监理合同专用条件中明确委托的工作和相应的报酬。

三、建设工程监理组织协调的方法

监理工程师组织协调可采用如下方法：

（一）会议协调法

会议协调法是建设工程监理中最常用的一种协调方法，实践中常用的会议协调法包括第一次工地会议、监理例会、专业性监理会议等。

1. 第一次工地会议

第一次工地会议是建设工程尚未全面展开前，履约各方相互认识、确定联络方式的会议，也是检查开工前各项准备工作是否就绪并明确监理程序的会议。第一次工地会议应在项目总监理工程师下达开工令之前举行，会议由建设单位主持召开，监理单位、总承包单位的授权代表参加，也可邀请分包单位参加，必要时邀请有关设计单位人员参加。

2. 监理例会

（1）监理例会是由总监理工程师主持，按一定程序召开的，研究施工中出现的计划、进度、质量及工程款支付等问题的工地会议。

（2）监理例会应当定期召开，宜每周召开一次。

（3）参加人包括：项目总监理工程师（也可为总监理工程师代表）、其他有关监理人员、承包商项目经理、承包单位其他有关人员。需要时，还可邀请其他有关单位代表参加。

（4）会议的主要议题如下：①对上次会议存在问题的解决和纪要的执行情况进行检查；②工程进展情况；③对下月（或下周）的进度预测及其落实措施；④施工质量、加工订货、材料的质量与供应情况；⑤质量改进措施；⑥有关技术问题；⑦索赔及工程款支付情况；⑧需要协调的有关事宜。

（5）会议纪要。会议纪要由项目监理机构起草，经与会各方代表会签，然后分发给有关单位。会议纪要内容如下：①会议地点及时间；②出席者姓名、职务及他们代表的单位；③会议中发言者的姓名及所发表的主要内容；④决定事项；⑤诸事项分别由何人何时执行。

3. 专业性监理会议

除定期召开工地监理例会以外，还应根据需要组织召开一些专业性协调会议。例如，加工订货会、业主直接分包的工程内容承包单位与总包单位之间的协调会、专业性较强的分包单位进场协调会等，均由监理工程师主持会议。

（二）交谈协调法

在实践中，并不是所有问题都需要开会来解决，有时可采用“交谈”这一方法。交谈包括面对面的交谈和电话交谈两种形式。

无论是内部协调还是外部协调，这种方法使用频率都是相当高的。其作用在于：

（1）保持信息畅通。

由于交谈本身没有合同效力及其方便性和及时性，所以建设工程参与各方之间及监理机构内部都愿意采用这一方法进行。

（2）寻求协作和帮助。

在寻求别人帮助和协作时，往往要及时了解对方的反应和意见，以便采取相应的对策。另外，相对于书面寻求协作，人们更难于拒绝面对面的请求。因此，采用交谈方式请求协作和帮助比采用书面方法实现的可能性要大。

（3）及时发布工程指令。

在实践中，监理工程师一般都采用交谈方式先发布口头指令，这样，一方面可以使对方及时地执行指令；另一方面可以和对方进行交流，了解对方是否正确理解了指令。随后，再以书面形式加以确认。

（三）书面协调法

当会议或者交谈不方便或不需要时，或者需要精确地表达自己的意见时，就会用到书面协调的方法。书面协调方法的特点是具有合同效力，一般常用于以下几种情况：

（1）不需双方直接交流的书面报告、报表、指令和通知等。

（2）需要以书面形式向各方提供详细信息和情况通报的报告、信函和备忘录等。

（3）事后对会议记录、交谈内容或口头指令的书面确认。

（四）访问协调法

访问法主要用于外部协调中，有走访和邀访两种形式。走访是指监理工程师在建设工程施工前或施工过程中，对与工程施工有关的各政府部门、公共事业机构、新闻媒介或工程毗邻单位等进行访问，向他们解释工程的情况，了解他们的意见。邀访是指监理工程师邀请上述各单位（包括业主）代表到施工现场对工程进行指导性巡视，了解现场工作。因为在多数情况下，这些有关方面并不了解工程，不清楚现场的实际情况，如果进行一些不恰当的干预，会对工程产生不利影响。这个时候，采用访问法可能是一个相当有效的协调方法。

（五）情况介绍法

情况介绍法通常是与其他协调方法紧密结合在一起的，它可能是在一次会议前，或是一次交谈前，或是一次走访或邀访前向对方进行的情况介绍。形式上主要是口头的，有时也伴有书面的。介绍往往作为其他协调的引导，目的是使别人首先了解情况。因此，监理工程师应重视任何场合下的每一次介绍，要使别人能够理解你介绍的内容、问题和困难、你想得到的协助等。

总之，组织协调是一种管理艺术和技巧，监理工程师尤其是总监理工程师需要掌握领导科学、心理学、行为科学方面的知识和技能。例如，激励、交际、表扬和批评的艺术、开会的艺术、谈话的艺术、谈判的技巧等等。只有这样，监理工程师才能进行有效的协调。

思　考　题

一、简答题

1. 什么是组织和组织结构?
2. 组织设计应该遵循什么样的原则?
3. 组织活动的基本原理是什么?
4. 建设工程监理实施的程序是什么?
5. 建设工程监理实施的基本原则有哪些?
6. 简述建立项目监理机构的步骤?
7. 项目监理机构中的人员如何配备?
8. 项目监理机构中各类人员的基本职责是什么?
9. 项目监理机构协调的工作内容有哪些?
10. 建设工程监理组织协调的常用方法有哪些?

二、案例题

某建设工程项目采用的是预制钢筋混凝土管桩基础。项目业主委托某监理单位承担该建设工程项目施工招标及施工阶段的监理任务。因该工程涉及土建施工、沉桩施工和管桩预制工作，业主对工程发包提出了两种方案：一种是采用平行发包模式，即对土建、沉桩、管桩制作进行分别发包；另一种是采用总分包模式，即由土建施工单位总承包，沉桩施工及管桩制作列入总承包范围再进行分包。

（1）施工招标阶段，监理单位的主要工作内容有哪些?

（2）如果采取施工总分包模式，监理工程师应从哪些方面对分包单位进行管理？其主要手段是什么?

（3）在上述两种发包模式下，对管桩生产企业的资质考核各应在何时进行？考核的主要内容是什么?

（4）在平行发包模式下，沉桩施工单位对管桩运抵施工现场是否视为“甲供构件”？为什么?如何组织检查验收?

（5）如果现场检查出管桩不合格或管桩生产企业延期供货，对正常施工进度造成影响，试分析上述两种发包模式下，可能会出现哪些主体之间的索赔。

【案例分析】

（1）施工招标阶段，监理单位的主要工作内容如下：

1）协助业主编制施工招标文件。

2）协助业主编制标底。

3）发布招标通知。

4）对投标人的资格预审。

5）组织标前会议。

6）现场考察。

7）组织开标、评标、定标。

8）协助业主签约。

（2）若采取施工总分包模式，监理工程师对分包单位的管理，其主要内容如下：

1）审查分包人资格。

2）要求分包人参加相关施工会议。

3）检查分包人的施工设备、人员。

4）检查分包人的工程施工材料、作业质量。

监理工程师对分包单位采取的主要手段如下：

1）对分包人违反合同、规范要求的行为，可指令总承包人停止分包人施工。

2）对质量不合格的工程拒签与之有关的支付。

3）建议总承包人撤换分包单位。

（3）如采用平行发包时，对管桩生产企业的资质考核应在招标阶段组织考核；如采用总分包时，应在分包合同签订前考核。考核的主要内容如下：

1）人员素质。

2）资质等级。

3）技术装备。

4）业绩。

5）信誉。

6）有无生产许可证。

7）质保体系。

8）生产能力。

（4）对管桩运抵施工现场，沉桩施工单位可视为“甲供构件”。因为沉桩单位与管桩生产企业无合同关系。应由监理工程师组织，沉桩单位参加，共同检查管桩质量、数量是否符合合同要求。

（5）两种发包模式下可能出现的索赔：

1）平行发包模式。沉桩单位向业主索赔、土建施工单位向业主索赔、业主向管桩生产企业索赔。

2）总分包模式。业主向土建施工（或总包）单位索赔、土建施工（或总包）单位向管桩生产企业索赔、沉桩单位向土建单位 （或总包）索赔。

第五章　建设监理规划

职业能力目标要求

1. 建设监理规划的概述。
2. 建设监理规划的编写。
3. 建设监理规划的内容及其审核。

第一节　建设监理规划概述

监理规划是在总监理工程师的主持下编制，经监理单位技术负责人批准，用来指导项目监理机构全面开展监理工作的指导性文件，可以使监理工作规范化，标准化，其作用如下：

（1）指导监理单位、项目监理组织全面开展监理工作。

工程建设监理的中心任务是协助建设单位实现项目总目标，实施目标控制，而监理规划是实施控制的前提和依据。项目监理规划就是对项目监理机构开展的各项监理工作作出全面、系统的组织与安排。

监理规划要真正能够起到指导项目监理机构进行该项目监理工作的作用，监理规划中应有明确具体的、符合项目要求的工作内容、工作方法、监理措施、工作程序和工作制度。监理规划应当明确规定，项目监理组织在工程监理实施过程中，应当做哪些工作?由谁来做这些工作？在什么时间和什么地点做这些工作？如何做好这些工作？监理规划是项目监理组织实施监理活动的行动纲领，项目监理组织只有依据监理规划，才能做到全面的、有序的、规范的开展监理工作。

（2）监理规划是工程建设监理主管机构对监理实施监督管理的重要依据。

工程建设监理主管机构对社会上的所有监理单位以及监理活动都要实施监督、管理和指导，这些监督管理工作主要包括两个方面：一是一般性的资质管理，即对监理单位的管理水平、人员素质、专业配套和监理业绩等进行核查和考评，以确认它的资质和资质等级；二是通过监理单位的实际监理工作来认定它的水平，而监理单位的实际水平可从监理规划和它的实施中充分地表现出来。因此，工程建设监理主管机构对监理单位进行考核时应当充分重视对监理规划和其实施情况的检查。

（3）监理规划是业主确认监理单位是否全面、认真履行工程建设监理委托合同的主要依据。

作为监理的委托方，业主需要而且有权对监理单位履行工程建设监理合同的情况进行了解、确认和监督。监理规划是业主确认监理单位是否全面履行监理合同的主要说明性文件，监理规划应当全面地体现监理单位如何落实业主所委托的各项监理工作，是业主了解、确认和监督监理单位履行监理合同的重要资料。

（4）监理规划是监理单位重要的存档资料。

监理规划的基本作用是指导项目监理组织全面开展监理工作，它的内容随着工程的进展而逐步调整、补充和完善，它在一定程度上真实反映了项目监理的全貌，是监理过程的综合性记录。因此，它是每一家监理单位的重要存档资料。

第二节　建设监理规划的编写

一、工程建设监理规划编写依据

1. 建设工程的相关法律、法规

（1）中央、地方和部门政策、法律、法规。

（2）工程所在地的法律、法规、规定及有关政策等。

（3）工程建设的各种规范、标准。

2. 政府批准的工程建设文件

（1）可行性研究报告、立项批文。

（2）规划部门确定的规划条件、土地使用条件、环境保护要求、市政管理规定等。

3. 工程建设监理合同

（1）监理单位和监理工程师的权利和义务。

（2）监理工作范围和内容。

（3）有关监理规划方面的要求。

4. 其他工程建设合同

（1）项目法人的权利和义务。

（2）工程承包人的权利和义务。

5. 项目监理大纲

（1）项目监理组织计划。

（2）拟投入的主要监理人员。

（3）投资、进度、质量控制方案。

（4）合同管理方案。

（5）信息管理方案。

（6）安全管理方案。

（7）定期提交给业主的监理工作阶段性成果。

二、监理规划编写要求

1. 监理规划的基本内容构成应当力求统一

监理规划是指导监理组织全面开展监理工作的指导性文件，它在总体内容组成上要力求做到统一。

监理规划的基本内容一般应由以下内容组成：工程项目概况、监理工作范围、监理工作内容、监理工作目标、监理工作依据、项目监理机构的组织形式、项目监理机构的人员配备计划、项目监理机构的人员岗位职责、监理工作程序、监理工作方法及措施、监理工作制度、监理设施。

2. 监理规划的内容应具有针对性

监理规划具体内容具有针对性，是监理规划能够有效实施的重要前提。监理规划是用来指导一个特定的项目组织在一个特定的工程项目上的监理工作，它的具体内容要适合于这个特定的监理组织和特定的工程项目，而每个工程项目都不相同，具有单件性和一次性的特点。针对某项工程建设监理活动，有它自己的投资、进度、质量控制目标；有它的项目组织形式和相应的监理组织机构；有它自己的信息管理制度和合同管理措施；有它自己独特的目标控制措施、方法和手段。因此监理规划只有具有针对性，才能真正起到指导监理工作的作用。

3. 监理规划的表达方式应当标准化、格式化

监理规划的内容表达应当明确、简洁、直观。比较而言，图、表和简单的文字说明应当是采用的基本方式。编写监理规划各项内容时应当采用什么表格、图示，以及哪些内容要采用简单的文字说明应当作出一般规定，以满足监理规划格式化、标准化的要求。

4. 监理规划编写的主持人和决策者应是项目总监理工程师

监理规划在总监理工程师主持下编写制定，是工程建设监理实行项目总监理工程师负责制的要求。总监理工程师是项目监理的负责人，在他主持下编制监理规划，有利于贯彻监理方案。同时，总监理工程师主持编制监理规划，有利于他熟悉监理活动，并使监理工作系统化，有利于监理规划的有效实施。

5. 监理规划应分阶段编写、不断补充、修改和完善

没有规划信息就没有规划内容。因此，整个监理规划的编写需要有一个过程，我们可以将编写的整个过程划分为若干个阶段，编写阶段可按工程实施的各阶段来划分。监理规划是针对一个具体工程项目来编写的，项目的动态性决定了监理规划的形成过程也有较强的动态性。这就需要对监理规划进行相应的补充、修改和完善，最后形成一个完整的规划，使工程建设监理工作能够始终在监理规划的有效指导下进行。

第三节 建设监理规划的内容及其审核

一、工程建设监理规划的内容

1. 工程项目概况

（1）工程项目名称。

（2）工程项目建设地点。

（3）工程规模。

（4）工程投资额。

（5）建设目的。

（6）建设单位。

（7）设计单位。

（8）施工单位。

（9）工程质量要求。

2. 监理工作范围

工程项目监理范围是指监理单位所承担的工程项目建设监理的范围。如果监理单位承

担全部工程项目的工程建设监理任务，监理范围为全部工程，否则按照监理单位所承担的范围确定工程项目监理范围。

3. 监理工作内容

（1）可行性研究及设计阶段监理。

（2）施工招标阶段监理。

（3）工程材料、构件及设备质量监理。

（4）施工阶段监理：质量控制、进度控制、投资控制、合同管理、安全管理。

（5）其他委托服务。按业主委托，承担以下技术服务：协助业主办理项目报建手续；协助业主办理项目申请供水、供电、供气、电信线路等协议或批文；协助业主制定商品房营销方案等。

4. 监理工作目标

建设工程监理目标是指监理单位所承担的建设工程的监理控制预期达到的目标。通常以建设工程的投资、进度、质量三大目标的控制值来表示。

5. 监理工作依据

（1）国家和地方有关工程建设的法律、法规。

（2）国家和地方有关工程建设的技术标准、规范和规程。

（3）经有关部门批准的工程项目文件和设计文件。

（4）建设单位和监理单位签订的工程建设监理合同。

（5）建设单位与承包单位签订的建设工程施工合同。

6. 项目监理机构的组织形式

项目监理机构的组织形式应根据建设工程监理合同规定的内容、工程类别、规模、工程环境等确定。

项目监理机构可用组织结构图表示。

7. 项目监理机构的人员配备计划

项目监理机构的人员配备应根据建设工程监理的进程合理安排。

8. 项目监理机构的人员岗位职责

（1）项目监理组织职能部门的职责分工。

（2）各类监理人员的职责分工。

9. 监理工作程序

监理工程程序比较简单明了的表达方式是监理工作流程图。

10. 监理工作方法及措施

（1）工程质量管理方法。

（2）工程质量控制的措施：旁站监理、工程检测、质量监理控制。

（3）控制工作方法与措施：事前控制、事中控制、事后控制。

（4）投资控制。

（5）进度控制。

（6）合同管理监理工作方法与措施。

（7）信息管理监理工作方法与措施。

（8）监理资料。

（9）现场协调管理监理工作方法与措施：监理单位与各方关系、对承包方的协调管理手段。

（10）安全文明施工的监理方法与措施：施工现场安全监理的内容、安全监理责任的风险分析、安全监理的工作流程和措施。

11. 监理工作制度

（1）设计文件、图纸审查制度。

（2）技术交底制度。

（3）开工报告制度。

（4）材料、构件检验及复检制度。

（5）变更设计制度。

（6）隐蔽工程检查制度。

（7）工程质量监督制度。

（8）工程质量检验制度。

（9）工程质量事故处理制度。

（10）施工进度监督及报告制度。

（11）投资监督制度。

（12）监理报告制度。

（13）工程竣工验收制度。

（14）监理日志和会议制度。

12. 监理设施

业主提供满足监理工作需要的如下设施：

（1）办公设施。

（2）交通设施。

（3）通信设施。

（4）生活设施。

二、建设工程监理规划的审核

监理单位的技术主管部门是内部审核单位,其负责人应当签认。监理规划审核的内容主要包括以下内容。

1. 监理范围、工作内容及监理目标的审核

依据监理招标文件和委托监理合同,看其是否理解了业主对该工程的建设意图,监理范围、监理工作内容是否包括了全部委托的工作任务,监理目标是否与合同要求和建设意图相一致。

2. 项目监理机构结构的审核

（1）组织机构。

在组织形式、管理模式等方面是否合理,是否结合了工程实施的具体特点,是否能够与业主的组织关系和承包方的组织关系相协调等。

（2）人员配备。

1）派驻监理人员的专业满足程度：不仅考虑专业监理工程师能否满足开展监理工作的需要，而且还要看其专业监理人员是否覆盖了工程实施过程中的各种专业要求，以及高、中级职称和年龄结构的组成。

2）人员数量的满足程度：主要审核从事监理工作人员在数量和结构上的合理性。

3）专业人员不足时采取的措施是否恰当：大中型建设工程中，对拟临时聘用的监理人员的综合素质应认真审核。

4）派驻现场人员计划表：大中型建设工程中，应对各阶段所派驻现场监理人员的专业、数量计划是否与建设工程的进度计划相适应进行审核；还应平衡正在其他工程上执行监理业务的人员，是否能按预定计划进入本工程参加监理工作。

3. 工作计划审核

在工程进展中各个阶段的工作实施计划是否合理、可行，审查其在每个阶段中如何控制建设工程目标以及组织协调的方法。

4. 投资、进度、质量控制方法和措施的审

对三大目标的控制方法和措施应重点审查,看其如何应用组织、技术、经济、合同措施保证目标的实现,方法是否科学、合理、有效。

5. 监理工作制度审核

监理工作制度审核内容主要是审查监理的内、外工作制度是否健全。

下面以安徽水利水电职业技术学院新建图书馆工程为例，具体说明监理规划如何编制，可供学有余力的同学选修。

1 工 程 概 述

项目名称：安徽水利水电职业技术学院图书馆工程

项目地点：合肥市合马路 18 号安徽水利水电职业技术学院内

建设单位：安徽水利水电职业技术学院

建筑项目基本情况：本工程为安徽水利水电职业技术学院图书馆，建设单位为安徽水利水电职业技术学院；建筑工程等级为二类，设计使用年限为 50 年；建筑面积为 29707.67m^2，其中地上 29412.99 m^2，地下 294.68 m^2，建筑基底面积为 5881.69 m^2；建筑层数为地上 6 层，地下 1 层；建筑高度 24m；防火设计建筑分类为耐火等级一级，地下室防火等级一级；屋面防水等级二级，地下室防水等级一级；抗震设防烈度为 7 度；主要结构类型为钢筋混凝土框架结构；室内污染控制等级为二级；本工程相对标高±0.000 相当于绝对标高 16.000，室内外高差为 600。工程投资约 4000 万人民币；建设总工期约 290 天。

2 监理工作范围和内容

2.1 监理工作范围（包括但不限于）

监理工作范围：安徽水利水电职业技术学院新建图书馆建设工程项目施工图纸所示范围及工程量清单范围内的工程施工监理。

2.2 监理工作内容（包括但不限于）

根据招标文件中监理合同文本的附件要求，监理工作包括以下内容（包括但不限于）。

2.2.1 施工方面（包括但不限于）

（1）协助甲方组织对招商（标）文件的审查，参与工程招商（标）和签订建设工程施工合同。

（2）全面管理建设工程施工合同，依据甲方授权就承包人选择的分包人资格及分包项目进行审查。

（3）督促甲方按工程合同的规定，落实必须提供的施工条件。检查承包人施工准

备工作，审查施工单位提交的单项工程开工申请报告，在检查与审查合格后签发合同工程开工令。检查监督施工单位严格执行审批的施工总平面布置，制止其违背施工总平面布置要求进行场地和施工布置行为。

（4）组织施工现场测量控制点的交桩工作，审批承包人提交的施工组织设计、施工技术方案、施工质量保证措施、安全文明施工措施、作业规程、工艺试验成果、临建工程设计以及使用的原材料和试验成果等。签发补充的设计文件、技术规范等，答复承包人提出的建议和意见。施工组织设计的编制应结合各专业分包单位统一布置、考虑，以便各专业协调施工。

（5)依据建发工程施工合同核查施工承包人派驻施工现场主要管理人员的到位情况、进场施工设备的数量、种类、规格型号、设备状况是否与相关合同一致，是否能满足施工需要；核查承包人的施工项目部主要管理人员及劳动力进场情况、物资材料、设备进场情况；对施工承包人的组织状况、派驻现场的主要管理人员的资质和管理能力等做出评价。对上述各项中不符合工程建设合同要求、不能满足施工要求者，应及时要求施工承包人采取措施限期解决，并报告甲方。

（6）工程进度的施工全过程控制。

（7）施工质量的施工全过程控制。

（8）工程造价的施工全过程控制。

（9）施工安全监督。

（10）组织协调。

（11）文明施工措施与施工期环境保护措施。

（12）工程验收及违约处理。

（13）信息管理。

（14）监理机构应配合甲方参加国家有关部门对工程质量安全鉴定工作，并提供相关资料。

（15）执行甲方有关工程管理的制度，做好其他相关工作。

（16）做好监理过程中的技术管理及技术服务工作，对监理工程项目的施工技术、工艺、材料、设备等提前进行研究，对施工技术、改进施工工艺提出指导性的意见，对施工中可能出现的技术、质量问题有所预见并提出预控措施，用以优化设计和指导施工。

2.2.2　保修期阶段

（1）协助组织和参与检查项目正式交付使用前的各项准备工作。

（2）对保修期间发现的工程质量问题，参与调查研究，弄清情况，鉴定工程质量问题的责任，并监督保修工作。

3　监理工作目标及指导思想

3.1　监理工作目标

监理公司经营方针：优质服务、信誉至上、信守合同。实现“安徽水利水电职业技术学院图书馆”工程的质量、进度、投资控制在既定的合同目标范围以内，对合同进行有效的管理，精心组织、精心协调，保障现场安全文明施工，不发生质量、安全事故等。

3.2　质量控制目标

质量控制目标：确保本工程质量达到现行国家相关验收规范“合格”标准。按建设单位与承建单位所签订的施工承包合同中对质量的要求进行监控。

3.3　工期控制目标

工程施工工期为290日历天，工程竣工按建设单位与承建单位所签订的施工承包合同中对工期的要求进行监控，确保在合同工期内竣工验收交付使用。

3.4　投资控制目标

该项目的投资控制目标：把工程投资控制在招标人计划投资额度内；按建设单位与承建单位所签订的施工承包合同中的合同价及对工程造价的要求进行监控。力争通过提出合理建议和严格监理节省、节约投资。

3.5　工程安全、文明施工控制目标

达到安徽省对在建工程建设过程中有关环保、安全文明施工方面的规定和要求，实现“标准化工地”的目标。达到无工伤死亡事故，文明施工满足安徽省合肥市有关文明施工的规定和要求。

4　监理工作的依据

4.1　监理工作的依据

（1）国家及地方现行的有关工程建设及建设监理的法律、政策、规范及验收标准。

（2）经批准的建设计划、规划、施工许可证及其他有关文件。

（3）国家及地方现行的有关工程建设及建设监理的法律、政策、规范及验收标准。

（4）监理招投标文件、监理合同、监理承诺。

（5）委托人认可的监理规划及监理实施细则。

（6）本项目完整的施工图纸及有关设计说明。

（7）委托人提供的依法签订的与本工程有关的施工合同或协议。

（8）委托人有关施工管理办法、规定。

5　项目组织机构及人员、岗位职责

监理公司根据安徽水利水电职业技术学院新建图书馆建设工程的项目分解和项目特征等具体情况，组建该工程项目监理机构，派出本项目总监理工程师。本工程实行直线制监理组织机构形式；公司法人代表授权的总监理工程师负责制：总监对公司负责、专业监理工程师对总监负责、监理员对专业监理工程师负责的层层负责制，各级监理人员做到严格监理，热情服务。

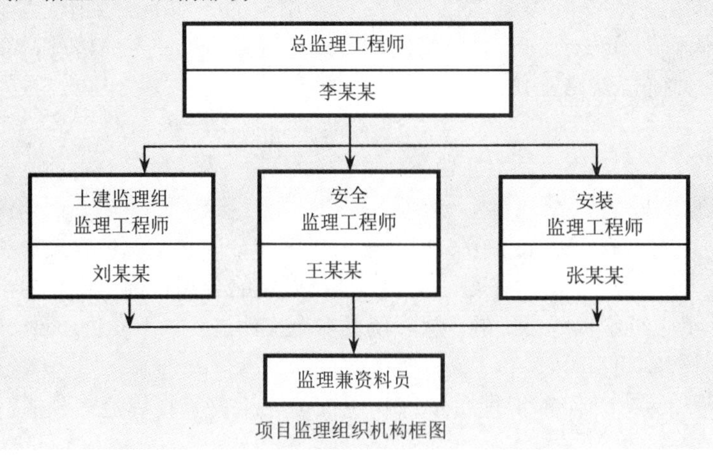

项目监理组织机构框图

5.1 项目监理人员的岗位职责

详见本书第二章。

5.2 监理工作分解结构图

第一阶	第二阶	第三阶	第四阶（监理监控点）	
安徽水利水电职业技术学院图书馆工程	场地准备	平整场地	规划高程	检测
			平面方格网	检测
		场地拆除和迁移		
		定位放线	规划定位	见证
			建筑物放线	检测
		场地土石方工程	降水工程	巡查
			基坑开挖	巡查
			基坑边坡支护	旁站
		场地的挖孔桩定位	按工程现场实际情况规划	
	基础结构	地基及基础处理	按工程设计文件方式分解	
		基础	高程及放线	检测
			防水工程	旁站
			钢筋工程	检查
			模板工程	检查
			混凝土工程	旁站
			防雷接地	检查
			预留预埋	检查
		地下室工程	高程及放线	检测
			防水工程	旁站
			钢筋工程	检查
			模板工程	检查
			混凝土工程	旁站
			预留预埋	检查
			人防工程	旁站、检查
			保温节能工程	旁站、检查
	地上结构	主体工程	高程及放线	检测
			钢筋工程	检查
			模板工程	检查
			混凝土工程	旁站
			预留预埋	检查
		屋面工程	防水工程	旁站
			保温工程	检测

续表

第一阶	第二阶	第三阶	第四阶（监理监控点）	
安徽水利水电职业技术学院图书馆工程	地上结构	屋面工程	防雷工程	检测
		门窗工程	按工程设计文件方式分解	
		外部围护及装修	按工程设计文件方式分解	
	配套工程		按工程设计文件方式分解	
	机电、安装工程	消防系统	按工程设计文件方式分解	
		建筑电气	按工程设计文件方式分解	
		给排水	按工程设计文件方式分解	
		安全系统	按工程设计文件方式分解	
		通风系统	按工程设计文件方式分解	
		设备系统	按工程设计文件方式分解	

6 施工阶段的监理工作程序

6.1 施工阶段监理工作的基本流程

（1）确定监理部组成人员和任务职能分工，书面通知业主和承包方。

（2）编写监理规划和监理实施细则。

（3）积极协助业主做好工程报监和现场“三通一平”的工作。

（4）审查施工单位（分包单位）资质。

（5）审查施工组织设计、施工方案和总进度计划。

（6）协助业主组织好设计变更和图纸会审工作。

（7）做好测量资料和基准点的检验交接工作。

（8）审批开工报告。

（9）对现场材料进行检查和抽样见证复试。

（10）定期召开工地协调会（一般每周一次）。

（11）定期进行质量、安全大检查，一般业主、承包商、监理共同参加。

（12）监理人员经常巡视施工现场，加强“平行检验”，必要时实施旁站监理，确保工程质量在控制之中。

（13）分部分项工程完成后，在施工方自检的基础上，组织工程验收，签署监理意见，编写监理小结。

（14）工程完工后，组织承包商、分包单位进行工程竣工预验收，并写出“工程质量评估报告”。

（15）参加由业主组织的工程竣工验收。

（16）向业主提交监理工作总结。

（17）核查竣工资料和竣工图，确保工程技术资料完整。

（18）参与工程交接工作，做好保修期监督工作。

6.2　质量控制流程

（1）审查施工方各主要分项工程的施工方案，施工单位填报“施工组织设计方案报审表”，签署审查意见。

（2）编写主要分项、分部工程监理细则，明确监理工作程序、验收内容和范围，报验程序和质量标准。

（3）对进场用工程材料、构配件、设备进行监控。程序是：由施工方检查验收（实际上监理也在检查）填报“材料（构配件）、设备进场使用报验单”；监理人员检查其“合格证”、“质保书”和外表质量（包括标签牌），符合要求后按规范规定，按批量见证取样，送工程质量检测中心做质量检测，检测合格后方可进场使用。

（4）审核“工程开工报审表”，如具备开工条件，签署“开工报告”。

（5）分项工程开工，监理人员不断巡视现场，必要时实施“旁站监理”，监督施工单位按施工规范规定和操作规程施工，发现质量问题或违章作业，签发“监理工程师通知单”，指出问题，要求整改。情况严重时可发“工程暂停令”（事先应与业主协商）。

（6）工序完成后，施工单位应组织有关人员自检自查，在自检合格的基础上，填报“工序质量报验单”，报请监理工程师核验。监理工程师应认真做好核检工作，验收合格后，监理人员应及时签署验收合格意见，同意进行下道工序施工。验收不合格，应签署验收不合格意见，注明不合格内容，要求施工方整改，整改结束，自检合格后，再次报验。监理人员再复查，直至合格。验收不合格的项目，不得进行下道工序施工。

（7）各分项工程（子分部工程）施工结束，验收合格后，施工单位应组织有关人员、监理工程师参加，进行分部工程验收，并整理好各种技术资料和竣工资料。

（8）基桩工程、基础工程施工结束后，应分别组织基桩工程和基础工程验收，并请设计部门、质监站、监理、业主、施工方共同参加。

（9）主体工程施工结束后，应组织主体工程验收。

（10）单位工程施工结束后，应先组织竣工预验收，由监理部门组织业主、施工方共同验收，在验收中提出的问题，用书面形式提出整改意见，监理部门组织编写“工程质量评估报告”。

（11）对由专项工程的如电梯、消防、环境检测等必须事先组织专项验收，由专业部门出具“验收报告”。

（12）所有项目验收合格后，由业主组织工程竣工验收。邀请设计单位、质监站、监理方、施工方等单位参加，对竣工验收中各方提出的质量问题，施工方应尽快整改结束，验收通过后，由总监理工程师签署验收意见。

（13）监理部组织编写“监理工作总结”。

附图：施工阶段质量控制的工作流程

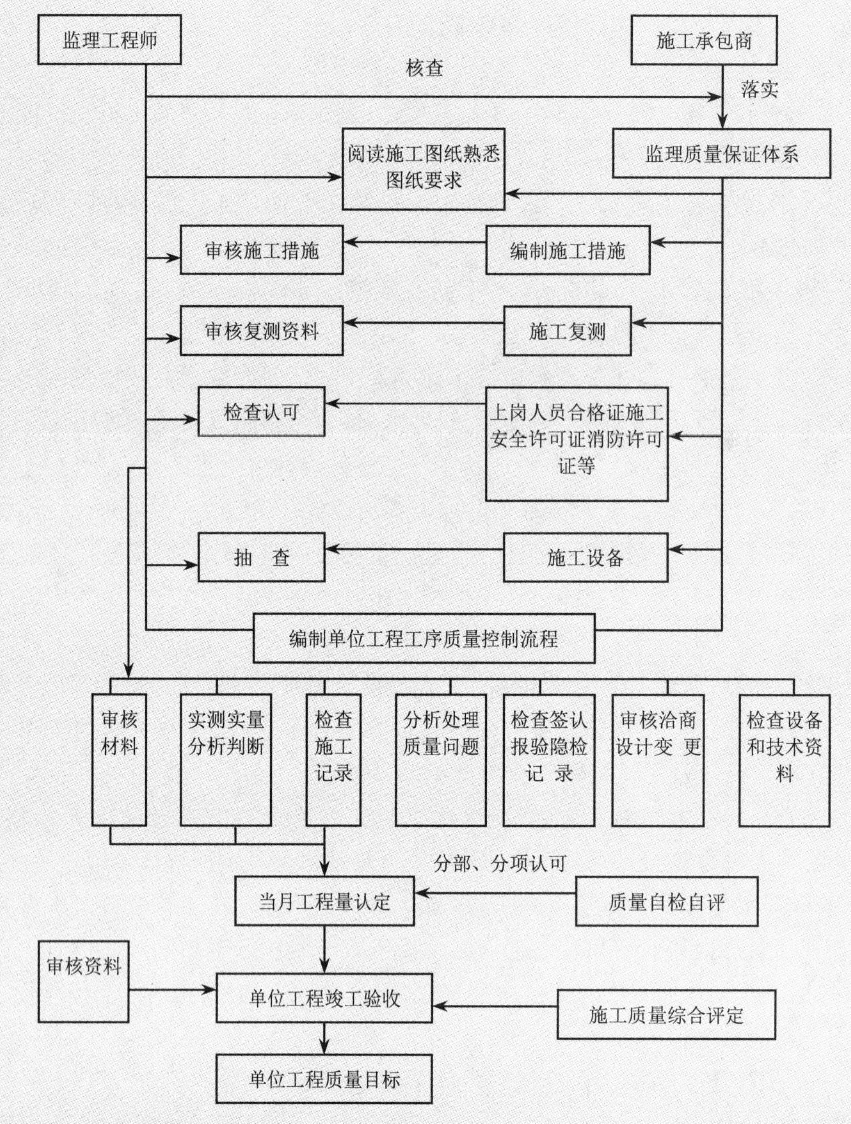

6.3　进度控制工作流程

（1）开工前，施工单位应根据合同工期编制总进度计划，报监理工程师审批，并在总计划的控制下，逐月编制月、旬施工作业计划。

（2）做好各项前期准备工作和材料设备供应计划。

（3）监督施工进度计划的实施，审查进度报表。

（4）组织现场协调会，必要时召开专题会，解决施工中相互协调配合问题。

（5）审批工程延期，非施工单位原因造成工期拖延，施工单位有权提出延长工期申请，总监理工程师应根据合同规定，公正地审批工程延期时间，纳入合同工期。

（6）定期向业主提供工程进度报告。

（7）如实记录工程实际施工进度，做好工程进度资料整理工作。

附图：施工阶段进度控制的工作流程

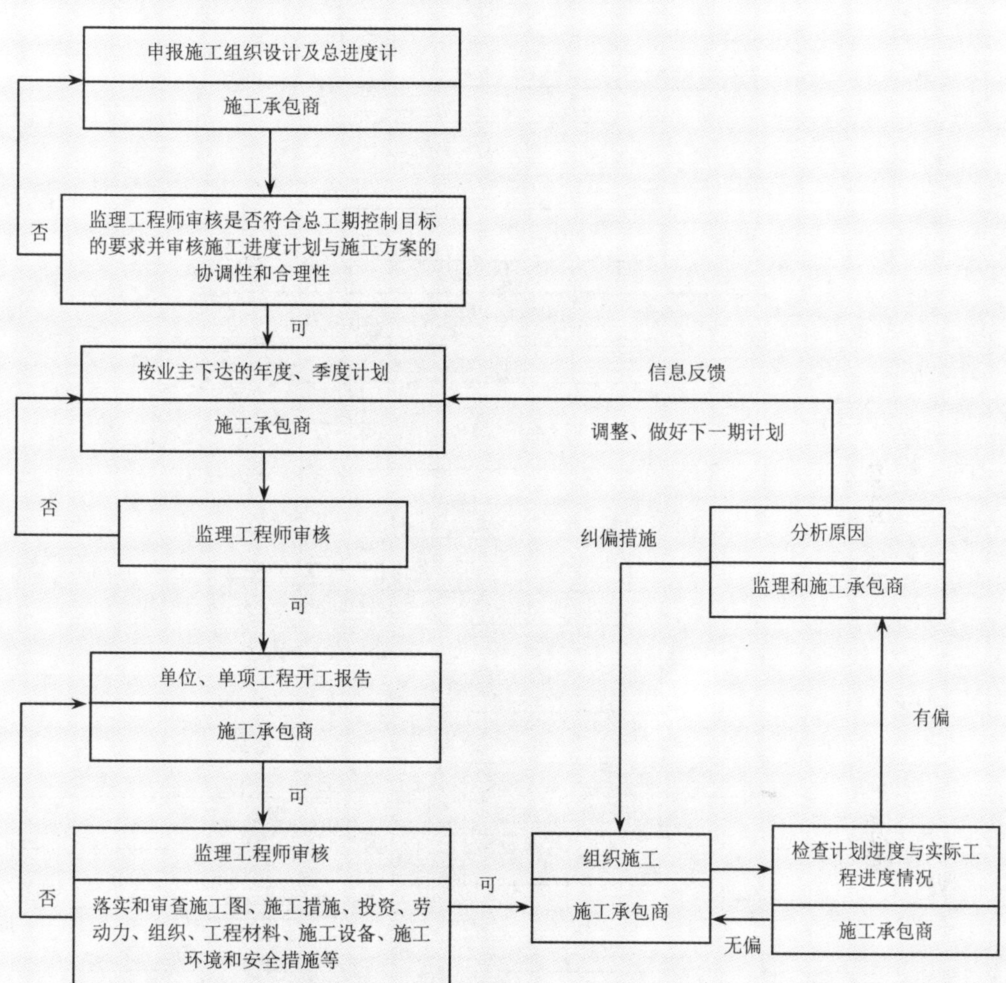

6.4　投资控制工作流程

建设项目的投资主要发生在施工阶段。在这一阶段中，节约投资的可能性已经很小，但浪费投资的可能性却很大。因此，监理工程师要对投资控制给予足够的重视，要严格控制工程变更，在施工中仅仅靠控制工程款的支付是不够的，应该从组织、经济、技术、合同等方面采取措施控制投资。

附图：施工阶段投资控制的工作流程（图3-2）

6.5 监理工作流程图

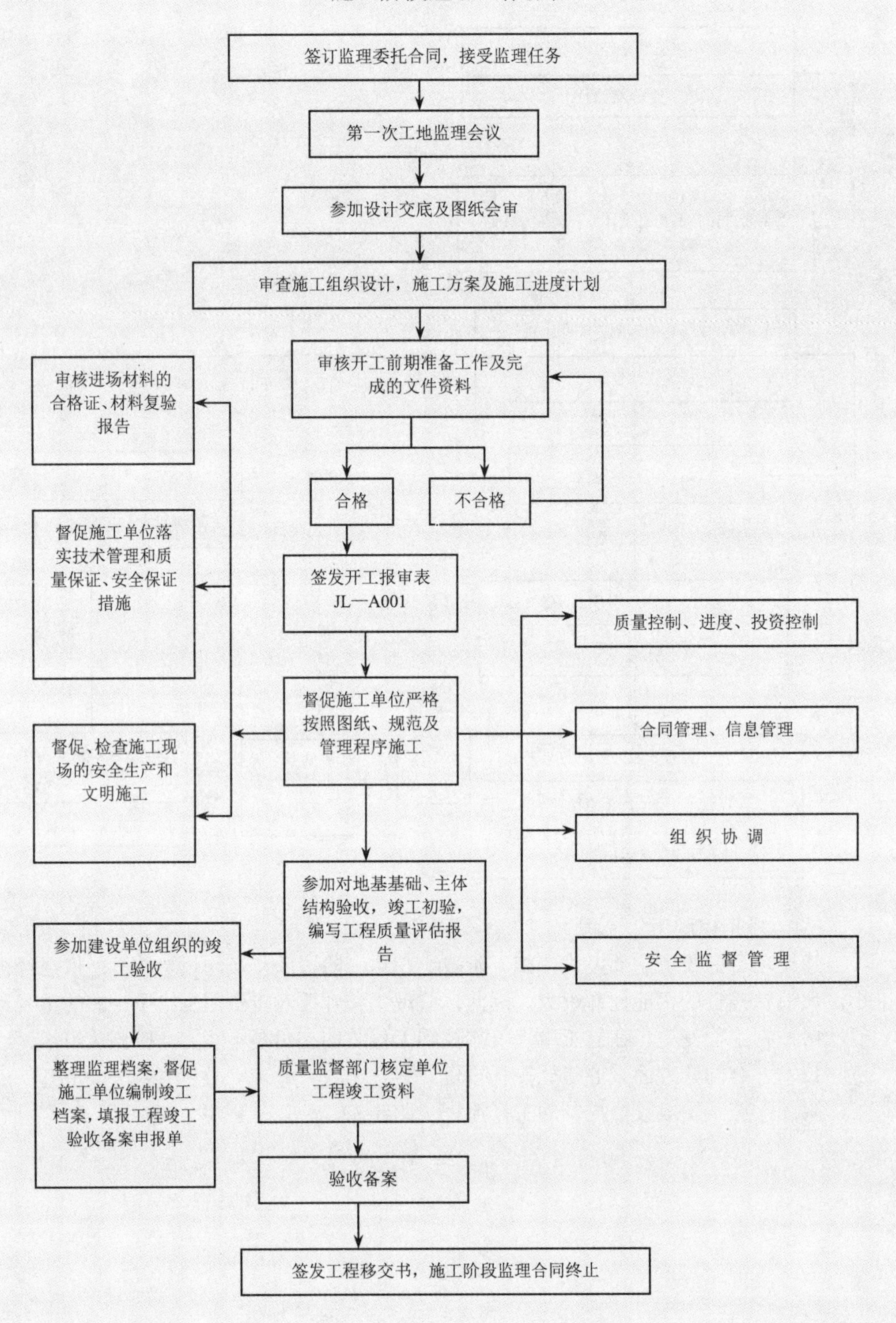
施工阶段监理工作流程
签订监理委托合同，接受监理任务
第一次工地监理会议
参加设计交底及图纸会审
审查施工组织设计，施工方案及施工进度计划
审核开工前期准备工作及完成的文件资料
审核进场材料的合格证、材料复验报告
合格
不合格
督促施工单位落实技术管理和质量保证、安全保证措施
签发开工报审表 JL一A001
质量控制、进度、投资控制
督促施工单位严格按照图纸、规范及管理程序施工
合同管理、信息管理
督促、检查施工现场的安全生产和文明施工
组 织 协 调
参加对地基基础、主体结构验收，竣工初验，编写工程质量评估报告
参加建设单位组织的竣工验收
安 全 监 督 管 理
整理监理档案，督促施工单位编制竣工档案，填报工程竣工验收备案申报单
质量监督部门核定单位工程竣工资料
验收备案
签发工程移交书，施工阶段监理合同终止

7　本工程质量控制措施

（1）质量控制的组织措施。建立监理人员职责分工及有关质量监督制度，落实质量控制的责任，并执行奖罚。

（2）质量控制的技术措施。

1）通过质量、价格比选，对需要选定的材料生产厂家向业主提出监理意见和建议。

2）严格事前、事中、事后的质量控制措施。

（3）质量控制的经济措施及合同措施。严格质量检验和验收，不符合合同规定和质量验收规范要求的拒付工程款。

8　本工程进度控制措施

8.1　本项目工期目标

达到项目施工承包合同的目标工期290日历天要求。

8.1.1　审批施工总进度计划和年、季、月度施工进度计划

总监审核施工单位报送的进度计划，符合要求后签署批准。审核的主要内容有：

（1）进度计划是否符合施工合同中开竣工日期的规定。

（2）进度计划中的主要工程项目是否有遗漏，分期施工是否满足分批动工的需要和配套运用的要求，各单项工程进度计划之间是否相协调。

（3）施工顺序的安排是否符合施工工艺的要求。

（4）工期是否进行了优化，进度安排是否合理。

（5）劳动力、材料、构配件、设备及施工机具、设备、水、电等生产要素供应计划是否能保证施工进度计划的需要，供应是否均衡。

（6）对由建设单位提供的施工条件（资金、施工图纸、施工场地、采购供应的物资等），承包单位在施工进度计划中所提出的供应时间和数量是否明确、合理，是否有造成因建设单位违约而导致工程延期和费用索赔的可能。

8.2　进度控制措施

8.2.1　组织措施

（1）建立监理机构进度控制目标体系，明确现场监理组织机构中进度控制人员及其职责分工，在总监理工程师的统一组织下完成工程进度控制工作。

（2）建立工程进度报告制度及信息沟通网络，密切注意施工现场工程进展情况，与施工人员保持经常的定期联系，了解他们的生产工作活动情况。

（3）建立进度计划审核和进度计划实施中的检查分析制度。

（4）建立进度协调会议制度，包括协调会议举行的时间、地点，协调的参加人员。

（5）建立图纸审查、工程变更和设计变更管理制度。

8.2.2　技术措施

（1）审查施工单位提交的进度计划，使承包的施工单位能在合理的状态下施工。

（2）编制进度控制工作细则，指导监理人员实施进度控制。

（3）采用网络计划技术，结合电子计算机的应用，对建设工程进度实施动态控制。

8.2.3　经济措施

（1）根据施工合同和工程验收计量规则，及时审核工程进度款支付手续。

（2）建议建设单位对工期提前给予奖励，因施工单位主观原因造成工期延误，建议业主给予适当罚款。

（3）加强索赔管理，公正地处理索赔。

8.2.4 合同措施

（1）加强合同管理，协调合同工期与进度计划之间的关系，保证合同工期目标的实现。

（2）严格控制合同变更，对各方提出的工程变更和设计变更严加审查，并补入合同文件之中。

（3）加强风险管理，在合同中所考虑风险因素及其对进度的影响，采取相应的处理办法。

9 本工程造价控制措施

9.1 组织措施

（1）建立健全监理部投资控制组织机构，明确监理人员分工，制定有关投资管理制度，落实监理人员投资控制责任。

（2）编制阶段投资控制工作计划和详细的工作流程图表。

（3）现工程施工中采用的是清单报价的方式，而 GB 50500—2008 版《建设工程工程量清单计价规范》才发布的，所以存在施工单位的人员对该方式不太了解的情况，在报价上因没有建立施工单位自己的价格体系而不知如何报价，在执行中也会存在一些偏差，监理部根据这种情况，特要求负责内业、计量的监理人员：

1）熟悉 GB 50500—2008 中的总说明、市政工程工程量清单项目及计算规则。

2）熟悉招标文件中的清单项目。

3）了解施工单位的清单报价，为每月的进度审核提供依据。

4）当出现单价调整和工程变更时，及时与业主取得一致，并与施工单位协商确定变更价格。

5）帮助施工单位现场造价人员熟悉清单计价方式，以利于监理工作的开展，工程造价的控制。

9.2 技术措施

（1）根据工程施工总形象进度，按时间分割把投资总额切块、分段控制。审核承建设单位编制的施工组织设计资金计划，对主要施工方案进行技术经济分析。

（2）通过审核施工单位提出的施工组织设计和现场技术、经济签证，合理审核技术措施费，按合同工期组织施工，避免不必要的赶工费。

（3）配合建设单位，通过材料、设备的质量价格比优选，合理确定材料、设备供应厂家。

（4）加强投资信息管理，定期进行投资对比分析。

（5）对设计变更进行技术经济比较，严格控制设计变更。

（6）寻找通过设计挖掘节约投资的可能性。

9.3 经济措施

（1）严格要求施工单位每月 26 日前报下月进度计划和本月完成工程量报表，监理工程师审核工程量报表报业主审定，作为工程进度款支付的依据。

（2）监理工作中重点抓好工期、质量、投资三大目标的监控，对三大目标的履约情况在每月的监理月报中明确反映，及时报告建设单位。

（3）按照项目施工进度计划安排编制项目的资金使用计划，确定和分解投资控制目标。

（4）采用监理工程师和承包商、业主单位三方联合计量的方法进行工程量的合理计量，控制工程量；控制计量坚持三不准；即质量不合格不计量，资料不全不计量和不足计量单位不计量。

（5）严格复核工程付款单，如实签发付款证书；监理要深入施工现场，了解和掌握工程实际进展情况，及时实测实量并做好记录，避免超前支付。凡签证手续不全或质量不合格的工程项目，监理暂缓支付或不予列入支付。

（6）在施工过程中对项目投资进行及时的跟踪控制，定期进行投资实际支出和计划目标的对比，及时发现和纠正偏差。

（7）对施工过程中的投资支出作好分析与预测，定期向业主提交工程造价统计报表及工程造价分析报告。

（8）根据工程进度，进行工程投资分析，必要时提出投资调整意见，报业主决策。

9.4　合同措施

（1）坚持按建设单位和施工单位签订的施工合同条款支付工程款，尽可能减少索赔机会，正确处理索赔事宜。

（2）在施工阶段，审查施工单位提出的施工组织设计、施工技术方案和施工进度计划，提出改进意见，督促检查承建单位严格执行工程承包合同，调解建设单位与施工单位之间的争议，检查工程进度和施工质量，验收分部分项工程，签署工程付款凭证，审查工程结算，提出竣工验收报告等。

（3）材料设备采购、供应控制。

1）根据监理工程合同和建设单位授权内容，监督材料设备采、供、管关键环节，把好工程材料设备监理责任关。

2）在保证质量的前提下，严格市场价格控制，择优对比，积累价格信息，并形成书面资料提供建设单位决策。

3）根据工程进度要求，严格监督供货合同，供货质量、价格、数量和到货时间等、必须符合合同规定，发生违背合同原则的情况，及时报告建设单位。

4）把好进场材料、设备质量关，包括施工单位采购、供应的材料设备。进场材料设备必须经监理、施工和供货商三方会签确认供货质量和数量。

5）合同要求由建设单提供的材料设备，施工单位应提前申报供货品种、规格、数量和到货时间。其中供货数量应严格控制在预算范围之内。

6）进入施工现场材料设备，质保资料必须齐全，并严格按照到场样品对照检查或现场取样抽检，以确认材料设备质量。

10　安全监理实施方案

10.1　安全监理控制流程

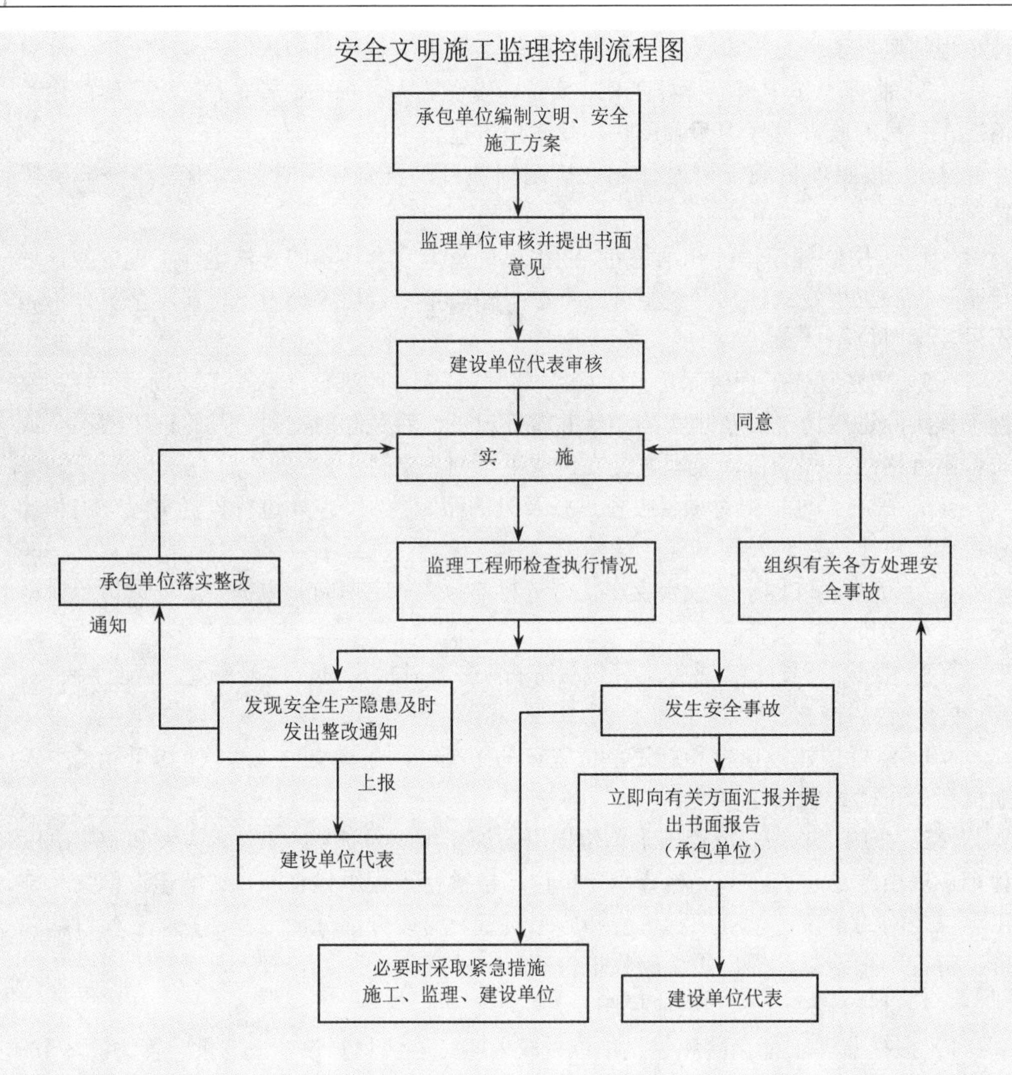

10.2　安全监理的方法

（1）预审，如审查安全施工保证体系等。

（2）检查，包括经常性的安全文明检查与参与有组织的定期与不定期的安全文明检查，发现问题，督促限期整改。

（3）下达《监理通知单》，除口头督促整改外，必要时签发《监理通知单》明令整改。整改后审签《整改复查报审表》。

（4）开好工地例会，把安全及文明施工列入例会内容，对存在问题责成解决，并在下次会议上反馈整改结果。

（5）发布停工指令，在因安全原因出现必须停工处理（某一部位或整个工程）的情况时，与项目法人协调后，发出停工指令，直至停工因素消除后，经核查认可，方可复工。

11　工程安全文明监理措施

11.1　安全、文明施工监理措施

11.1.1 事前控制

（1）根据国家和省市有关安全文明施工的要求，结合工程特点，要求施工单位编制切实可行的安全、文明施工计划。

（2）落实安全、文明施工的主要负责人，明确职责，制定相关制度；审查施工单位的安全、文明施工管理人员的配备情况及相关人员的资质，加强持证专业人员、上岗人员的证件检查；明确安全、文明施工的监管工作程序和制度；建立现场安全、文明施工管理组，负责日常安全、文明施工的巡视工作。

（3）认真审查施工总平面布置是否合理、科学，从环境上保证安全生产、文明施工。

（4）监督施工单位健全安全文明施工制度，包括防火、防灾、防毒、防洪、安全用电、安全运输、安全操作等。

（5）加大培训力度，对新技术、新工艺、新设备、新材料的安全文明施工，必须先培训后上岗。

（6）加强思想政治工作，牢固树立安全第一、文明施工的思想。

（7）监理机构除制定内部的安全、文明施工监督管理办法外，还应检查施工单位的安全、文明施工规章制度及安全、文明施工措施的落实情况，并把"预防为主"放在安全监督的首位，分析和研究施工中可能出现的安全隐患，并及时在有关会议上督促施工单位做好预防工作。

（8）施工准备阶段的安全监理。

1）在编制监理细则时，按照工程施工特点制定安全监理程序，对新材料、新技术和新工艺及危险性较大的分项分部设置监控点，编制安全施工监控细则。

2）审查施工单位施工组织设计中的安全技术措施或专项施工方案是否符合工程建设强制性标准。

a．审查安全技术措施、施工现场临时用电方案；对①基坑支护与降水工程；②土方开挖工程；③模板工程；④起重吊装工程；⑤脚手架工程；⑥拆除、爆破工程；⑦国务院建设行政主管部门或其他有关部门规定的其他危险性较大的工程，对达到一定规模的，危险性较大的分部分项工程应有专项施工方案，经施工单位技术负责人审签，由专业监理工程师审核，总监理工程师签字后实施。

b．审查主要施工机械、设备等的技术性能及安全条件。

c．审查施工现场临时设施布置是否符合安全使用要求、卫生标准，以及消防要求。

d．对因建设工程施工可能造成损害的毗邻建、构筑物和地下管线应采取专项防护措施。

3）审查施工单位的安全生产组织保证体系。

a．施工单位项目部应设立安全生产管理机构，配备专职安全生产管理人员，成立施工单位的安全自检系统。

b．检查施工单位项目负责人、专职安全生产管理人员的相应执业资格及特种作业操作人员（如垂直运输机械人员、安装拆卸工、爆破作业人员、起重信号工、登高架设作业人员等）的资格证书、上岗证。

c．检查施工单位制定的现场安全事故应急救援预案，并配备相应的人员及必要的器材、设备。

d．检查施工单位建立的有关安全生产的责任制度、规章制度和操作规程，对安全生产所需资金应专款专用。

e．检查施工单位建立消防安全责任制度，确定消防安全责任人，制定用火、用电、使用易燃易爆材料等各项消防安全管理制度和操作规程，设置消防通道及水源，配备消防设施和灭火器材。

4）审查分包单位安全资质和证明文件。分包单位必须具有承揽特殊工程相应的资质等级，特殊作业施工许可证，专职管理人员和特种作业人员的资格证、上岗证。特别注意拆除、爆破工程，施工起重机和整体提升脚手架，模板自升式架设设施的安拆；注重变配电站、氧气站、乙炔站、压力容器、燃气输配等易燃易爆危险性较大的工程。

5）审查工程开工报审及相关资料，开工报告附件应有。

a．建设工程施工安全生产作业环境。

b．施工现场及毗邻区域内供排水、供气、供热、通讯、广播电视等地下管线资料。

c．气象水文观测资料。

d．相邻建、构筑物、地下工程有关资料。

11.1.2　事中控制

（1）监督施工单位的安全、文明施工管理人员到位履职，安全施工保证体系持续、有效运行，使安全、文明施工得到控制。

（2）监督施工单位全面实施施工组织设计中有关安全、文明施工的计划，使施工现场的材料、物资、配件划区堆码整齐、道路畅通，安全设施可靠，施工程序安排合理，工完场清、现场整洁卫生。

（3）监督施工单位按图纸施工，保证工程施工质量，以质量保安全，全面实现安全、文明施工目标。

（4）严格按照施工平面布置图的要求进行现场临建的搭设和各种材料的堆放，施工现场临时道路均应做成硬质地面，并修筑好现场的简易排水沟，确保施工现场不积水，现场容易产生尘灰和垃圾必须随时清除，避免堆积。

（5）督促施工单位执行施工工序和工艺规程，有条不紊的进行施工作业。

（6）督促建设单位按规定时限报送安保施工措施和拆除工程的有关资料给工程所在地建设行政主管部门备案。

（7）总监理工程师、安全监理人员在对施工过程进行巡视检查的同时，应进行安全检查。重点检查内容如下：

1）施工现场出入口设置标牌；按安全防火规范要求存放原材料、半成品、成品，爆破物及有害危险气体、液体存放应有标识。

2）危险部位设置安全警示标志，如：施工起重机械、临时用电设施、脚手架、出入通道口、楼梯口、孔洞口、桥梁口、隧道口、基坑边沿、爆破物及有害气体和液体存放处等危险部位。

3）检查施工用电安全，如：外电防护、接地和接零保护、配电箱开关、配电线路等，保证安全用电。

4）加强“三安”（安全岗、安全帽、安全带）、“四口”（楼梯口、孔洞口、上料口、通道口）、“五临边”（阳台边、楼板边、屋面边、基坑边、起升架周边）的安全防护检查。施工作业人员应遵守安全施工强制性标准、规章和操作规程，并佩戴好合格的安全防护用具。

5）监督检查施工单位按建筑施工安全技术标准和规范要求施工，不得擅自修改经审批的施工技术方案，严禁违章指挥和违章作业。

6）对主要结构、关键部位的安全状况，必要时进行抽检，验证安全技术措施和操作规程等的执行情况。

（8）审查施工用机械设备、施工机具进场报验、检查其生产许可证、产品合格证。

1）施工单位在使用施工起重机械和整体提升脚手架、模板等自升式架设设施前，应进行验收。对<特种设备安全监督条例>规定的施工起重机械，验收前应当经有相应资质的检验检测机构监督检验合格。

2）施工中必须使用合格并具有各类安全保险装置的机械、设备和设施，对未经验收或验收不合格的施工机械，监理人员应签发监理通知单，要求承包单位限期整改或将其撤出现场。

（9）加强涉及结构安全的试块、试件及材料的见证取样送检，对结构工程涉及安全的分部工程加强组织质量验收。

（10）督促施工单位对职工进行入场前和施工中的安全教育，并进行分部分项工程的安全技术交底。

（11）对尚未竣工的建筑物或未竣工验收交付的建筑物不准擅自交付使用，或进住施工人员。

（12）监理工程师发现施工过程中存在的安全事故隐患的，应当要求施工单位整改；发现重大安全隐患和可能造成事故或已造成事故的，应协助施工单位立即采取措施防止事故扩大，同时通过总监理工程师及时下达“工程暂停令”，并向建设单位报告，要求承包单位停工整改，整改完毕经监理工程师复查合格，总监理工程师应及时签署工程复工令；对拒不执行者及时向有关主管部门报告。

（13）对施工中未取得相关手续不应擅自改变设计或工程用途，特别是擅自变动地基基础、变动工程主体和承重结构的，要立即禁止，发监理通知单。对实施过程中出现承包方，业主方等原因使监理程序无法执行时，应发备忘录。情况严重的要向有关主管部门报告。

（14）工程例会上总监理工程师要将安全检查的问题进行通报，提请各方重视。

11.1.3　事后控制

（1）分析安全文明施工与计划的差异，采取有效措施，以保证安全文明施工计划的实现。

（2）总结监理工作时，必须要有安全、文明施工的内容，总结经验，吸引教训，通过本工程建设监理的实施，使本工程投标人的安全、文明施工监理工作水平再上一台阶。

11.2　安全施工监理工作措施

（1）落实专职监理工程师，负责安全文明施工监理工作，每天检查现场安全施工，并做详尽的记录和填写有关表格。

（2）制定安全监理程序，使安全文明施工监理程序直接控制到每道工序、每个操作人员和每个施工场所。

（3）定期寻找可能导致意外伤害事故的因素，以便掌握障碍所在和不利环境的有关资料，及时提出防范措施。

（4）对施工中采用的新技术、新材料进行必要的了解与调查，以求及时发现施工中存在的事故隐患，并发出正确的指令。

（5）对施工单位编制的安全措施和单项工程安全施工组织设计进行审查。对批准的安全技术措施监督施工单位立即组织实施，做好财力、物力、人力方面的准备，做到准时、准确到位。

（6）审查施工单位的安全施工自检体系，要求施工单位提供详细、准确、全面的自检报告和报表。

（7）检查施工单位用于工程中设备状态是否良好。

（8）审核进入施工现场各分包单位和专业操作人员的安全资质和证明文件。

（9）审核施工单位安全组织体系和安全人员的配备并考查安全人员的工作质量。

（10）定期组织工地安全施工检查，监督施工单位对工地不安全的状态和事件进行处理。

12 组 织 协 调 措 施

12.1 项目组织协调的措施

12.1.1 监理组织内部协调措施及优势

（1）项目监理内部的协调：工作安排上职责明确，注意监理人员之间的工作相互支持与衔接，对工作中的矛盾要及时调解消除，提高工效。对工作中的成绩应充分肯定，对其错误，实事求是地指出并帮助改正。

（2）与公司各部门、公司其他监理部之间协调：与他们保持密切联系，协调需求关系，如增派人员、借仪器、资料等，使项目监理部更好地开展工作。

12.1.2 与项目业主、施工、设计等近外层之间的协调手段及优势

（1）与建设单位的协调：要维护业主的合法权益。

1）我公司加强与业主、建管单位及其驻工地授权代表的联系与协商，充分熟悉和了解业主的建设意图和目标要求，增进其对我公司工作的理解与支持，听取他们对监理工作的意见，使我公司项目监理工作将做到规范化、标准化、法制化和制度化，将严格按合同约定全面、按时向业主、建管报告，使业主充分了解项目的建设情况并共同融入相应的管理工作中。同时尊重业主、建管意见，根据业主、建管单位要求改进的项目管理工作和人员要求应及时进行自我完善和更换。

2）进行工期延长、费用索赔、支付工程款、处理工程质量事故、设计变更与工程洽商时，事先征得业主同意。

3）注意工作方法，不采取硬顶或对抗的方式解决问题，必要时可发备忘录。

4）坚持原则，灵活地应用监理协调工作的主动权。业主对工程的一切意见和决策必须通过监理单位后实施。

（2）与设计单位的协调措施。

原则上应互相理解与密切配合，主要方式为：

1）充分尊重设计单位的意见，认识设计的重要性，参加图纸会审，并要求设计单位向施工单位对其设计施工图进行充分、详细的技术交底，对施工图的差错予以理解，并严格按施工图组织施工。设计单位应及时解决施工提出的有关设计问题。施工中的任何技术经济变更必须经业主、建管单位和设计单位的双重认可方可实施。适当邀请他们参加会议，发生事故或进行地基验槽、主体验收、工程验收、竣工验收时，邀请设计单位参加。

2）主动向设计单位介绍工程进度情况，理解业主、设计单位对本工程的意图，并促进圆满实现。

3）对设计中存在的不足之处，在取得总监理工程师同意后，积极提出建设性意见，供设计参考。

4）加强信息沟通，协商结果应及时传递，并根据工程需要邀请现场技术指导。

（3）与承包单位的协调措施。

施工单位是项目能否按目标实现的建设者，因此我公司项目监理部对施工单位的协调是工程实施过程中的工作重点。首先双方应建立平等主体资格的思想，彼此之间应以合同为准绳，在工作上严格按规范、程序办事，遇到问题通过换位思考方式自我考虑并及时解决，不能相互推诿，尽量减少工作上的对抗和争执。双方应对质量、进度、投资坚持原则，建设监理人员工作方法要灵活，不生搬硬套，以能解决实际问题为前提。

1）监督承包单位认真履行施工合同中规定的责任和义务，促使施工合同中规定的目标处于最佳状态。

2）在涉及承包单位权益时，应站在公正的立场上，维护其正当权益。

3）了解、协调工程进度、工程质量、工程造价的有关情况，理解承包单位的困难。

4）对工程质量必须严格要求，凡不符合设计文件及规范、标准要求时，拒绝验收。

12.1.3 远外层关系的协调手段及优势

（1）与政府建设工程质量监督部门之间的协调措施。

应及时、如实地与本工程项目的质量监督负责人加强联系，尊重其职权，双方密切配合，完成工程质量的控制工作。应向他们无条件地提供工程资料。发生分歧时应尊重合同规定。

（2）与供货单位的协调。

1)首先以监理合同为依据分清是否属监理合同范围之内的工作。并明确监理责权，进行检查过程。

2)对非委托监理范围需协调供货单位与承包单位各种关系，则要求签订配合协议，据此进行协调。

13 合同管理措施

13.1 合同管理的措施

（1）合同管理由总监理工程师负责组建合同管理机构，配备合同管理人员，建立合同台账、统计、检查和报告制度，提高建设工程合同管理水平。

（2）设立合同管理目标，并将合同的管理目标落实到实处，建立建设工程合同管理的评估制度。

（3）绘制合同结构图，利用合同结构图的形式表示建设工程各参与方间的关系，编制合同目录一览表，便于合同管理。

（4）绘制合同管工作流程图，利用电脑，对施工阶段的合同管理、竣工验收阶段的合同管理、缺陷通知期阶段的合同管理及其合同执行情况的全过程动态管理。

14 信息管理措施

14.1 收集监理信息

信息管理工作的质量好坏，很大程度上取决于原始资料的全面性和可靠性。因此，施工监理应有一套完善的信息收集制度，保证信息采集及时、全面和可靠。

（1）建立项目监理的记录。

包括现场监理人员的日报表，每日的天气记录，工地各专业监理人员日志、巡视记录、旁站监理记录，监理月报，监理工程师对施工单位的指示，工程照片、电子文件，材料设备质量证明文件、样本记录等。

（2）会议制度。

按照要求，由总监理工程师定期主持召开工地协调会议。并根据工作需要，不定期地召开工地会议，完善会议制度，便于信息的收集、传递。

（3）报表制度。

项目监理部信息管理工程师和专业监理工程师完成各类报表信息的分类、整理、收集、汇总、存储以及传递工作。并按照信息的不同来源和不同的目标建立信息管理系统。

15 监理工作制度

监理部对外工作制度如下。

15.1 档案数据管理制度

为了使监理部工作顺利开展和工作的方便，必须严格监理工作档案管理，实现监理工作的科学化、系统化、规范化的要求。

（1）档案数据管理办法。

监理档案资料包括监理合同、监理大纲、监理规划以及各种规章制度等指导监理工作，约束监理人员的指导性或执行性文件；监理日志；会议纪要；监理月报；监理通知或监理工程师指令等；工程质量事故记录、处理报告；合同文本、设计变更、索赔及业主与承包商发生的合同纠纷等；有关计量与支付的所有文字资料；一般来函及一般致函。

档案资料统一管理，由总监理工程师指定专人管理档案工作。

包括收文登记、发文登记和监理内部文件登记，登记的内容包括日期、编号、名称内容概要、发文或收文方，编目类别、归档日期以及必要的备注等栏目。

档案资料一般不作外借，监理部全体工作人员均有保密义务和责任，如因工作需要外借或复印外出时，必须事先取得总监理工程师的同意。

档案的验收与移交：本监理合同执行中，应按 GB/T 50328—2001《建设工程文件归档整理规范》要求，列入城建档案馆接收范围的工程，建设单位在组织工程竣工验收前，应提请城建档案管理机构对工程档案预验收，在工程竣工后。在监理合同执行终止后一个月内，按上级监理部门和监理合同的要求，作必要整理后，办理档案资料的移交，并履行移交手续。

（2）收文收电处理办法。

为提高监理工作的办事效率，及时、快捷地处理来文、来电，避免来文、来电的拖办或漏办，确保其确定性、连续性与规范性，规定收文处理程序及具体承办人签收；总监理工程师批办；监理工程师承办；总监理工程师查办；保证信息通畅，有因有果。

15.2　设计文件、图纸审查制度

监理工程师在收到施工设计文件、图纸后，在工程开工前，会同总监理工程师并组织各专业监理工程师对施工图进行审阅，核对图中疑点，并作好记录。设计单位复查设计图纸，听取业主意见，避免图纸中的差错、遗漏。

15.3　技术交底制度

监理工程师要协助业主组织设计单位向施工单位进行施工设计图纸的全面技术交底（设计意图、施工要求、质量标准、技术措施），并听取施工单位的意见，形成施工图会审纪要，由业主、设计单位、施工单位勘察单位、监理单位会签。

15.4　资质、资格审查制度

资质审查包括对分包单位的资格审查认可；对主要材料、构配件供货商家的资质（如资质等级、营业执照）审查认可。审查内容包括对承包商主要人员资格与能力审查；承包商施工队伍的技能水平审查。

15.5　工地例会制度

（1）为充分发挥监理部的组织协调作用，做好三大目标的动态跟踪管理，一般由建设单位主持，必要时由监理部总监理工程师定期组织工地例会，参加的单位包括建设、设计、监理、现场各施工单位负责人。例会将针对出现的质量、进度、投资、安全等问题重点协调解决，提出下一阶段的进度目标及其落实措施，检查工程量核定及工程款支付情况及其他事宜。会议内容及决议写成会议纪要，经各方签字认可后形成正式文件。

（2）根据施工现场的实际情况，就某方面的具体问题，可由总监理工程师召开协调会议，及时解决存在的问题，会后形成纪要，各方签认后形成正式文件。

（3）监理部内部每周召开周会，讨论研究监理工作中存在的问题，总结一周的监理工作和计划下周的工作安排。

（4）开好第一次工地会议。

第一次工地会议业主主持召开。目的是创造好的合作环境。会议的参加人员主要是业主方、监理方、总承包方的授权代表及有关人员和有关单位的人员。

会议的主要内容为：

1）建设单位、承包单位和监理单位分别介绍各自驻现场的组织机构、人员及其分工；业主介绍工程的总体安排部署、施工前期工作准备情况，业主根据委托合同宣布对总监理工程师的授权。

2）承包方说明施工的各项准备工作情况，包括人员配备，计划的安排，施工材料及设备的准备，技术准备工作等。

3）总监理工程师明确现场监理部组织机构的设置，介绍《监理规划》的主要内容监理工作程序、方法。

4）实地检查工程开工条件。包括业主应提供的三通一平场地、图纸资料、开工手续，承包方应准备的临设工程、劳动力、机具设备、施工方案等。

5）确定施工现场例会制度。包括例会时间、地点，会议主持人和主要参加人员，通讯联络方式等。

第一次工地会议纪要应由项目监理机构负责起草，并经与会各方代表会签。

要坚持监理现场例会制度，监理工作中，一定要坚持例会，以便协商重大问题。施工前期准备工作期间和收尾竣工验收阶段，例会开会时间可以间隔一些，但在施工阶段，要力争每周一次例会。每次例会都要认真作好记录。例会的主要议题为：①上次例会决议事执行情况进行检查；②对下周的进度安排进行审议；③对工程质量、施工安全提出要求；④确定下周应召开的专题会议的内容、时间、地点、参加人员。

（5）及时召开专业性会议。

除例会外，应根据需要，及时召开各种专题性会议，进行多方的协调和解决具体技术、经济问题，材料设备采购供应问题。

（6）督促总承包单位做好分包单位的协调工作，监理时，应尊重总承包的权益，发挥总承包的协调作用。

运用事前商议会议决定的操作方法：①监理时，要在每次召开例会之前，收集有关信息，把即将提到例会上来研究的问题，事前进行协调，做好工作，力求会上达到共识；②具体操作时，会前发出和收集汇总分析“工程协调事项”，促使各与会方都作好会前准备。

监理工作制度还有很多，在这里就不一一叙述了。

16 监 理 设 施

（略）

思 考 题

1．工程建设监理规划的作用是什么？

2．工程建设监理规划的编写要求有哪些？

3．工程建设监理规划的主要内容是什么？

第六章 建筑工程风险管理

职业能力目标要求

1. 了解建设工程风险管理的概念：风险概率的衡量、风险损失的衡量、风险量函数、风险衡量。

2. 熟悉风险的类别、风险的管理内容、风险识别的过程，掌握建设工程风险评价的方法，懂得风险回避、风险损失控制、风险自留、风险转移。

3. 掌握风险的评价方法和采用的相应对策。

第一节 风险管理概述

一、风险的定义与相关概念

要进行风险管理，当然要首先了解风险的含义，并弄清风险与其他相关概念之间的联系和区别。

（一）风险的定义

风险的概念可以从经济学、保险学、风险管理等不同的角度给出不同的定义，至今尚无统一的定义。其中，为学术界和实务界较为普遍接受的有以下两种定义：

（1）风险就是与出现损失有关的不确定性。

（2）风险就是在给定情况下和特定时间内，可能发生的结果之间的差异（或实际结果与预期结果之间的差异）。

当然，也可以考虑把这两种定义结合起来。

由上述风险的定义可知，所谓风险要具备两方面条件：一是不确定性，二是产生损失后果，否则就不能称为风险。因此，肯定发生损失后果的事件不是风险，没有损失后果的不确定性事件也不是风险。

（二）与风险相关的概念

与风险相关的概念有：风险因素、风险事件、损失、损失机会。

1. 风险因素

风险因素是指能产生或增加损失概率和损失程度的条件或因素，是风险事件发生的潜在原因，是造成损失的内在或间接原因，通常，风险因素可分为以下 3 种。

（1）自然风险因素。

该风险因素系指有形的、并能直接导致某种风险的事物，如冰雪路面、汽车发动机性能不良或制动系统故障等均可能引发车祸而导致人员伤亡。

（2）道德风险因素。

该风险因素为无形的因素，与人的品德修养有关，如人的品质缺陷或欺诈行为。

（3）心理风险因素。

该风险因素也是无形的因素，与人的心理状态有关，例如，投保后疏于对损失的防范，自认为身强力壮而不注意健康。

2. 风险事件

风险事件是指造成损失的偶发事件，是造成损失的外在原因或直接原因，如失火、雷电、地震、偷盗、抢劫等事件。要注意把风险事件与风险因素区别开来，例如，汽车的制动系统失灵导致车祸中人员伤亡，这里制动系统失灵是风险因素，而车祸是风险事件。不过，有时两者很难区别。

3. 损失

损失是指非故意的、非计划的和非预期的经济价值的减少，通常以货币单位来衡量。损失一般可分为直接损失和间接损失两种，也有的学者将损失分为直接损失、间接损失和隐蔽损失三种。其实，在对损失后果进行分析时，对损失如何分类并不重要，重要的是要找出一切已经发生和可能发生的损失。尤其是对间接损失和隐蔽损失要进行深入分析，其中有些损失是长期起作用的，是难以在短期内弥补和扭转的，即使做不到定量分析，至少也要进行定性分析，以便对损失后果有一个比较全面而客观的估计。

4. 损失机会

损失机会是指损失出现的概率。概率分为客观概率和主观概率两种。

客观概率是某事件在长时期内发生的频率。客观概率的确定主要有以下 3 种方法：一是演绎法。例如，掷硬币每一面出现的概率各为 1 / 2，掷骰子每一面出现的概率为 1 / 6。二是归纳法。例如，“60 岁人比 70 岁人在 5 年内去世的概率小”，木结构房屋比钢筋混凝土结构房屋失火的概率大。三是统计法，即根据过去的统计资料的分析结果所得出的概率。根据概率论的要求，采用这种方法时，需要有足够多的统计资料。

主观概率是个人对某事件发生可能性的估计。主观概率的结果受到很多因素的影响，如个人的受教育程度、专业知识水平、实践经验等，还可能与年龄、性别、性格等有关。因此，如果采用主观概率，应当选择在某一特定事件方面专业知识水平较高、实践经验较为丰富的人来估计。对于工程风险的概率，在统计资料不够充分的情况下，以专家作出的主观概率代替客观概率是可行的，必要时可综合多个专家的估计结果。

对损失机会这个概念，要特别注意其与风险的区别。虽然从这两个概念的定义可以看出它们的区别，但不够直观，也难以说清两者的根本区别之所在。现举例说明如下。

在过去 10 年内，甲、乙两市投保火险的住宅数均为 10000 幢，每年都平均有 100 幢住宅发生火灾，但甲市发生火灾的住宅数变化范围为 90～110 幢，乙市发生火灾的住宅数变化范围为 75～125 幢。

根据以上背景资料计算甲、乙两市火灾的损失机会和风险见表 6-1。

表 6-1　损失机会与风险的区别

项目	甲市	乙市
投保火险住宅数（幢）	10000	10000
每年平均火灾数（次）	100	100
变化范围（幢）	90~110	75~125
损失机会	100/10000=1%	100/10000=1%
风险	10/100=1/10	25/100=1/4

由表 6-1 可知，虽然甲、乙两市火灾的损失机会相同，但乙市火灾的风险大于甲市，因为乙市火灾的不确定性高于甲市。

（三）风险因素、风险事件、损失与风险之间的关系

风险因素、风险事件、损失与风险之间的关系如图 6-1 所示。

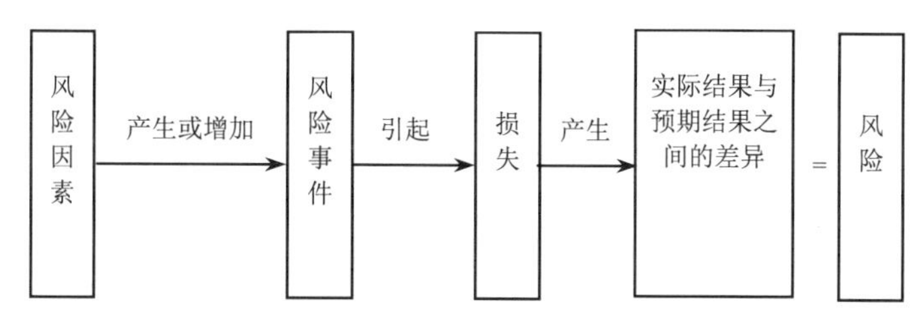

图 6-1　风险因素、风险事件、损失与风险之间的关系

有学者形象地用“多米诺骨牌理论”来描述图 6-1 中各张“骨牌”之间的关系，即风险因素引发风险事件，风险事件导致损失，而损失所形成的结果就是风险，一旦风险因素这张“骨牌”倾倒，其他“骨牌”都将相继倾倒。因此，为了预防风险、降低风险损失，就需要从源头上抓起，力求使风险因素这张“骨牌”不倾倒，同时尽可能提高其他“骨牌”的稳定性，即在前一张“骨牌”倾倒的情况下，其后的“骨棹”仅仅是倾斜而不倾倒，或即使倾倒，表现为缓慢倾倒而不是迅即倾倒。

二、风险的分类

风险可根据不同的角度进行分类，常见的风险分类方式有以下几种。

1. 按风险的后果分

按风险所造成的不同后果可将风险分为纯风险和投机风险。

纯风险是指只会造成损失而不会带来收益的风险。例如自然灾害，一旦发生，将会导致重大损失，甚至人员伤亡；如果不发生，只是不造成损失而已，但不会带来额外的收益。此外，政治、社会方面的风险一般也都表现为纯风险。

投机风险则是指既可能造成损失也可能创造额外收益的风险。例如，一项重大投资活动可能因决策错误或因遇到不测事件而使投资者蒙受灾难性的损失；但如果决策正确，经营有方或赶上大好机遇，则有可能给投资人带来巨额利润。投机风险具有极大的诱惑力，人们常常注意其有利可图的一面，而忽视其带来厄运的可能。

纯风险和投机风险两者往往同时存在。例如，房产所有人就同时面临纯风险（如财产损坏）和投机风险（如经济形势变化所引起的房产价值的升降）。

纯风险与投机风险还有一个重要区别。在相同的条件下，纯风险重复出现的概率较大，表现出某种规律性，因而人们可能较成功地预测其发生的概率，从而相对容易采取防范措施。而投机风险则不然，其重复出现的概率较小，所谓“机不可失，时不再来”，因而预测的准确性相对较差，也就较难防范。

2. 按风险产生的原因分

按风险产生的不同原因可将风险分为政治风险、社会风险、经济风险、自然风险、技术风险等。其中，经济风险的界定可能会有一定的差异，例如，有的学者将金融风险作为独立的一类风险来考虑。另外，需要注意的是，除了自然风险和技术风险是相对独立的之外，政治风险、社会风险和经济风险之间存在一定的联系，有时表现为相互影响，有时表现为因果关系，难以截然分开。

3. 按风险的影响范围分

按风险的影响范围大小可将风险分为基本风险和特殊风险。

基本风险是指作用于整个经济或大多数人群的风险，具有普遍性，如战争、自然灾害、高通胀率等。显然，基本风险的影响范围大，其后果严重。

特殊风险是指仅作用于某一特定单体（如个人或企业）的风险，不具有普遍性，例如，偷车、抢银行、房屋失火等。特殊风险的影响范围小，虽然就个体而言，其损失有时亦相当大，但相对于整个经济而言，其后果不严重。

在某些情况下，特殊风险与基本风险很难严格加以区分，最典型的莫过于美国的“9·11”事件。仅就撞机这个行为而言，属于特殊风险应当说是顺理成章的，但就其对美国和世界航空业、对美国人的心理乃至对美国整个经济的影响却远远超过某些基本风险。而如果从恐怖主义的角度来分析，则“9·11”事件应当说是属于基本风险的。由此可见，基本风险与特殊风险的界定有时需要考虑具体的出发点。

当然，风险还可以按照其他方式分类，例如，按风险分析依据可将风险分为客观风险和主观风险，按风险分布情况可将风险分为国别（地区）风险、行业风险，按风险潜在损失形态可将风险分为财产风险、人身风险和责任风险，等等。

三、建设工程风险与风险管理

（一）建设工程风险

对建设工程风险的认识，要明确以下两个基本点。

第一，建设工程风险大。建设工程建设周期持续时间长，所涉及的风险因素和风险事件多。对建设工程的风险因素，最常用的是按风险产生的原因进行分类，即将建设工程的风险因素分为政治、社会、经济、自然、技术等因素。这些风险因素都会不同程度地作用于建设工程，产生错综复杂的影响。同时，每一种风险因素又都会产生许多不同的风险事件。这些风险事件虽然不会都发生，但总会有风险事件发生。总之，建设工程风险因素和风险事件发生的概率均较大，其中有些风险因素和风险事件的发生概率很大。这些风险因素和风险事件一旦发生，往往造成比较严重的损失后果。

明确这一点，有利于确立风险意识，只有从思想上重视建设工程的风险问题，才有可能对建设工程风险进行主动的预防和控制。

第二，参与工程建设的各方均有风险，但各方的风险不尽相同。工程建设各方所遇到的风险事件有较大的差异，即使是同一风险事件，对建设工程不同参与方的后果有时迥然不同。例如，同样是通货膨胀风险事件，在可调价格合同条件下，对业主来说是相当大的风险，而对承包商来说则风险很小（其风险主要表现在调价公式是否合理）；但是，在固定总价合同条件下，对业主来说就不是风险，而对承包商来说是相当大的风险（其风险大小还与承包商在报价中所考虑的风险费或不可预见费的数额或比例有关）。

明确这一点，有利于准确把握建设工程风险。在对建设工程风险作具体分析时，首先要明确出发点，即从哪一方的角度进行分析。分析的出发点不同，分析的结果自然也就不同。本章以下关于建设工程风险的内容，主要是从业主的角度进行阐述。还需指出，对于业主来说，建设工程决策阶段的风险主要表现为投资风险，而在实施阶段的风险主要表现为纯风险。本章仅考虑业主在建设工程实施阶段的风险以及相应的风险管理问题。

（二）风险管理过程

风险管理就是一个识别、确定和度量风险，并制定、选择和实施风险处理方案的过程。建设工程风险管理在这一点上并无特殊性。风险管理应是一个系统的、完整的过程，一般也是一个循环过程。风险管理过程包括风险识别、风险评价、风险对策决策、实施决策、检查 5 方面内容。

1. 风险识别

风险识别是风险管理中的首要步骤，是指通过一定的方式，系统而全面地识别影响建设工程目标实现的风险事件并加以适当归类的过程，必要时，还需对风险事件的后果作出定性的估计。

2. 风险评价

风险评价是将建设工程风险事件的发生可能性和损失后果进行定量化的过程。这个过程在系统地识别建设工程风险与合理地作出风险对策决策之间起着重要的桥梁作用。风险评价的结果主要在于确定各种风险事件发生的概率及其对建设工程目标影响的严重程度，如投资增加的数额、工期延误的天数等。

3. 风险对策决策

风险对策决策是确定建设工程风险事件最佳对策组合的过程。一般来说，风险管理中所运用的对策有以下 4 种：风险回避、损失控制、风险自留和风险转移。这些风险对策的适用对象各不相同，需要根据风险评价的结果，对不同的风险事件选择最适宜的风险对策，从而形成最佳的风险对策组合。

4. 实施决策

对风险对策所作出的决策还需要进一步落实到具体的计划和措施。例如，制定预防计划、灾难计划、应急计划等；又如，在决定购买工程保险时，要选择保险公司，确定恰当的保险范围、免赔额、保险费等。这些都是实施风险对策决策的重要内容。

5. 检查

在建设工程实施过程中，要对各项风险对策的执行情况不断地进行检查，并评价各项风险对策的执行效果；在工程实施条件发生变化时，要确定是否需要提出不同的风险处理方案。除此之外，还需要检查是否有被遗漏的工程风险或者发现新的工程风险，也就是进入新一轮的风险识别，开始新一轮的风险管理过程。

（三）风险管理的目标

风险管理是一项有目的的管理活动，只有目标明确，才能起到有效的作用。否则，风险管理就会流于形式，没有实际意义，也无法评价其效果。

1. 确定风险管理目标的基本要求

风险管理目标的确定一般要满足以下几个基本要求：

（1）风险管理目标与风险管理主体（如企业或建设工程的业主）总体目标的一致性。

（2）目标的现实性，即确定目标要充分考虑其实现的客观可能性。

（3）目标的明确性，以便于正确选择和实施各种方案，并对其效果进行客观的评价。

（4）目标的层次性，从总体目标出发，根据目标的重要程度，区分风险管理目标的主次，以利于提高风险管理的综合效果。

风险管理的具体目标还需要与风险事件的发生联系起来。就建设工程而言，在风险事件发生前，风险管理的首要目标是使潜在损失最小，这一目标要通过最佳的风险对策组合来实现。其次，是减少忧虑及相应的忧虑价值。忧虑价值是比较难以定量化的，但由于对风险的忧虑，分散和耗用建设工程决策者的精力和时间，却是不争的事实。再次，是满足外部的附加义务，例如，政府明令禁止的某些行为、法律规定的强制性保险等。在风险事件发生后，风险管理的首要目标是使实际损失减少到最低程度。要实现这一目标，不仅取决于风险对策的最佳组合，而且取决于具体的风险对策计划和措施。其次，是保证建设工程实施的正常进行，按原定计划建成工程。同时，在必要时还要承担社会责任。

2. 建设工程风险管理目标的要求

从风险管理目标与风险管理主体总体目标一致性的角度，建设工程风险管理的目标通常更具体地表述为：

（1）实际投资不超过计划投资。

（2）实际工期不超过计划工期。

（3）实际质量满足预期的质量要求。

（4）建设过程安全。

因此，从风险管理目标的角度分析，建设工程风险可分为投资风险、进度风险、质量风险和安全风险。

（四）建设工程项目管理与风险管理的关系

风险管理是项目管理理论体系的一个部分。但是，在项目管理理论体系中，风险管理并不是与投资控制、进度控制、质量控制、合同管理、信息管理、组织协调并列的一个独立的部分，而是将以上6方面与风险有关的内容综合而成的一个独立的部分。

建设工程项目管理的目标即目标控制的目标，与风险管理的目标是一致的，这一点已如前述。从某种意义上讲，可以认为风险管理是为目标控制服务的。

建设工程目标规划和计划都是着眼于未来，而未来充满着不确定因素，即充满着风险因素和风险事件。通过风险管理的一系列过程，可以定量分析和评价各种风险因素和风险事件对建设工程预期目标和计划的影响，从而使目标规划更合理，使计划更可行。可以毫不夸张地说，对于大型、复杂的建设工程，如果不从早期开始就进行风险管理的话，则很难保证其目标规划的合理性和计划的可行性。

风险对策都是为风险管理目标服务的，也就是为目标控制服务的。从这个角度看，风险对策是目标控制措施的重要内容。风险对策的具体内容体现了主动控制与被动控制相结合的要求，而且相对于一般的目标控制措施而言，风险对策更强调主动控制，这不仅表现在预防计划和措施，而且表现在预先准备好但等到风险事件发生才及时采取的应对措施。因此，如果不从风险管理的角度选择适当的风险对策，目标控制的效果就将大大降低。

第二节　建设工程风险识别

一、风险识别的特点和原则

（一）风险识别的特点

风险识别有以下几个特点。

（1）个别性。

任何风险都有与其他风险不同之处，没有两个风险是完全一致的。不同类型建设工程的风险不同自不必说，而同一建设工程如果建造地点不同，其风险也不同；即使是建造地点确定的建设工程，如果由不同的承包商承建，其风险也不同。因此，虽然不同建设工程风险有不少共同之处，但一定存在不同之处，在风险识别时尤其要注意这些不同之处，突出风险识别的个别性。

（2）主观性。

风险识别都是由人来完成的，由于个人的专业知识水平（包括风险管理方面的知识）、实践经验等方面的差异，同一风险由不同的人识别的结果就会有较大的差异。风险本身是客观存在，但风险识别是主观行为。在风险识别时，要尽可能减少主观性对风险识别结果的影响。要做到这一点，关键在于提高风险识别的水平。

（3）复杂性。

建设工程所涉及的风险因素和风险事件均很多，而且关系复杂、相互影响，这给风险识别带来很强的复杂性。因此，建设工程风险识别对风险管理人员要求很高，并且需要准确、详细的依据，尤其是定量的资料和数据。

（4）不确定性。

这一特点可以说是主观性和复杂性的结果。在实践中，可能因为风险识别的结果与实际不符而造成损失，这往往是由于风险识别结论错误导致风险对策决策错误而造成的。由风险的定义可知，风险识别本身也是风险。因而避免和减少风险识别的风险也是风险管理的内容。

（二）风险识别的原则

在风险识别过程中应遵循以下原则。

（1）由粗及细，由细及粗。

由粗及细是指对风险因素进行全面分析，并通过多种途径对工程风险进行分解，逐渐细化，以获得对工程风险的广泛认识，从而得到工程初始风险清单。而由细及粗是指从工程初始风险清单的众多风险中，根据同类建设工程的经验以及对拟建建设工程具体情况的分析和风险调查，确定那些对建设工程目标实现有较大影响的工程风险，作为主要风险，即作为风险评价以及风险对策决策的主要对象。

（2）严格界定风险内涵并考虑风险因素之间的相关性。

对各种风险的内涵要严格加以界定，不要出现重复和交叉现象。另外，还要尽可能考虑各种风险因素之间的相关性，如主次关系、因果关系、互斥关系、正相关关系、负相关关系等。应当说，在风险识别阶段考虑风险因素之间的相关性有一定的难度，但至少要做到严格界定风险内涵。

（3）先怀疑，后排除。

对于所遇到的问题都要考虑其是否存在不确定性，不要轻易否定或排除某些风险，要通过认真的分析进行确认或排除。

（4）排除与确认并重。

对于肯定可以排除和肯定可以确认的风险应尽早予以排除和确认。对于一时既不能排除又不能确认的风险再作进一步的分析，予以排除或确认。最后，对于肯定不能排除但又不能肯定予以确认的风险按确认考虑。

（5）必要时，可作实验论证。

对于某些按常规方式难以判定其是否存在，也难以确定其对建设工程目标影响程度的风险，尤其是技术方面的风险，必要时可作实验论证。如抗震实验、风洞实验等。这样做的结论可靠，但要以付出费用为代价。

二、风险识别的过程

建设工程自身及其外部环境的复杂性，给人们全面地、系统地识别工程风险带来了许多具体的困难，同时也要求明确建设工程风险识别的过程。

由于建设工程风险识别的方法与风险管理理论中提出的一般的风险识别方法有所不同，因而其风险识别的过程也有所不同。建设工程的风险识别往往是通过对经验数据的分析、风险调查、专家咨询以及实验论证等方式，在对建设工程风险进行多维分解的过程中，认识工程风险，建立工程风险清单。

建设工程风险识别的过程如图 6-2 所示。

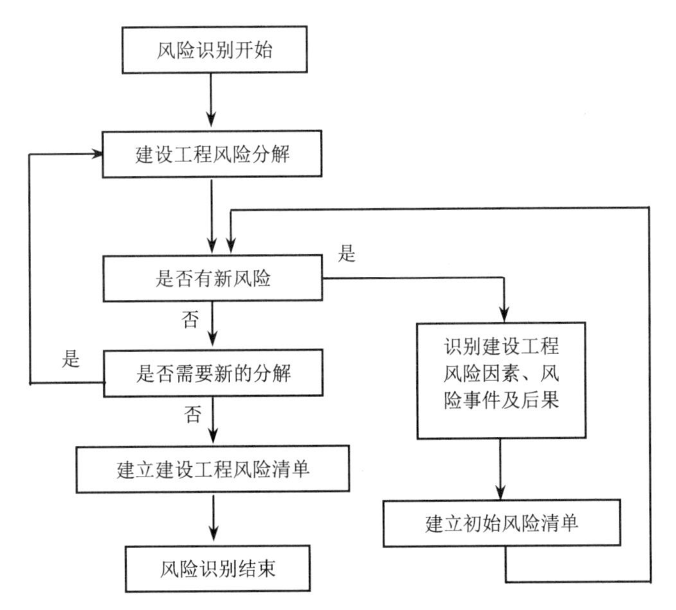

图 6-2　建设工程风险识别过程

由图 6-2 可知，风险识别的结果是建立建设工程风险清单。在建设工程风险识别过程中，核心工作是“建设工程风险分解”和“识别建设工程风险因素、风险事件及后果”。以下对这两部分内容作具体的阐述。

三、建设工程风险的分解

建设工程风险的分解是根据工程风险的相互关系将其分解成若干个子系统，其分解的程度要足以使人们较容易地识别出建设工程的风险，使风险识别具有较好的准确性、完整性和系统性。

根据建设工程的特点，建设工程风险的分解可以按以下途径进行。

（1）目标维，即按建设工程目标进行分解，也就是考虑影响建设工程投资、进度、质量和安全目标实现的各种风险。

（2）时间维，即按建设工程实施的各个阶段进行分解，也就是考虑建设工程实施不同阶段的不同风险。

（3）结构维，即按建设工程组成内容进行分解，也就是考虑不同单项工程、单位工程的不同风险。

（4）因素维，即按建设工程风险因素的分类分解，如政治、社会、经济、自然、技术等方面的风险。

在风险分析过程中，有时并不仅仅是采用一种方法就能达到目的的，而需要几种方法组合。例如，常用的组合分解方式是由时间维、目标维和因素维三方面从总体上进行建设工程风险的分解，如图 6-3 所示。

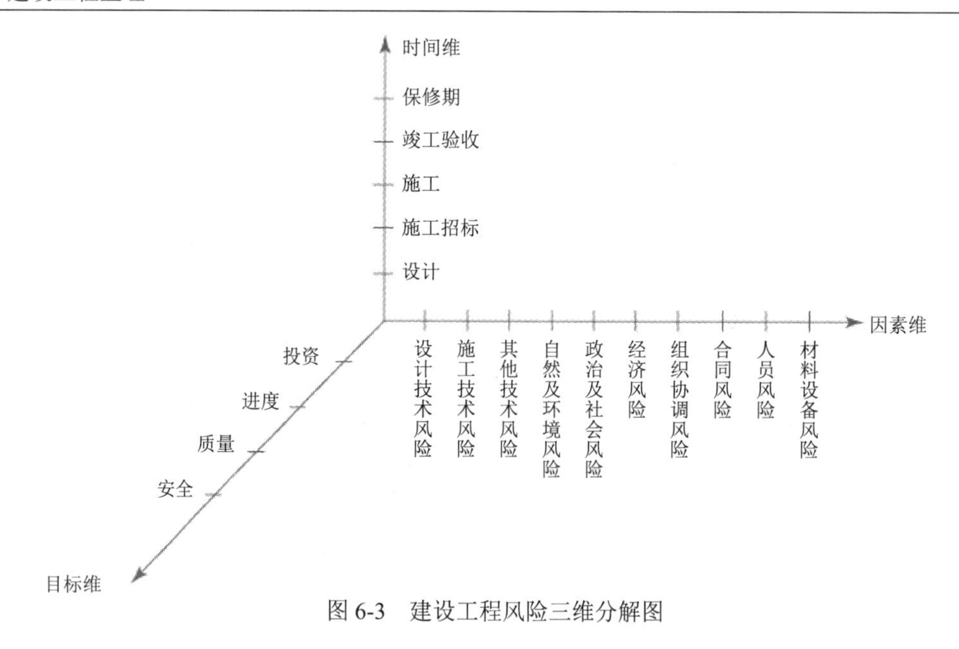

图 6-3　建设工程风险三维分解图

四、风险识别的方法

除了采用风险管理理论中所提出的风险识别的基本方法之外，对建设工程风险的识别，还可以根据其自身特点，采用相应的方法。综合起来，建设工程风险识别的方法有：专家调查法、财务报表法、流程图法、初始清单法、经验数据法和风险调查法。以下对风险识别的一般方法仅作简单介绍，而对建设工程风险识别的具体方法作较详细的说明。

1. 专家调查法

这种方法又有两种方式：一种是召集有关专家开会，让专家各抒己见，充分发表意见，起到集思广益的作用；另一种是采用问卷式调查，各专家不知道其他专家的意见。采用专家调查法时，所提出的问题应具有指导性和代表性，并具有一定的深度，还应尽可能具体些。专家所涉及的面应尽可能广泛些，有一定的代表性。对专家发表的意见要由风险管理人员加以归纳分类、整理分析，有时可能要排除个别专家的个别意见。

2. 财务报表法

财务报表有助于确定一个特定企业或特定的建设工程可能遭受哪些损失以及在何种情况下遭受这些损失。通过分析资产负债表、现金流量表、营业报表及有关补充资料，可以识别企业当前的所有资产、责任及人身损失风险。将这些报表与财务预测、预算结合起来，可以发现企业或建设工程未来的风险。

采用财务报表法进行风险识别，要对财务报表中所列的各项会计科目作深入的分析研究，并提出分析研究报告，以确定可能产生的损失，还应通过一些实地调查以及其他信息资料来补充财务记录。由于工程财务报表与企业财务报表不尽相同，因而需要结合工程财务报表的特点来识别建设工程风险。

3. 流程图法

将一项特定的生产或经营活动按步骤或阶段顺序以若干个模块形式组成一个流程图系

列，在每个模块中都标出各种潜在的风险因素或风险事件，从而给决策者一个清晰的总体印象。一般来说，对流程图中各步骤或阶段的划分比较容易，关键在于找出各步骤或各阶段不同的风险因素或风险事件。

这种方法实际上是将图 6-3 中的时间维与因素维相结合。由于建设工程实施的各个阶段是确定的，因而关键在于对各阶段风险因素或风险事件的识别。

由于流程图的篇幅限制，采用这种方法所得到的风险识别结果较粗。

4. 初始清单法

如果对每一个建设工程风险的识别都从头做起，至少有以下 3 方面缺陷：一是耗费时间和精力多，风险识别工作的效率低；二是由于风险识别的主观性，可能导致风险识别的随意性，其结果缺乏规范性；三是风险识别成果资料不便积累，对今后的风险识别工作缺乏指导作用。因此，为了避免以上缺陷，有必要建立初始风险清单。

建立建设工程的初始风险清单有两种途径：

（1）常规途径是采用保险公司或风险管理学会（或协会）公布的潜在损失一览表，即任何企业或工程都可能发生的所有损失一览表。以此为基础，风险管理人员再结合本企业或某项工程所面临的潜在损失对一览表中的损失予以具体化，从而建立特定工程的风险一览表。我国至今尚没有这类一览表，即使在发达国家，一般也都是对企业风险公布潜在损失一览表，对建设工程风险则没有这类一览表。因此，这种潜在损失一览表对建设工程风险的识别作用不大。

（2）通过适当的风险分解方式来识别风险是建立建设工程初始风险清单的有效途径。对于大型、复杂的建设工程，首先将其按单项工程、单位工程分解，再对各单项工程、单位工程分别从时间维、目标维和因素维进行分解，可以较容易地识别出建设工程主要的、常见的风险。从初始风险清单的作用来看，因素维仅分解到各种不同的风险因素是不够的，还应进一步将各风险因素分解到风险事件。表 6-2 为建设工程初始风险清单示例。

表 6-2　建设工程初始风险清单

风险因素		典型风险事件
技术风险	设计	设计内容不全、设计缺陷、错误和遗漏，应用规范不恰当，未考虑地质条件，未考虑施工可能性等
	施工	施工工艺落后，施工技术和方案不合理，施工安全措施不当，应用新技术新方案失败，未考虑场地情况等
	其他	工艺设计未达到先进性指标，工艺流程不合理，未考虑操作安全性等
非技术风险	自然与环境	洪水、地震、火灾、台风、雷电等不可抗拒自然力，不明的水文气象条件，复杂的工程地质条件，恶劣的气候，施工对环境的影响等
	政治与法律	法律及规章的变化，战争和骚乱、罢工、经济制裁或禁运等
	经济	通货膨胀或紧缩、汇率变动、市场动荡，社会各种摊派和征费的变化，资金不到位、资金短缺等

续表

风险因素		典型风险事件
非技术风险	组织协调	业主和上级主管部门的协调，业主和设计方、施工方以及监理方的协调，业主内部的组织协调等
	合同	合同条款遗漏、表达有误，合同类型选择不当，承发包模式选择不当，索赔管理不力，合同纠纷等
	人员	业主人员、设计人员、监理人员、一般工人、技术员、管理人员的素质（能力、效率、责任心、品德）不高
	材料设备	原材料、半成品、成品或设备供货不足或拖延，数量差错或质量规格问题，特殊材料和新材料的使用问题，过度损耗和浪费，施工设备供应不足、类型不配套、故障、安装失误、选型不当等

初始风险清单只是为了便于人们较全面地认识风险的存在，而不至于遗漏重要的工程风险，但并不是风险识别的最终结论。在初始风险清单建立后，还需要结合特定建设工程的具体情况进一步识别风险，从而对初始风险清单作一些必要的补充和修正。为此，需要参照同类建设工程风险的经验数据（若无现成的资料，则要多方收集）或针对具体建设工程的特点进行风险调查。

5. 经验数据法

经验数据法也称为统计资料法，即根据已建各类建设工程与风险有关的统计资料来识别拟建建设工程的风险。不同的风险管理主体都应有自己关于建设工程风险的经验数据或统计资料。在工程建设领域，可能有工程风险经验数据或统计资料的风险管理主体包括咨询公司（含设计单位）、承包商以及长期有工程项目的业主（如房地产开发商）。

由于这些不同的风险管理主体的角度不同、数据或资料来源不同，其各自的初始风险清单一般多少有些差异。但是，建设工程风险本身是客观事实，有客观的规律性，当经验数据或统计资料足够多时，这种差异性就会大大减小。何况，风险识别只是对建设工程风险的初步认识，还是一种定性分析。因此，这种基于经验数据或统计资料的初始风险清单可以满足对建设工程风险识别的需要。

例如，根据建设工程的经验数据或统计资料可以得知，减少投资风险的关键在设计阶段，尤其是初步设计以前的阶段，因此，方案设计和初步设计阶段的投资风险应当作为重点进行详细的风险分析；设计阶段和施工阶段的质量风险最大，需要对这两个阶段的质量风险作进一步的分析；施工阶段存在较大的进度风险，需要作重点分析。由于施工活动是由一个个分部分项工程按一定的逻辑关系组织实施的，因此，进一步分析各分部分项工程对施工进度或工期的影响，更有利于风险管理人员识别建设工程进度风险。图 6-4 是某风险管理主体根据房屋建筑工程各主要分部分项工程对工期影响的统计资料绘制的。

6. 风险调查法

由风险识别的个别性可知，两个不同的建设工程不可能有完全一致的工程风险。因此，在建设工程风险识别的过程中，花费人力、物力、财力进行风险调查是必不可少的，这既是一项非常重要的工作，也是建设工程风险识别的重要方法。

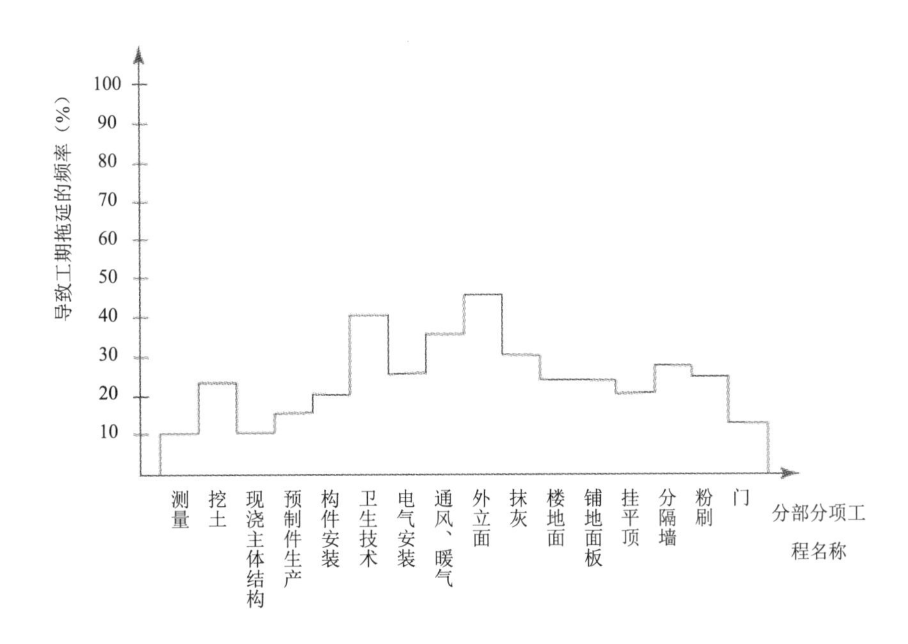

图 6-4　各主要分部分项工程对工期的影响

风险调查应当从分析具体建设工程的特点入手，一方面对通过其他方法已识别出的风险（如初始风险清单所列出的风险）进行鉴别和确认，另一方面，通过风险调查有可能发现此前尚未识别出的重要的工程风险。通常，风险调查可以从组织、技术、自然及环境、经济、合同等方面分析拟建建设工程的特点以及相应的潜在风险。

风险调查并不是一次性的。由于风险管理是一个系统的、完整的循环过程，因而风险调查也应该在建设工程实施全过程中不断地进行，这样才能了解不断变化的条件对工程风险状态的影响。当然，随着工程实施的进展，不确定性因素越来越少，风险调查的内容亦将相应减少，风险调查的重点有可能不同。

对于建设工程的风险识别来说，仅仅采用一种风险识别方法是远远不够的，一般都应综合采用两种或多种风险识别方法，才能取得较为满意的结果。而且，不论采用何种风险识别方法组合，都必须包含风险调查法。从某种意义上讲，前 5 种风险识别方法的主要作用在于建立初始风险清单，而风险调查法的作用则在于建立最终的风险清单。

第三节　建设工程风险评价

系统而全面地识别建设工程风险只是风险管理的第一步，对认识到的工程风险还要作进一步的分析，也就是风险评价。风险评价可以采用定性和定量两大类方法。定性风险评价方法有专家打分法、层次分析法等，其作用在于区分出不同风险的相对严重程度以及根据预先确定的可接受的风险水平（有文献称为“风险度”）作出相应的决策。由于从方法上讲，专家打分法和层次分析法有广泛的适用性，并不是风险评价专用的，所以本节不予介绍。从广义上讲，定量风险评价方法也有许多种，如敏感性分析、盈亏平衡分析、决策树、随机网络等。但是，这些方法大多有较为确定的适用范围，如敏感性分析用于项目财务评价，随机网络用于进度计划，且与本章前二节风险管理的有关内容联系不密切，所以本节也不予介绍。本节将以风险量函数理论为出发点，说明如何定量评价建设工程风险。

一、风险评价的作用

通过定量方法进行风险评价的作用主要表现在：

（1）更准确地认识风险。

风险识别的作用仅仅在于找出建设工程所可能面临的风险因素和风险事件，其对风险的认识还是相当肤浅的。通过定量方法进行风险评价，可以定量地确定建设工程各种风险因素和风险事件发生的概率大小或概率分布，及其发生后对建设工程目标影响的严重程度或损失严重程度。其中，损失严重程度又可以从两个不同的方面来反映：一方面是不同风险的相对严重程度，据此可以区分主要风险和次要风险；另一方面是各种风险的绝对严重程度，据此可以了解各种风险所造成的损失后果。

（2）保证目标规划的合理性和计划的可行性。

建设工程数据库中的数据都是历史数据，是包含了各种风险作用于建设工程实施全过程的实际结果。但是，建设工程数据库中通常没有具体反映工程风险的信息，充其量只有关于重大工程风险的简单说明。也就是说，建设工程数据库只能反映各种风险综合作用的后果，而不能反映各种风险各自作用的后果。由于建设工程风险的个别性，只有对特定建设工程的风险进行定量评价，才能正确反映各种风险对建设工程目标的不同影响，才能使目标规划的结果更合理、更可靠，使在此基础上制定的计划具有现实的可行性。

（3）合理选择风险对策，形成最佳风险对策组合。

如前所述，不同风险对策的适用对象各不相同。风险对策的适用性需从效果和代价两个方面考虑。风险对策的效果表现在降低风险发生概率和（或）降低损失严重程度的幅度，有些风险对策（如损失控制）在这一点上较难准确地量度。风险对策一般都要付出一定的代价，如采取损失控制时的措施费，投保工程险时的保险费等，这些代价一般都可准确地量度。而定量风险评价的结果是各种风险的发生概率及其损失严重程度。因此，在选择风险对策时，应将不同风险对策的适用性与不同风险的后果结合起来考虑，对不同的风险选择最适宜的风险对策，从而形成最佳的风险对策组合。

二、风险量函数

在定量评价建设工程风险时，首要工作是将各种风险的发生概率及其潜在损失定量化，这一工作也称为风险衡量。

为此，需要引入风险量的概念。所谓风险量，是指各种风险的量化结果，其数值大小取决于各种风险的发生概率及其潜在损失。如果以 R 表示风险量，p 表示风险的发生概率，q 表示潜在损失，则 R 可以表示为 p 和 g 的函数，即

$$R=f(p, g) \tag{6-1}$$

式（6-1）反映的是风险量的基本原理，具有一定的通用性，其应用前提是能通过适当的方式建立关于 p 和 g 的连续性函数。但是，这一点不是很容易做到的。在风险管理理论和方法中，在多数情况下是以离散形式来定量表示风险的发生概率及其损失，因而风险量

尺相应地表示为

$$R=\sum p_i q_i \tag{6-2}$$

式中：i=1，2，…，n，表示风险事件的数量。

与风险量有关的另一个概念是等风险量曲线，就是由风险量相同的风险事件所形成的曲线，如图 6-5 所示。在图 6-5 中，R_1、R_2、R_3为 3 条不同的等风险量曲线。不同等风险量曲线所表示的风险量大小与其与风险坐标原点的距离成正比，即距原点越近，风险量越小；反之，则风险量越大。因此，$R_1<R_2<R_3$。

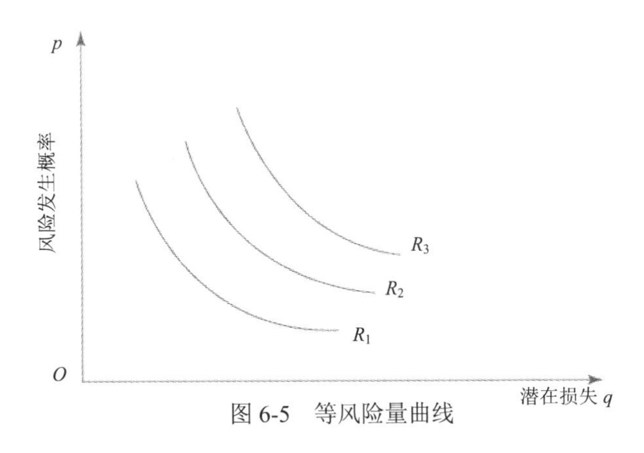

图 6-5　等风险量曲线

三、风险损失的衡量

风险损失的衡量就是定量确定风险损失值的大小。建设工程风险损失包括以下几方面。

1. 投资风险

投资风险导致的损失可以直接用货币形式来表现，即法规、价格、汇率和利率等的变化或资金使用安排不当等风险事件引起的实际投资超出计划投资的数额。

2. 进度风险

进度风险导致的损失由以下部分组成：

（1）货币的时间价值。进度风险的发生可能会对现金流动造成影响，在利率的作用下，引起经济损失。

（2）为赶上计划进度所需的额外费用。包括加班的人工费、机械使用费和管理费等一切因追赶进度所发生的非计划费用。

（3）延期投入使用的收入损失。这方面损失的计算相当复杂，不仅仅是延误期间内的收入损失，还可能由于产品投入市场过迟而失去商机，从而大大降低市场份额，因而这方面的损失有时是相当巨大的。

3. 质量风险

质量风险导致的损失包括事故引起的直接经济损失，以及修复和补救等措施发生的费用以及第三者责任损失等，可分为以下几个方面：

（1）建筑物、构筑物或其他结构倒塌所造成的直接经济损失。

（2）复位纠偏、加固补强等补救措施和返工的费用。

（3）造成的工期延误的损失。

（4）永久性缺陷对于建设工程使用造成的损失。

（5）第三者责任的损失。

4. 安全风险

安全风险导致的损失包括：

（1）受伤人员的医疗费用和补偿费。

（2）财产损失，包括材料、设备等财产的损毁或被盗。

（3）因引起工期延误带来的损失。

（4）为恢复建设工程正常实施所发生的费用。

（5）第三者责任损失。在此，第三者责任损失为建设工程实施期间，因意外事故可能导致的第三者的人身伤亡和财产损失所作的经济赔偿以及必须承担的法律责任。

由以上四方面风险的内容可知，投资增加可以直接用货币来衡量；进度的拖延则属于时间范畴，同时也会导致经济损失；而质量事故和安全事故既会产生经济影响又可能导致工期延误和第三者责任，显得更加复杂。而第三者责任除了法律责任之外，一般都是以经济赔偿的形式来实现的。因此，这四方面的风险最终都可以归纳为经济损失。

需要指出，在建设工程实施过程中，某一风险事件的发生往往会同时导致一系列损失。例如，地基的坍塌引起塔吊的倒塌，并进一步造成人员伤亡和建筑物的损坏，以及施工被迫停止等。这表明，这一地基坍塌事故影响了建设工程所有的目标——投资、进度、质量和安全，从而造成相当大的经济损失。

四、风险概率的衡量

衡量建设工程风险概率有两种方法：相对比较法和概率分布法。一般而言，相对比较法主要是依据主观概率，而概率分布法的结果则接近于客观概率。

1. 相对比较法

相对比较法由美国风险管理专家 Richard　Prouty 提出，表示如下：

（1）“几乎是 0”，这种风险事件可认为不会发生。

（2）“很小的”，这种风险事件虽有可能发生，但现在没有发生并且将来发生的可能性也不大。

（3）“中等的”，即这种风险事件偶尔会发生，并且能预期将来有时会发生。

（4）“一定的”，即这种风险事件一直在有规律地发生，并且能够预期未来也是有规律地发生。在这种情况下，可以认为风险事件发生的概率较大。

在采用相对比较法时，建设工程风险导致的损失也将相应划分成重大损失、中等损失和轻度损失，从而在风险坐标上对建设工程风险定位，反映出风险量的大小。

2. 概率分布法

概率分布法可以较为全面地衡量建设工程风险。因为通过潜在损失的概率分布，有助于确定在一定情况下哪种风险对策或对策组合最佳。

概率分布法的常见表现形式是建立概率分布表。为此，需参考外界资料和本企业历史资料。外界资料主要是保险公司、行业协会、统计部门等的资料。但是，这些资料通常反映的是平均数字，且综合了众多企业或众多建设工程的损失经历，因而在许多方面不一定与本企业或本建设工程的情况相吻合，运用时需作客观分析。本企业的历史资料虽然更有针对性，更能反映建设工程风险的个别性，但往往数量不够多，有时还缺乏连续性，不能满足概率分析的基本要求。另外，即使本企业历史资料的数量、连续性均满足要求，其反映的也只是本企业的平均水平，在运用时还应当充分考虑资料的背景和拟建建设工程的特点。由此可见，概率分布表中的数字可能是因工程而异的。

理论概率分布也是风险衡量中所经常采用的一种估计方法。即根据建设工程风险的性质分析大量的统计数据，当损失值符合一定的理论概率分布或与其近似吻合时，可由特定的几个参数来确定损失值的概率分布。理论概率分布的模拟过程如图 6-6 所示。

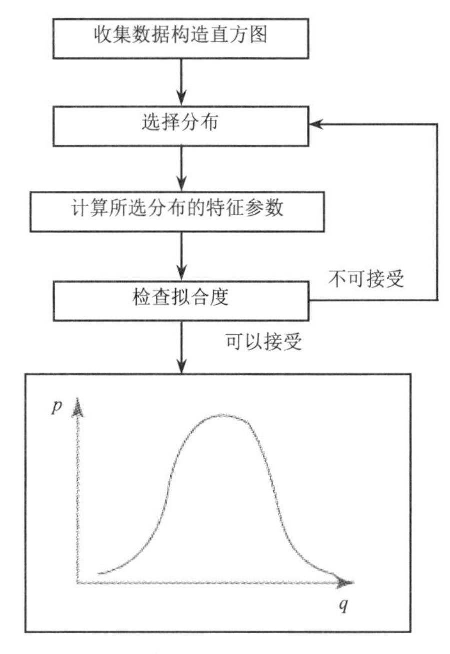

图 6-6　模拟理论概率分布过程

五、风险评价

在风险衡量过程中，建设工程风险被量化为关于风险发生概率和损失严重性的函数，但在选择对策之前，还需要对建设工程风险量作出相对比较，以确定建设工程风险的相对严重性。

等风险量曲线（图 6-5）指出，在风险坐标图上，离原点位置越近则风险量越小。

据此，可以将风险发生概率（p）和潜在损失（g）分别分为 L（小）、出（中）、H（大）3 个区间，从而将等风险量图分为 LL、ML、HL、MM、HM、LH、MH、HH、LM 个区域。在这 9 个不同区域中，有些区域的风险量是大致相等的，例如，如图 6-7 所示，可以将风险量的大小分成 5 个等级：①VL（很小）；②L（小）；③M（中等）；④H（大）；⑤VH（很大）。

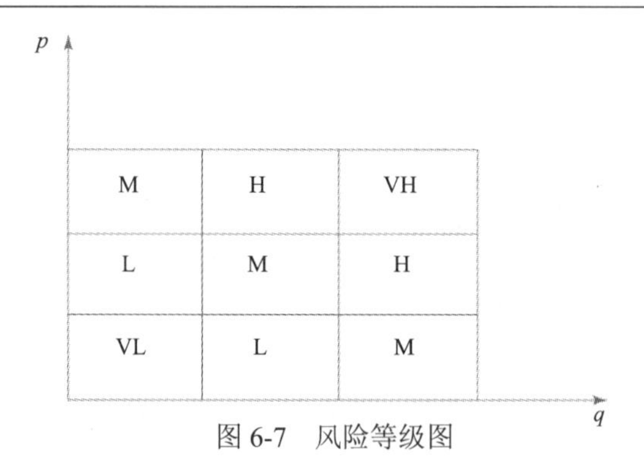

图 6-7 风险等级图

第四节 建设工程风险对策

风险对策也称为风险防范手段或风险管理技术。本节将介绍风险对策的具体内容。

一、风险回避

风险回避就是以一定的方式中断风险源，使其不发生或不再发展，从而避免可能产生的潜在损失。例如，某建设工程的可行性研究报告表明，虽然从净现值、内部收益率指标看是可行的，但敏感性分析的结论是对投资额、产品价格、经营成本均很敏感，这意味着该建设工程的不确定性很大，亦即风险很大，因而决定不投资建造该建设工程。

采用风险回避这一对策时，有时需要作出一些牺牲，但较之承担风险，这些牺牲比风险真正发生时可能造成的损失要小得多。例如，某投资人因选址不慎原决定在河谷建造某工厂，而保险公司又不愿为其承担保险责任。当投资人意识到在河谷建厂将不可避免地受到洪水威胁，且又别无防范措施时，只好决定放弃该计划。虽然他在建厂准备阶段耗费了不少投资，但与其厂房建成后被洪水冲毁，不如及早改弦易辙，另谋理想的厂址。又如，某承包商参与某建设工程的投标，开标后发现自己的报价远远低于其他承包商的报价，经仔细分析发现，自己的报价存在严重的误算和漏算，因而拒绝与业主签订施工合同。虽然这样做将被没收投标保证金或投标保函，但比承包后严重亏损的损失要小得多。

从以上分析可知，在某些情况下，风险回避是最佳对策。

在采用风险回避对策时需要注意以下问题。

（1）回避一种风险可能产生另一种新的风险。

在建设工程实施过程中，绝对没有风险的情况几乎不存在。就技术风险而言，即使是相当成熟的技术也存在一定的风险。例如，在地铁工程建设中，采用明挖法施工有支撑失败、顶板坍塌等风险。如果为了回避这种风险而采用逆作法施工方案的话，又会产生地下连续墙失败等其他新的风险。

（2）回避风险的同时也失去了从风险中获益的可能性。

由投机风险的特征可知，它具有损失和获益的两重性。例如，在涉外工程中，由于缺乏有关外汇市场的知识和信息，为避免承担由此而带来的经济风险，决策者决定选择本国货币作为结算货币，从而也就失去了从汇率变化中获益的可能性。

（3）回避风险可能不实际或不可能。

这一点与建设工程风险的定义或分解有关。建设工程风险定义的范围越广或分解得越粗，回避风险就越不可能。例如，如果将建设工程的风险仅分解到风险因素这个层次，那么任何建设工程都必然会发生经济风险、自然风险和技术风险，根本无法回避。又如，从承包商的角度，投标总是有风险的，但决不会为了回避投标风险而不参加任何建设工程的投标。建设工程的几乎每一个活动都存在大小不一的风险，过多地回避风险就等于不采取行动，而这可能是最大的风险所在。

由此，可以得出结论：不可能回避所有的风险。正因为如此，才需要其他不同的风险对策。

总之，虽然风险回避是一种必要的、有时甚至是最佳的风险对策，但应该承认这是一种消极的风险对策。如果处处回避，事事回避，其结果只能是停止发展，直至停止生存。因此，应当勇敢地面对风险，这就需要适当运用风险回避以外的其他风险对策。

二、损失控制

1. 损失控制的概念

损失控制是一种主动、积极的风险对策。损失控制可分为预防损失和减少损失两方面工作。预防损失措施的主要作用在于降低或消除（通常只能做到减少）损失发生的概率，而减少损失措施的作用在于降低损失的严重性或遏制损失的进一步发展，使损失最小化。一般来说，损失控制方案都应当是预防损失措施和减少损失措施的有机结合。

2. 制定损失控制措施的依据和代价

制定损失控制措施必须以定量风险评价的结果为依据，才能确保损失控制措施具有针对性，取得预期的控制效果。风险评价时特别要注意间接损失和隐蔽损失。

制定损失控制措施还必须考虑其付出的代价，包括费用和时间两方面的代价，而时间方面的代价往往还会引起费用方面的代价。损失控制措施的最终确定，需要综合考虑损失控制措施的效果及其相应的代价。由此可见，损失控制措施的选择也应当进行多方案的技术经济分析和比较。

3. 损失控制计划系统

在采用损失控制这一风险对策时，所制定的损失控制措施应当形成一个周密的、完整的损失控制计划系统。就施工阶段而言，该计划系统一般应由预防计划（有文献称为安全计划）、灾难计划和应急计划三部分组成。

（1）预防计划。

预防计划的目的在于有针对性地预防损失的发生，其主要作用是降低损失发生的概率，在许多情况下也能在一定程度上降低损失的严重性。在损失控制计划系统中，预防计划的内容最广泛，具体措施最多，包括组织措施、管理措施、合同措施、技术措施。

组织措施的首要任务是明确各部门和人员在损失控制方面的职责分工，以使各方人员都能为实施预防计划而有效地配合；还需要建立相应的工作制度和会议制度；必要时，还应对有关人员（尤其是现场工人）进行安全培训；等等。

采取管理措施，既可采取风险分隔措施，将不同的风险单位分离间隔开来，将风险局限在尽可能小的范围内，以避免在某一风险发生时，产生连锁反应或互相牵连，如在施工现场将易发生火灾的木工加工场尽可能设在远离现场办公用房的位置；也可采取风险分散措施，通过增加风险单位以减轻总体风险的压力，达到共同分摊总体风险的目的，如在涉外工程结算中采用多种货币组合的方式付款，从而分散汇率风险。

合同措施除了要保证整个建设工程总体合同结构合理、不同合同之间不出现矛盾之外，要注意合同具体条款的严密性，并作出与特定风险相应的规定，如要求承包商加强履约保证和预付款保证等。

技术措施是在建设工程施工过程中常用的预防损失措施，如地基加固、周围建筑物防护、材料检测等。与其他几方面措施相比，技术措施的显著特征是必须付出费用和时间两方面的代价，应当慎重比较后选择。

（2）灾难计划。

灾难计划是一组事先编制好的、目的明确的工作程序和具体措施，为现场人员提供明确的行动指南，使其在各种严重的、恶性的紧急事件发生后，不至于惊慌失措，也不需要临时讨论研究应对措施，可以做到从容不迫、及时、妥善地处理，从而减少人员伤亡以及财产和经济损失。

灾难计划是针对严重风险事件制定的，其内容应满足以下要求：

1）安全撤离现场人员。

2）援救及处理伤亡人员。

3）控制事故的进一步发展，最大限度地减少资产和环境损害。

4）保证受影响区域的安全尽快恢复正常。

灾难计划在严重风险事件发生或即将发生时付诸实施。

（3）应急计划。

应急计划是在风险损失基本确定后的处理计划，其宗旨是使因严重风险事件而中断的工程实施过程尽快全面恢复，并减少进一步的损失，使其影响程度减至最小。应急计划不仅要制定所要采取的相应措施，而且要规定不同工作部门相应的职责。

应急计划应包括的内容有：调整整个建设工程的施工进度计划，并要求各承包商相应调整各自的施工进度计划；调整材料、设备的采购计划，并及时与材料、设备供应商联系，必要时，可能要签订补充协议；准备保险索赔依据，确定保险索赔的额度，起草保险索赔报告；全面审查可使用的资金情况，必要时需调整筹资计划等。

三种损失控制计划之间的关系如图 6-8 所示。

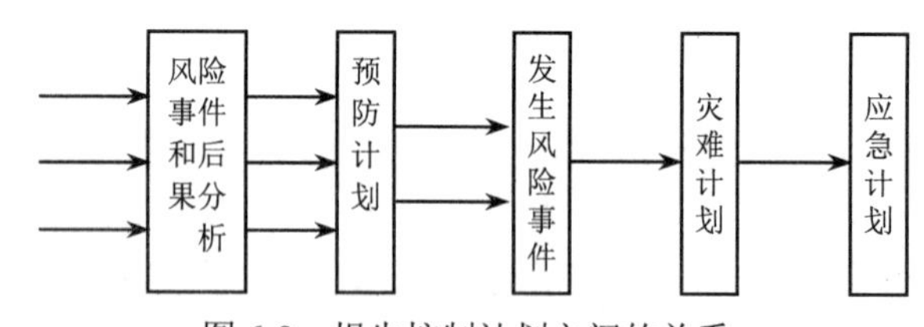

图 6-8　损失控制计划之间的关系

三、风险自留

顾名思义，风险自留就是将风险留给自己承担，是从企业内部财务的角度应对风险。风险自留与其他风险对策的根本区别在于，它不改变建设工程风险的客观性质，即既不改变工程风险的发生概率，也不改变工程风险潜在损失的严重性。

（一）风险自留的类型

风险自留可分为非计划性风险自留和计划性风险自留两种类型。

1. 非计划性风险自留

由于风险管理人员没有意识到建设工程某些风险的存在，或者不曾有意识地采取有效措施，以致风险发生后只好由自己承担。这样的风险自留就是非计划性的和被动的。导致非计划性风险自留的主要原因有：

（1）缺乏风险意识。

这往往是由于建设资金来源与建设工程业主的直接利益无关所造成的，这是我国过去和现在许多由政府提供建设资金的建设工程不自觉地采用非计划性风险自留的主要原因。此外，也可能是由于缺乏风险管理理论的基本知识而造成的。

（2）风险识别失误。

由于所采用的风险识别方法过于简单和一般化，没有针对建设工程风险的特点，或者缺乏建设工程风险的经验数据或统计资料，或者没有针对特定建设工程进行风险调查等，都可能导致风险识别失误，从而使风险管理人员未能意识到建设工程某些风险的存在，而这些风险一旦发生就成为自留风险。

（3）风险评价失误。

在风险识别正确的情况下，风险评价的方法不当可能导致风险评价结论错误，如仅采用定性风险评价方法。即使是采用定量风险评价方法，也可能由于风险衡量的结果出现严重误差而导致风险评价失误，结果将不该忽略的风险忽略了。

（4）风险决策延误。

在风险识别和风险评价均正确的情况下，可能由于迟迟没有作出相应的风险对策决策，而某些风险已经发生，使得根据风险评价结果本不会作出风险自留选择的那些风险成为自留风险。

（5）风险决策实施延误。

风险决策实施延误包括两种情况：一种是主观原因，即行动迟缓，对已作出的风险对策迟迟不付诸实施或实施工作进展缓慢；另一种是客观原因，某些风险对策的实施需要时间，如损失控制的技术措施需要较长时间才能完成，保险合同的谈判也需要较长时间等，而在这些风险对策实施尚未完成之前却已发生了相应的风险，成为事实上的自留风险。

实际上对于大型、复杂的建设工程来说，风险管理人员几乎不可能识别出所有的工程风险。从这个意义上讲，非计划性风险自留有时是无可厚非的，因而也是一种适用的风险处理策略。但是，风险管理人员应当尽量减少风险识别和风险评价的失误，要及时作出风险对策决策，并及时实施决策，从而避免被迫承担重大和较大的工程风险。总之，虽然非计划性风险自留不可能不用，但应尽可能少用。

2. 计划性风险自留

计划性风险自留是主动的、有意识的、有计划的选择，是风险管理人员在经过正确的风险识别和风险评价后作出的风险对策决策，是整个建设工程风险对策计划的一个组成部分。也就是说，风险自留绝不可能单独运用，而应与其他风险对策结合使用。在实行风险自留时，应保证重大和较大的建设工程风险已经进行了工程保险或实施了损失控制计划。计划性风险自留的计划性主要体现在风险自留水平和损失支付方式两方面。所谓风险自留水平，是指选择哪些风险事件作为风险自留的对象。确定风险自留水平可以从风险量数值大小的角度考虑，一般应选择风险量小或较小的风险事件作为风险自留的对象。计划性风险自留还应从费用、期望损失、机会成本、服务质量和税收等方面与工程保险比较后才能得出结论。损失支付方式的含义比较明确，即在风险事件发生后，对所造成的损失通过什么方式或渠道来支付。

（二）损失支付方式

计划性风险自留应预先制定损失支付计划，常见的损失支付方式有以下几种。

（1）从现金净收入中支出。

采用这种方式时，在财务上并不对自留风险作特别的安排，在损失发生后从现金净收入中支出，或将损失费用记入当期成本。实际上，非计划性风险自留通常都是采用这种方式。因此，这种方式不能体现计划性风险自留的“计划性”。

（2）建立非基金储备。

这种方式是设立了一定数量的备用金，但其用途并不是专门对自留的风险，其他原因引起的额外费用也在其中支出。例如，本属于损失控制对策范围内的风险实际损失费用，甚至一些不属于风险管理范畴的额外费用。

（3）自我保险。

这种方式是设立一项专项基金（亦称为自我基金），专门用于自留风险所造成的损失。该基金的设立不是一次性的，而是每期支出，相当于定期支付保险费，因而称为自我保险。这种方式若用于建设工程风险自留，需作适当的变通，如将自我基金（或风险费）在施工开工前一次性设立。

（4）母公司保险。

这种方式只适用于存在总公司与子公司关系的集团公司，往往是在难以投保或自保较为有利的情况下运用。从子公司的角度来看，与一般的投保无异，收支较为稳定，税赋可能得益（是否按保险处理，取决于该国的规定）；从母公司的角度，可采用适当的方式进行资金运作，使这笔基金增值，也可再以母公司的名义向保险公司投保。对于建设工程风险自留来说，这种方式可用于特大型建设工程（有众多的单项工程和单位工程），或长期有较多建设工程的业主，如房地产开发（集团）公司。

（三）风险自留的适用条件

计划性风险自留至少要符合以下条件之一才应予以考虑。

（1）别无选择。

有些风险既不能回避，又不可能预防，且没有转移的可能性，只能自留，这是一种无奈的选择。

（2）期望损失不严重。

风险管理人员对期望损失的估计低于保险公司的估计，而且根据自己多年的经验和有关资料，风险管理人员确信自己的估计正确。

（3）损失可准确预测。

在此，仅考虑风险的客观性。这一点实际上是要求建设工程有较多的单项工程和单位工程，满足概率分布的基本条件。

（4）企业有短期内承受最大潜在损失的能力。

由于风险的不确定性，可能在短期内发生最大的潜在损失，这时，即使设立了自我基金或向母公司保险，已有的专项基金仍不足以弥补损失，需要企业从现金收入中支付。如果企业没有这种能力，可能因此而摧毁企业。对于建设工程的业主来说，与此相应的是要具有短期内筹措大笔资金的能力。

（5）投资机会很好（或机会成本很大）。

如果市场投资前景很好，则保险费的机会成本就显得很大，不如采取风险自留，将保险费作为投资，以取得较多的投资回报。即使今后自留风险事件发生，也足以弥补其造成的损失。

（6）内部服务优良。

如果保险公司所能提供的多数服务完全可以由风险管理人员在内部完成，且由于他们直接参与工程的建设和管理活动，从而使服务更方便，质量在某些方面也更高，在这种情况下，风险自留是合理的选择。

四、风险转移

风险转移是建设工程风险管理中非常重要而且广泛应用的一项对策，分为非保险转移和保险转移两种形式（图 6-9）。

根据风险管理的基本理论，建设工程的风险应由有关各方分担，而风险分担的原则是：任何一种风险都应由最适宜承担该风险或最有能力进行损失控制的一方承担。符合这一原则的风险转移是合理的，可以取得双赢或多赢的结果。例如，项目决策风险应由业主承担，设计风险应由设计方承担，而施工技术风险应由承包商承担，等等。否则，风险转移就可能付出较高的代价。

1. 非保险转移

非保险转移又称为合同转移，因为这种风险转移一般是通过签订合同的方式将工程风险转移给非保险人的对方当事人。建设工程风险最常见的非保险转移有以下 3 种情况。

（1）业主将合同责任和风险转移给对方当事人。

在这种情况下，被转移者多数是承包商。例如，在合同条款中规定，业主对场地条件不承担责任；又如，采用固定总价合同将涨价风险转移给承包商，等等。

（2）承包商进行合同转让或工程分包。

承包商中标承接某工程后，可能由于资源安排出现困难而将合同转让给其他承包商，以避免由于自己无力按合同规定时间建成工程而遭受违约罚款；或将该工程中专业技术要求很强而自己缺乏相应技术的工程内容分包给专业分包商，从而更好地保证工程质量。

（3）第三方担保。

合同当事人的一方要求另一方为其履约行为提供第三方担保。担保方所承担的风险仅限于合同责任，即由于委托方不履行或不适当履行合同以及违约所产生的责任。第三方担保的主要表现是业主要求承包商提供履约保证和预付款保证（在投标阶段还有投标保证）。从国际承包市场的发展来看，20 世纪末出现了要求业主向承包商提供付款保证的新趋向，但尚未得到广泛应用。我国施工合同（示范文本）也有发包人和承包人互相提供履约担保的规定。

与其他的风险对策相比，非保险转移的优点主要体现在：一是可以转移某些不可保的潜在损失，如物价上涨、法规变化、设计变更等引起的投资增加；二是被转移者往往能较好地进行损失控制，如承包商相对于业主能更好地把握施工技术风险，专业分包商相对于总包商能更好地完成专业性强的工程内容。

但是，非保险转移的媒介是合同，这就可能因为双方当事人对合同条款的理解发生分歧而导致转移失败。另外，在某些情况下，可能因被转移者无力承担实际发生的重大损失而导致仍然由转移者来承担损失。例如，在采用固定总价合同的条件下，如果承包商报价中所考虑涨价风险费很低，而实际的通货膨胀率很高，从而导致承包商亏损破产，最终只得由业主自己来承担涨价造成的损失。还需指出的是，非保险转移一般都要付出一定的代价，有时转移代价可能超过实际发生的损失，从而对转移者不利。仍以固定总价合同为例，在这种情况下，如果实际涨价所造成的损失小于承包商报价中的涨价风险费，这两者的差额就成为承包商的额外利润，业主则因此遭受损失。

2. 保险转移

保险转移通常直接称为保险，对于建设工程风险来说，则为工程保险。通过购买保险，建设工程业主或承包商作为投保人将本应由自己承担的工程风险（包括第三方责任）转移给保险公司，从而使自己免受风险损失。保险这种风险转移形式之所以能得到越来越广泛的运用，原因在于其符合风险分担的基本原则，即保险人较投保人更适宜承担有关的风险。对于投保人来说，某些风险的不确定性很大（即风险很大），但是对于保险人来说，这种风险的发生则趋近于客观概率，不确定性降低，即风险降低。

在进行工程保险的情况下，建设工程在发生重大损失后可以从保险公司及时得到赔偿，使建设工程实施能不中断地、稳定地进行，从而最终保证建设工程的进度和质量，也不致因重大损失而增加投资。通过保险还可以使决策者和风险管理人员对建设工程风险的担忧减少，从而可以集中精力研究和处理建设工程实施中的其他问题，提高目标控制的效果。而且，保险公司可向业主和承包商提供较为全面的风险管理服务，从而提高整个建设工程风险管理的水平。

保险这一风险对策的缺点首先表现在机会成本增加，这一点已如前述。其次，工程保险合同的内容较为复杂，保险费没有统一固定的费率，需根据特定建设工程的类型、建设地点的自然条件（包括气候、地质、水文等条件）、保险范围、免赔额的大小等加以综合考虑，因而保险合同谈判常常耗费较多的时间和精力。在进行工程保险后，投保人可能产生心理麻痹而疏于损失控制计划，以致增加实际损失和未投保损失。

在作出进行工程保险这一决策之后，还需考虑与保险有关的几个具体问题：一是保险的安排方式，即究竟是由承包商安排保险计划还是由业主安排保险计划；二是选择保险类别和保险人，一般是通过多家比选后确定，也可委托保险经纪人或保险咨询公司代为选择；三是可能要进行保险合同谈判，这项工作最好委托保险经纪人或保险咨询公司完成，但免赔额的数额或比例要由投保人自己确定。

需要说明的是，工程保险并不能转移建设工程的所有风险，一方面是因为存在不可保风险，另一方面则是因为有些风险不宜保险。因此，对于建设工程风险，应将工程保险与风险回避、损失控制和风险自留结合起来运用。对于不可保风险，必须采取损失控制措施。即使对于可保风险，也应当采取一定的损失控制措施，这有利于改变风险性质，达到降低风险量的目的，从而改善工程保险条件，节省保险费。

五、风险对策决策过程

风险管理人员在选择风险对策时，要根据建设工程的自身特点，从系统的观点出发，从整体上考虑风险管理的思路和步骤，从而制定一个与建设工程总体目标相一致的风险管理原则。这种原则需要指出风险管理各基本对策之间的联系，为风险管理人员进行风险对策决策提供参考。

图 6-9 描述了风险对策决策过程以及这些风险对策之间的选择关系。

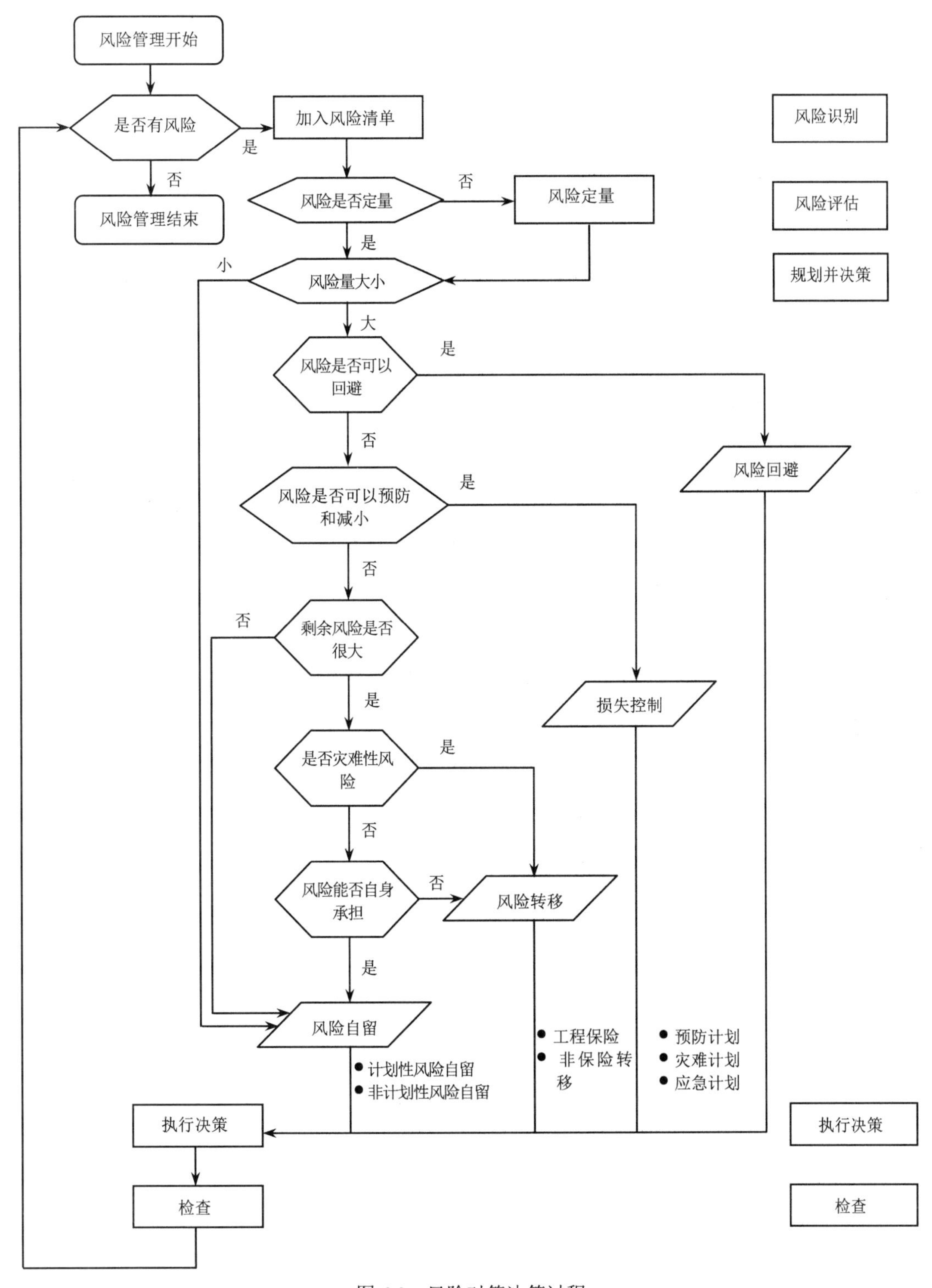

图 6-9 风险对策决策过程

思　考　题

1．简述风险、风险因素、风险事件、损失、损失机会的概念。
2．常见的风险分类方式有哪几种?具体如何分类?
3．简述风险管理的基本过程。
4．风险识别有哪些特点?应遵循什么原则?
5．简述风险识别各种方法的要点。
6．风险评价的主要作用是什么?
7．简述风险损失衡量的要点。
8．如何运用概率分布法进行风险概率的衡量?
9．风险对策有哪几种?简述各种风险对策的要点。
10．为什么要有计划地风险自留？

第七章　建筑工程安全监理

职业能力目标要求

1. 了解安全生产与安全监理的一般概念。
2. 熟悉建筑工程安全监理的性质和任务。
3. 掌握建筑工程安全监理的责任、主要工作内容和程序。

第一节　安全生产与安全监理概述

安全生产是社会的大事，它关系到国家的财产和人员生命安全，甚至关系到经济的发展和社会的稳定。因此，在建筑工程生产过程中必须贯彻“安全第一，预防为主”的方针，切实做好安全监理的工作。

一、安全生产概述

（一）安全生产的基本概念

1. 安全生产

安全生产是指在生产过程中保障人身安全和设备安全。它有两方面的含义：一是在生产过程中保护职工的安全和健康，防止工伤事故和职业病危害；二是在生产过程中防止其他各类事故的发生，确保生产设备的连续、稳定、安全运转，保护国家财产不受损失。

2. 安全生产管理

安全生产管理是指建设行政主管部门、建设工程安全监督机构、建筑施工企业及有关单位对建设工程生产过程进行计划、组织、指挥、控制、监督等一系列的管理活动。

3. 隐患

隐患是指未被事先识别或未采取必要防护措施的，可能导致事故发生的各种因素。

4. 事故

事故是指任何造成疾病、伤害、死亡以及财产、设备、产品或环境的损坏或破坏的事件。施工现场安全事故包括：物体打击、车辆伤害、机械伤害、起重伤害、触电、淹溺、灼烫、火灾、高处坠落、坍塌、火药爆炸、化学爆炸、物理性爆炸、中毒和窒息及其他伤害。

5. 危险源

危险源是指可能造成人员伤害、疾病、财产损失、作业环境破坏或这些情况组合的危险因数和有害因数。具体分为第一类危险源和第二类危险源。

第一类危险源是指可能发生意外释放能量的载体或危险物质以及自然状况。它包括动力源和能量载体以及具有危害性的物质本身。是事故发生的前提和事故的主体，决定事故的严重程度。

第二类危险源是指造成约束、限制能量措施失效或破坏的各种不安全因素。它包括人、物、环境、管理4个方面，是第一类危险源导致事故的必要条件，决定事故发生的可能性大小。

（1）第一类危险源从以下方面进行辨识：

1）产生、供给能量的装置、设备。例如，变电所、供热锅炉等。

2）使人体或物体具有较高势能的装置、设备、场所。例如，起重、提升机械、高度差较大的场所等。

3）能量载体。例如，运动中的车辆、机械的运动部件、带电的导体等。

4）一旦失控可能产生巨大能量的装置、设备、场所。例如，充满爆炸性气体的空间等。

5）一旦失控可能发生能量突然释放的装置、设备、场所。例如，各种压力容器、受压设备，容易发生静电蓄积的装置、场所等。

6）危险物质。除了干扰人体与外界能量交换的有害物质外，也包括具有化学能的危险物质。具有化学能的危险物质分为可燃烧爆炸危险物质和有毒、有害危险物质两类。前者指能够引起火灾、爆炸的物质，按其物理化学性质分为可燃气体、可燃液体、易燃固体、可燃粉尘、易爆化合物、自燃性物质、忌水性物质和混合危险物质8类。后者指直接加害于人体，造成人员中毒、致病、致畸、致癌等的化学物质。

7）生产、加工、储存危险物质的装置、设备、场所。例如，炸药的生产、加工、储存设施等。

8）人体一旦与之接触将导致人体能量意外释放的物体。例如，物体的棱角、工件的毛刺、锋利的刃等。

（2）第二类危险源按场所的不同初步可分为施工现场危险源与临建设施危险源两类，从人的因素、物的因素、环境因素和管理因素4个方面进行辨识。

1）与人的因素有关的危险源主要是人的不安全行为，集中表现在“三违”，即违章指挥、违章作业、违反劳动纪律。

2）与物的因素有关的危险源主要存在于分部、分项工艺过程、施工机械运行过程和物料等危险源中。

3）与环境因素有关的危险源主要指生产作业环境中的温度、湿度、噪声、振动、照明或通风换气等方面的问题。

4）与管理因素有关的危险源主要表现为管理缺陷，具体有制度不健全、责任不分明、有法不依、违章指挥、安全教育不够、处罚不严、安全技术措施不全面、安全检查不够等。

6. 应急求援

应急求援是指在安全生产措施控制失效情况下，为避免或减少可能引起的伤害或其他影响而采取的补救措施和抢救行为。它是安全生产管理的内容，是项目经理实行施工现场安全生产管理的具体要求，也是监理工程师审核施工组织设计与施工方案中安全生产的重要内容。

7. 应急救援预案

应急救援预案是指针对可能发生的、需要进行紧急救援的安全生产事故，事先制定好应对补救措施和抢救方案，以便及时救助受伤的和处于危险状态中的人员，减少或防止事态进一步扩大，并为善后工作创造好的条件。

8. 高处作业

凡在坠落基准面 2m 或 2m 以上有可能坠落的高处进行作业，该项作业即称为高处作业。

9. 临边作业

在施工现场任何场所，当高处作业中工作面的边沿并无维护设施或虽有围护设施，但其高度小于 80cm 时，这种作业称为临边作业。

10. 洞口作业

建筑物或构筑物在施工过程中，常会出现各种预留洞口、通道口、上料口、楼梯口、电梯井口，在其附近工作，称为洞口工作。

11. 悬空作业

在周边临空状态下，无立足点或无牢靠立足点的条件下进行的高空作业，称为悬空作业。悬空作业通常在吊装、钢筋绑扎、混凝土浇筑、模板支拆以及门窗安装和油漆等作业中较为常见。一般情况下，对悬空作业采取的安全防护措施主要是搭设操作平台，配戴安全带、张挂安全网等措施。

12. 交叉作业

凡在不同层次中，处于空间贯通状态下同时进行的高空作业称为交叉作业。施工现场进行交叉作业是不可避免的，交叉作业会给不同的作业人员带来不同的安全隐患，因此，进行交叉作业时必须遵守安全规定。

13. 本质安全

本质安全是指设备、设施或技术工艺含有内在的能够从根本上防止发生事故的功能。具体包括以下两方面的内容：

（1）失误—安全功能。指操作者即使操作失误，也不会发生事故或伤害，或是设备、设施和技术工艺本身具有自动防止人的不安全行为的功能。

（2）故障—安全功能。是指设备、设施或技术工艺发生故障或损坏时，还能暂时维持正常工作或自动转变为安全状态。

上述两种安全功能应该是设备、设施和技术工艺本身固有的，即在它们的规划设计阶段就被纳入其中，而不是事后补偿的。本质安全是安全生产预防为主的根本体现，也是安全生产管理的最高境界。实际上由于技术、资金和人们对事故的认识等原因，到目前还很难做到本质安全，只能作为全社会为之奋斗的目标。

14. 风险

某一特定危险情况发生的可能性和后果的组合。

风险的不确定性：发生时间的不确定性。从总体上看，有些风险是必然要发生的，但何时发生确是不确定性的。例如，生命风险中，死亡是必然发生的，这是人生的必然现象，但是具体到某一个人何时死亡，在其健康时却是不可能确定的。风险的客观性：风险是一种不以人的意志为转移，独立于人的意识之外的客观存在。因为无论是自然界的物质运动，还是社会发展的规律，都由事物的内部因素所决定，由超过人们主观意识所存在的客观规律所决定。

风险具有普遍性、客观性、损失性、不确定性和社会性。

风险的构成要素分别为：

（1）风险因素。

风险因素是风险事故发生的潜在原因，是造成损失的内在或间接原因。根据性质不同，风险因素可分为实质风险因素、道德风险因素（故意）和心理风险因素（过失、疏忽、无意）3种类型。

（2）风险事故。

风险事故是造成损失的直接的或外在的原因，是损失的媒介物，即风险只有通过风险事故的发生才能导致损失。就某一事件来说，如果它是造成损失的直接原因，那么它就是风险事故；而在其他条件下，如果它是造成损失的间接原因，它便成为风险因素。

（3）损失。

在风险管理中，损失是指非故意的、非预期的、非计划的经济价值的减少。通常我们将损失分为两种形态，即直接损失和间接损失。

风险构成要素之间的关系：风险是由风险因素、风险事故和损失三者构成的统一体，三者的关系为风险因素是指引起或增加风险事故发生的机会或扩大损失幅度的条件，是风险事故发生的潜在原因；风险事故是造成生命财产损失的偶发事件，是造成损失的直接的或外在的原因，是损失的媒介；损失是指非故意的、非预期的和非计划的经济价值的减少。

（二）安全生产的基本原则

1. 管生产必须管安全

“管生产必须管安全”的原则是施工项目必须坚持的基本原则。项目各级领导和全体员工在施工过程中，必须坚持在抓生产的同时抓好安全工作，要抓好生产与安全的“五同时”，即在计划、布置、检查、总结、评比生产工作的同时计划、布置、检查、总结、评比安全工作。

“管生产必须管安全”的原则体现了生产和安全的统一，生产和安全是一个有机的整体，两者不能分割更不能对立起来，应将安全寓于生产之中。生产组织者在生产技术实施过程中，应从组织上、制度上将这一原则固定下来，并具体落实到每个员工的岗位责任制上去，以保证该原则的实施。

2. 安全生产具有否决权

安全工作是衡量项目管理的一项基本内容，在对项目各项指标考核、评优创先时，首先必须考虑安全指标的完成情况。安全指标没有实现，尽管其他指标顺利完成，仍无法实现项目的最优化，因此安全生产具有一票否决的权利。

此外，安全否决权还应表现在：施工企业资质不符合国家规定，不准参加施工；建设区域位置的环境安全不合格，不得投资动工；某项工程或设备不符合安全要求，不准使用等。

3. 职业安全卫士“三同时”

“三同时”原则是一切生产性的基本建设和技术改造工程项目，必须符合国家的职业安全卫士方面的法规和标准。职业安全卫士技术措施及设施应与主体工程同时设计、同时施工、同时投产使用，以确保项目投产后符合职业安全卫士要求，保障劳动者在生产过程中的安全与健康。

编制或审定工程项目设计任务书时，必须编制或审定劳动安全卫生技术要求和采取相应的措施方案。竣工验收时，必须有劳动安全卫生设施完成情况及其质量评估报告，并经安全生产主管部门、卫生部门和工会组织参加验收签字后，方准投产使用。

4. 事故处理坚持“四不放过”

根据国家有关法律及法规规定，建筑企业一旦发生事故，在处理时必须坚持“四不放过”的原则。所谓“四不放过”是指在因工伤事故的调查处理中，必须坚持：事故原因分析不清不放过，事故责任者和群众没受到教育不放过；没有整改预防措施不放过；事故责任者和责任领导不处理不放过。

（三）安全生产的控制途径

（1）从立法和组织上加强安全生产的科学管理，例如，贯彻国家关于施工安全管理方面的方针、政策、规程、制度、条例，制定安全生产管理的规章制度或安全操作规程。

（2）建立各级、各部门、各系统的安全生产责任制，使全体职工在安全生产中各负其责，人人参加安全生产控制。

（3）加强对全体职工进行安全生产知识教育和安全技术培训。

（4）加强安全生产管理和监督检查工作，对生产存在的不安全因素，及时采取各种措施加以排除，防止事故的发生。对于已发生的事故，及时进行调查分析，采取处理措施。

（5）改善劳动条件，加强劳动保护，增进职工身体健康。对施工生产中有损职工身心健康的各种职业病和职业性中毒，应采取相应的防范措施，变有害作业为安全作业。

（四）安全生产方针的内容

建设工程施工安全生产必须坚持“安全第一、预防为主、综合治理”的基本方针。要求在生产过程中，必须坚持“以人为本”的原则和安全发展的理念。

在生产与安全的关系中，一切以安全为重，安全必须排在第一位。必须预先分析危险源，预测和评价危险、有害因素，掌握危险出现的规律和变化，采取相应的预防措施，将危险和安全隐患消灭在萌芽状态。施工企业的各级管理人员，坚持“管生产必须管安全”和“谁主管、谁负责”的原则，全面履行安全生产责任。

（1）安全生产的重要性。

生产过程中的安全是生产发展的客观需要，特别是现代化生产，更不允许有所忽视，必须强化安全生产，在生产活动中把安全工作放在第一位，尤其当生产与安全发生矛盾时，生产要服从安全，这是安全生产第一的含义。

（2）安全与生产的辩证关系。

在生产建设中，必须用辩证统一的观点去处理好安全与生产的关系。这就是说，项目领导者必须善于安排好安全工作与生产工作，特别是生产任务繁忙的情况下，安全工作与生产工作发生矛盾时，更应处理好两者的关系，不要把安全工作“挤掉”。越是生产任务忙，越要重视安全，把安全工作搞好。否则，就会导致工伤事故，既妨碍生产，又影响企业信誉，这是多年来生产实践证明了的一条重要经验。

（3）安全生产工作必须强调预防为主。

安全生产工作以预防为主是现代生产发展的需要。“安全第一、预防为主”两者是相辅相成、互相促进的。“预防为主”是实现“安全第一”的基础。要做到安全第一，首先要搞好预防措施。预防工作做好了，就可以保证安全生产，实现安全第一，否则安全第一就是一句空话，这也是在实践中所证明了的一条重要经验。

（五）安全生产管理的目标

安全生产管理目标是建设工程项目管理机构制定的施工现场安全生产保证体系所要达

到的各项基本安全指标。安全生产管理目标的主要内容有：

（1）杜绝重大伤亡、设备安全、管线安全、火灾和环境污染等事故。

（2）一般事故频率控制目标。

（3）安全生产标准化工地创建目标。

（4）文明施工创建目标。

（5）其他目标。

（六）安全生产的三级教育

新作业人员上岗前必须进行“三级”安全教育，即公司（企业）、项目部和班组三级安全生产教育。

（1）施工企业的安全生产培训教育的主要内容有：安全生产基本知识，国家和地方有关安全生产的方针、政策、法规、标准、规范，企业的安全生产规章制度，劳动纪律，施工作业场所和工作岗位存在危险因素、防范措施及事故应急措施，事故案例分析。

（2）项目部的安全生产培训教育的主要内容有：本项目的安全生产状况和规章制度，本项目作业场所和工作岗位存在危险因素、防范措施及事故应急措施，事故案例分析。

（3）班组安全培训教育的主要内容有：本岗位安全操作规程，生产设备、安全装置、劳动防护用品（用具）的正确使用方法，事故案例分析。

二、安全监理概述

（一）安全监理的概念

安全监理是指对工程建设中的人、机、环境及施工全过程进行安全评价、监控和督察，并采取法律、经济、行政和技术手段，保证建设行为符合国家安全生产、劳动保护法律、法规和有关政策，制止建设行为中的冒险性、盲目性和随意性，有效地把建设工程安全控制在允许的风险度范围以内，以确保建设工程的安全性。安全监理是对建筑施工过程中安全生产状况所实施的监督管理，行使委托方赋予的职权，属于安全技术服务，通过各种控制措施，实施评价、监控和监督，降低风险度。

1. 安全监理实施的前提

《中华人民共和国建筑法》规定：“建设单位与其委托的工程监理单位应当订立书面监理合同。”同样，建设工程安全监理的实施也需要建设单位的委托和授权。工程监理单位应根据委托监理合同和有关建设工程合同的规定实施建设工程安全监理。

建设工程安全监理只有在建设单位委托的情况下才能进行，并与建设单位订立书面委托监理合同，明确了安全监理的范围、内容、权利、义务、责任等，工程监理单位才能在规定的范围内行使监督管理权，合法地开展建设工程安全监理。工程监理单位在委托安全监理的工程中拥有一定的监督管理权限，是建设单位授权的结果。

2. 安全监理的行为主体

《中华人民共和国建筑法》规定：“实行监理的建筑工程，由建设单位委托具有相应资质条件的工程监理单位监理。”这是我国建设工程监理制度的一项重要规定。建设工程安全监理是建设工程监理的重要组成部分，因此它只能由具有相应资质的工程监理单位来开展监理，建设工程安全监理的行为主体是工程监理单位。

建设工程安全监理不同于建设行政主管部门安全生产监督管理。后者的行为主体是政府部门，它具有明显的强制性，是行政性的安全生产监督管理，它的任务、职责、内容不同于建设工程安全监理。

3. 安全监理的依据

（1）国家、地方有关安全生产、劳动保护、环境保护、消防等法律法规及方针、政策。

（2）国家、地方有关建设工程安全生产标准规范及规范性文件。

（3）政府批准的建设工程文件及设计文件。

（4）建设工程监理合同和其他建设工程合同等。

4. 安全监理与企业内部安全监督的区别

从安全监理和企业内部安全监督的工作内容和任务上看，两者没有多大差异，目标是一致的。但两者所处的位置和角度不一样，管理的力度就不一样，最终达到的效果也不一样。

（1）安全控制范围不同。安全监理是以宏观安全控制为主。从招投标开始实施全方位过程的安全控制，对承包商的选用、施工进度的控制和安全费用的使用监督等，起着举足轻重的制约性效用。安全监督是以微观安全控制为主，只能侧重于施工过程中的事故预防，对施工进度的控制和安全费用使用的监督显得力不从心。

（2）安全控制效果不同。安全监理单位同被监理单位是完全独立的两个法人经济实体，其关系是监督与被监督的关系，监理人员的个人得失和利益与被监理单位无关。监理单位为了履约合同，提高信誉打开市场，必须严格按合同要求认真执行安全规程和规范，避免和减少各类事故的发生。再者，安全监理是对被监理单位的领导人员、组织机构、规章制度直至具体的实施落实情况进行全过程的安全监理，各级领导也是被监理被监督的对象。由于是异体管理，有着强有力的制约机制，因而不存在不买账的问题。因此，停工整改、结算签单、停工待检、复工报验等整套管理程序都能真正发挥作用。由于管理力度增强，使安全文明施工的大环境变得更好。

（3）工程监理制度是国家以法规的形式强制实施的硬性制度，对承包商和业主都有同样的制约力。就总体而言，对较高层次的机构和人员的管理制约力度，安全监理要比安全监督大得多。

（4）安全监督人员是企业内部自己培养提拔的专业人员，其提升、任免、工资、奖金、福利待遇、人际关系等都与本企业紧密不可分割。因此，安全监督人员在工作中难免要考虑到企业和自己的得失，工作中难免出现畏手畏脚不坚持原则。

5. 安全监理与传统“三控制”的关系

随着控制安全成为建设监理的一项重要工作内容，安全监理应融入到传统的建设监理目标管理的“三控制”（质量控制、进度控制、投资控制）中而成为目标管理“四控制”。两者有紧密的联系和许多共同点：①同属于合同环境条件下的社会监理范畴；②安全事故与质量事故的产生有相同的内部机理；③安全与质量两者之间相辅相成，往往同时出现，且相互诱发。其不同之处为：①“三控制”实际上是以产品为中心，安全监理一般以作业者的人身安全与健康为重点；②“三控制”主要是维护业主的利益，安全监理面向社会大众，维护承包商及作业人员的利益，解脱业主的社会压力；③质量事故可以补救，人身伤害事故无法补救；④质量事故有较长的潜伏期，安全事故则是突发性的。

（二）安全监理的作用

1. 有利于防止或减少生产安全事故，保障人民群众生命和财产安全

我国建设工程规模逐步扩大，建设领域安全事故起数和伤亡人数一直居高不下，个别地区施工现场安全生产情况仍然十分严峻，安全事故时有发生，导致群死、群伤恶性事件，给广大人民群众的生命和财产带来巨大损失。实行建设工程安全监理，监理工程师及时发现建设工程实施过程中出现的安全隐患，并要求施工单位及时整改、消除，从而有利于防止或减少生产安全事故的发生，也就保障了广大人民群众的生命和财产安全，保障了国家公共利益，维护了社会安定团结。

建设工程的安全生产，不仅关系到人民群众的生命和财产安全，而且关系到国家经济发展和社会的全面进步。我国一直非常重视建设工程的安全生产工作。1997 年 11 月 1 日，第八届全国人民代表大会常务委员会第二十八次审议通过了《中华人民共和国建筑法》，对建筑工程安全生产管理作出了明确的规定。2002 年 6 月 29 日，第九届全国人民代表大会常务委员会第二十八次审议通过了《中华人民共和国安全生产法》，进一步明确了生产经营单位的安全生产责任。这两部法律的颁布施行，为建设工程安全生产提供了重要的法律依据，营造了良好的法律环境。

目前，我国的安全生产基础非常脆弱，特别是非公有制小企业的事故起数和死亡人数，都占全国事故起数和死亡总数的 70%左右。而全社会对安全生产的重视程度还不够，安全专项整治工作发展不平衡，个别地方安全生产工作责任不落实、工作不到位。在对各类安全生产事故的原因进行汇总、分析的基础上，可以看出建设工程安全生产管理中存在的主要问题包括以下几个方面。

（1）工程建设各方主体的安全责任不够明确。

工程建设涉及的主体较多，有建设单位、勘察单位、设计单位、施工单位、工程监理单位及其他如设备租赁单位、拆装单位等等，对这些主体的安全生产责任缺乏明确规定。有的企业在工程分包和转包过程中，同时转移安全风险，甚至签订生死合同，置人民群众的生命、国家财产于不顾，影响极其恶劣。

（2）建设工程安全的投入不足。

一些建设单位和施工单位挤扣安全生产经费，导致在工程投入中用于安全生产的资金过少，不能保证正常安全生产措施的需要，导致生产安全事故不断发生。例如，有的企业片面追求经济利益，急功近利思想严重，冒险蛮干。另一方面，在机制转换的经济作用下，许多建设者（或业主）都是想少投入多产出，在投标中往往是低价中标，而中标者在低标的施工中又往往想多赢利，所以这一来不发生事故是侥幸，发生事故是正常的。

（3）建设工程安全生产监督管理制度不健全。

建设工程安全生产的监督管理仅停留在突击性的安全生产大检查上，缺少日常的具体监督管理制度和措施。有的企业虽然制定了一些规章制度，但往往是墙上挂挂、口上讲讲，并没有真正落实在实处，特别是对施工现场的监督管理不到位、责任不落实，有令不行、有禁不止；有的企业存在家庭作坊式管理，主观随意性大；还有的企业缺乏对施工专业人员的保障措施，劳动保护用品得不到保障；一些管理人员和操作人员没有进行有关安全生产的教育培训，缺乏应有的安全技术常识，违章指挥、违章作业、违反劳动纪律的现场十分突出，存在严重的事故隐患。

（4）生产安全事故的应急救援制度不健全。

一些施工单位没有指定应急救援预案，发生生产安全事故后得不到及时的救助和处理，致使生命和财产受到损失。

2. 有利于规范工程建设参与各方主体的安全生产行为，提高安全生产责任意识

在建设工程安全监理实施过程中，监理工程师采用事前、事中和事后控制相结合的方式，对建设工程安全生产的全过程进行动态监督管理，可以有效地规范各施工单位的安全生产行为，最大限度地避免不当安全生产行为的发生。即使出现不当安全生产行为，也能够及时加以制止，最大限度地减少事故可能的不良后果。此外，由于建设单位不了解建设工程安全生产等有关的法律法规、管理程序等，也可能发生不当安全生产行为。为避免建设单位发生的不当安全生产行为，监理工程师可以向建设单位提出适当的建议，从而也有利于规范建设单位的安全生产行为。

3. 有利于促使施工单位保证建设工程施工安全，提高整体施工行业安全生产管理水平

实行建设工程安全监理，监理工程师通过对建设工程施工生产的安全监督管理，以及监理工程师的审查、督促和检查等手段，促使施工单位进行安全生产，改善劳动作业条件，提高安全技术措施等，保证建设工程施工安全，提高施工单位自身施工安全生产管理水平，从而提高整体施工行业安全生产管理水平。

实行建设工程安全监理可以将建设单位、地方安全监督部门和施工承包单位的安全管理有效地结合起来。事实上，在工程建设中，往往是建设单位没有专职安全管理人员或专业上不懂，主要依靠地方安全监督部门和施工承包单位自己管理，而地方安全监督部门面对庞大的地方基本建设，对施工现场的日常安全管理不可能面面俱到，这样一来施工现场的安全管理实际上就是施工承包单位自己在管理自己。施工承包单位由于多方面的原因，在安全的投入上、队伍的选择上等各有不同，加上每每建设单位和投资者在工期上又追得紧，安全工作往往就形成了说起来重要、做起来不重要的工作。出了事就大事化小、小事化了，能瞒就瞒、瞒不了只好报，这种安全管理确实弊端不少。实际上也可以说在安全管理中这是一块不可忽视的空白。实行建设工程安全监理后，安全监理可在施工现场上按照与建设单位签订的安全监理合同，认真履行国家、政府、行业颁发的安全生产规范标准，扎扎实实的监控施工现场安全生产动态，代表建设单位进行管理，这无不是一个现场安全管理与地方安全监督部门管理之间最好的补白。

4. 有利于构建和谐社会，为社会发展提供安全、稳定的社会和经济环境

做好建设工程安全生产工作，切实保障人民群众生命和国家财产安全，是全面建设小康社会、统筹经济社会全面发展的重要内容，也是建设活动各参与方必须履行的法定职责。工程建设监理单位要充分认识当前安全生产形势的严峻性，深入领会国家关于安全监理的方针和政策，牢固树立“责任重于泰山”的意识，切实履行安全生产相关职责，增强抓好安全生产工作的责任感和紧迫感，督促施工单位加强安全生产管理，促进工程建设顺利开展，为构建和谐社会，为社会发展提供安全、稳定的社会和经济环境发挥应有的作用。

5. 有利于提高建设工程安全生产管理水平

在过去几年里，由于工程界对安全监理的看法不一，导致安全监理工作薄弱甚至没有进行安全监理，使工程监理在施工安全上监控的效果未能充分发挥出来，导致施工现场因违章指挥、违章作业而发生的伤亡事故局面未能得到有效的控制。实行建设工程安全监理

制，通过建立工程师对建设工程施工生产的安全监督管理，以及监理工程师的审查、检查、督促整改等手段，促使施工单位进行安全生产，改善劳动作业条件，提高安全技术措施等，保证建设工程施工安全，提高施工单位自身施工安全生产管理水平，从而提高了整体施工行业安全生产管理水平。

（三）安全监理的职责

1. 审查施工单位的安全资质并进行确认

审查施工单位的安全生产管理网络；安全生产的规章制度和安全操作规程；特种作业人员和安全管理人员持证上岗情况以及进入现场的主要施工机电设备安全状况。考核结论意见与国家及各省、自治区、直辖市的有关规定相对照，对施工单位的安全生产能力和业绩进行确认和核准。

2. 监督安全生产协议书的签订与实施

要求由法人代表或其授权的代理人监督安全生产协议书的签订，其内容必须符合法律、法规和行业规范性文件的规定，采用规范的书面形式，并与工程承发（分）包合同同时签订，同时生效。对协议书约定的安全生产职责，双方的权利和义务的实际履行，监理工程师要实施全过程的监督。

3. 审核施工单位编制的安全技术措施，并监督实施

审核施工单位编制的安全技术措施是否符合国家、部委和行业颁发制定的标准规范；现场资源配置是否恰当并符合工程项目的安全需要；对风险性较大和专业性较强的工程项目有没有进行过安全论证和技术评审；施工设备、操作方法的改变及新工艺的应用是否采取了相应的防护措施和符合安全保障要求；因工程项目的特殊性而需补充的安全操作规定或作业指导书是否具有针对性和可操作性。监理工程师要对施工安全有关计算数据进行复核，按合同要求对施工单位安全费用的使用进行监督，同时制定安全监理大纲以及和施工工艺流程相对应的安全监理程序，来保证现场的安全技术措施实施到位。

4. 监督施工单位按规定配置安全设施

对配置的安全设施进行审查；对所选用的材料是否符合规定要求进行验证；对主要结构关键工序、特殊部位是否符合设计计算数据进行专门抽验和安全测试；对施工单位的现场设施搭设的自检、记录和挂牌施工进行监督。

5. 监督施工过程中的人、机、环境的安全状态，督促施工单位及时消除隐患

对施工过程中暴露出的安全设施的不安全状态、机械设备存在的安全缺陷、人的违章操作、指挥的不安全行为，实施动态的跟踪监理并开具安全监督指令书，督促施工单位按照“三定”（定人、定时、定措施）要求进行处理和整改消项，并复查验证。

6. 检查分部、分项工程施工安全状况，并签署安全评价意见

审查施工单位提交的关于工序交接检查和分部、分项工程安全自检报告，以及相应的预防措施和劳动保护要求是否履行了安全技术交底和签字手续，并验证施工人员是否按照安全技术防范措施和规程操作，签署监理工程师对安全性的评价意见。

7. 参与工程伤亡事故调查，督促安全技术防范措施的实施和验收

监理工程师对工程发生的人身伤亡事故要参与调查、分析和处理，并监督事故现场的保护，用照片和录像进行记录。同时和事故调查组一起分析、查找事故发生的原因，确定预防和纠正措施，确定实施程序的负责部门和负责人员，并确保措施的正确实施和措施可

行性、有效性的验证活动的落实。

（四）安全监理工作的开展

安全监理工作的开展主要是通过落实责任制，建立完善制度，使监理单位做好安全监理工作。

1. 健全监理单位安全监理责任制

监理单位法定代表人应对本企业监理工程项目的安全监理全面负责。

2. 完善监理单位安全生产管理制度

在健全审查核验制度、检查验收制度和督促整改制度基础上，完善工地例会制度及资料归档制度。定期召开工地例会，针对薄弱环节，提出整改意见，并督促落实；指定专人负责建立内业资料的整理、分类及立卷归档。

3. 建立健全人员安全生产教育培训制度

监理单位的总监理工程师和安全监理人员需经安全生产教育培训后方可上岗，其教育培训情况记入个人继续教育档案。

建设主管部门和有关主管部门应当加强建设工程安全生产管理工作的监督检查，督促监理单位落实安全生产监理责任，对监理单位实施安全监理给予支持和指导，共同督促施工单位加强安全生产管理，防止安全事故的发生。

第二节　建筑工程安全监理的性质和任务

一、建筑工程安全监理的性质

工程建设监理是市场经济的产物，是一种特殊的工程建设活动，它具有以下性质。

1. 服务性

服务性是工程建设安全监理的重要特征之一。首先，监理单位是智力密集型的单位，它本身不是建设产品的直接生产者和经营者，它为建设单位提供的是智力服务。监理单位拥有一批来自各学科、各行业、长期从事工程建设工作、有着丰富实践经验、精通技术与管理、通晓经济与法律的高层次专门人才。一方面，监理单位的监理工程师通过工程建设活动进行组织、协调、监督和控制，保证建设合同的顺利实施，达到建设单位的建设意图；另一方面，监理工程师在工程建设合同的实施过程中，有权监督建设单位和承包单位必须严格遵守国家有关建设标准和规范，贯彻国家的建设方针和政策，维护国家利益和公众利益。从这一意义上理解，监理工程师的工作也是服务性的。其次，监理单位的劳动与相应的报酬是技术服务性的。监理单位与工程承包公司、房屋开发公司、建筑施工企业不同，它不像这类企业那样承包工程造价，不参与工程承包的赢利分配，它是按其支付脑力劳动量的多少取得相应的监理报酬。

2. 独立性

独立性是工程建设安全监理的又一重要特征，其表现在以下几个方面。

（1）监理单位在人际关系、业务关系和经济关系上必须独立，其单位和个人不得参与工程建设的各方发生利益关系，我国建设监理有关规定指出，监理单位的“各级监理负责人和监理工程师不得是施工、设备制造和材料供应单位的合伙经营者，或与这些单位发生经营性隶属关系，不得承包施工和建材销售业务，不得在政府机关、施工、设备制造和材料供应单位任职”。之所以这样规定，正是为了避免监理单位和其他单位之间利益牵制，从而保持自己的独立性和公正性，这也是国际惯例。

（2）监理单位与建设单位的关系是平等的合同约定关系。监理单位所承担的任务不是由建设单位随时指定，而是由双方事先按平等协商的原则确立于合同之中，监理单位可以不承担合同以外建设单位随时指定的任务。如果实际工作中出现这种需要，双方必须通过协商，并以合同形式对增加的工作加以确定。监理委托合同一经确定，建设单位不得干涉监理工程师的正常工作。

（3）监理单位在实施监理的过程中，是处于工程承包合同签约双方，即建设单位和承建单位之外的独立一方，它以自己的名义，行使依法成立的监理委托合同所确认的职权，承担相应的职业道德责任和法律责任。

3. 公正性

公正性是指监理单位和监理工程师在实施工程建设安全监理活动中，排除各种干扰，以公正的态度对待委托方和被监理方，以有关法律、法规和双方所签订的工程建设合同为准绳，站在第三方立场上公正地加以解决和处理，做到“公正地证明、决定或行使自己的处理权”。

公正性是监理单位和监理工程师顺利实施其职能的重要条件。监理成败的关键在很大程度上取决于能否与承包商以及业主进行良好的合作、相互支持、互相配合。而这一切都是以监理的公正性为基础。

公正性也是监理制对工程建设监理进行约束的条件。实施建设监理制的基本宗旨是建立适合社会主义市场经济的工程建设新秩序，为开展工程建设创造安定、协调的环境，为业主和承包商提供公平竞争的条件。建设监理制的实施，使监理单位和监理工程师在工程项目建设中具有重要的地位。所以为了保证建设监理制的实施，就必须对监理单位和监理工程师制定约束条件。公正性要求就是重要的约束条件之一。

公正性是监理制的必然要求，是社会公认的职业准则，也是监理单位和监理工程师的基本职业道德准则。公正性必须以独立性为前提。

4. 科学性

科学意味着先进，先进也就代表着有效益。科学性是监理单位区别于其他一般服务性组织的重要特征，也是其赖以生存的重要条件。监理单位必须具有发现和解决工程设计和承建单位所存在的技术与管理方面问题的能力，能够提供高水平的专业服务，所以它必须具有科学性。科学性必须以监理人员的高素质为前提，按照国际惯例，监理单位的监理工程师，都必须具有相当的学历，并有长期从事工程建设工作的丰富实践经验，精通技术与管理，通晓经济与法律，经权威机构考核合格并经政府主管部门登记注册，发给证书，才能取得公认的合法资格。监理单位不拥有一定数量这样的人员，就不能正常开展业务，也是没有生命力的。社会监理单位的独立性和公正性也是科学性的基本保证。

二、建筑工程安全监理的任务

(1)检查施工单位安全生产管理职责;检查施工单位工程项目部安全管理组织结构图;检查施工单位安全保证体系要素、职能分配表；检查施工单位项目人员的安全生产岗位责任制；施工单位保证体系要素及职能分配表。

（2）检查施工单位安全生产保证体系文件。该文件包括：安全生产保证体系程序文件、施工安全各项目管理制度、经济承包责任制；要有明确的安全指标和包括奖惩在内的保证措施、支持性文件、内部安全生产保证体系审核记录，检查施工单位内部安全生产保证体系审核记录。

（3）审查施工单位安全设施，保证安全所需的材料、设备及安全防护用品到位。

（4）强化分包单位安全管理，检查施工总承包单位对分包施工安全管理。

（5）检查施工单位安全技术交底及动火审批。检查交底及动火审批目录、记录说明。检查总包对分包的进场安全总交底；对作业人员按工种进行安全操作规程交底；施工作业过程中的分部、分项安全技术交底；安全防护设施交接验收记录。检查动火许可证、模板拆除申请表，检查施工单位之间的安全防护设施交接验收记录。

（6）督促和检查施工单位对安全施工的内部检查。检查施工单位安全检查记录表、脚手架搭设验收单、特殊类脚手架搭设验收单、模板支撑系统验收单、井架与龙门架搭设验收单、施工升降机安装验收单、落地操作平台搭设验收单、悬挂式钢平台验收单、施工现场临时用电验收单、接地电阻测验记录、移动手持电动工具定期绝缘电阻测验记录、电工巡视维修工作记录卡、施工机具验收单：并对安全检查进行记录。

（7）检查施工单位事故隐患控制，检查事故隐患控制记录、事故隐患处理表、违章处理登记表、事故月报表。

（8）检查施工单位安全教育和培训；检查安全教育和培训目录及记录说明；新进施工现场的各类施工人员，必须进行安全教育并做好记录。

（9）检查施工单位职工劳动保护教育卡汇总表，提醒施工单位加强对全体施工人员假日前后的安全教育并做好记录。

（10）抽查施工单位班前安全活动每周讲评记录。检查施工单位安全员及特种作业人员名册，持证人员的证件。

第三节　建筑工程安全监理的主要内容和程序

一、建筑工程安全监理的主要内容

安全监理作为建设监理的重要组成部分，应划分为施工招标、施工准备、施工实施、竣工验收 4 个阶段的安全监理，或者把施工招投标和施工准备合并为施工准备阶段，则为施工准备、施工实施、竣工验收 3 个阶段的安全监理。

1. 施工准备阶段安全监理的主要工作内容

（1）施工招投标阶段审查总包单位、专业分包和劳务分包等施工单位资质和安全生产许可证是否合法有效；协助建设单位办理建设工程安全报监备案手续，协助建设单位与施工单位签订建设工程项目安全生产协议书。

（2）施工准备阶段应根据《建设工程安全生产管理条例》的规定，按照工程建设强制性标准《建设工程监理规范》（GB 50319—2013）和相关行业监理规范的要求，编制包括安全监理内容的项目监理大纲、项目监理规划等安全监理工作文件，明确安全监理的范围、内容、工作程序和制度措施，以及人员配备计划和职责等。

（3）对中型及以上项目和《建设工程安全生产管理条例》第二十六条规定的危险性较大的分部分项工程，监理单位应当单独编制安全监理实施细则，危险性较大的分部分项工程是指：

1）基坑支护与降水工程。基坑支护工程是指开挖深度超过 5m（含 5m）的基坑（槽）并采用支护结构施工的工程；或基坑虽未超过 5m，但地质条件和周围环境复杂、地下水位在坑底以上等工程。

2）土方开挖工程。土方开挖工程是指开挖深度超过 5m（含 5m）的基坑（槽）的土方开挖。

3）模板工程。水平现浇混凝土构件模板支撑系统高度超过 4.5m，跨度超过 18m，施工总荷载大于 10kN/m，集中荷载大于 15kN/m 的高大模板支撑系统；现浇滑模、爬模、大模板等；水平混凝土构件模板支撑系统及特种结构模板工程。

4）起重吊装工程。

5）脚手架工程。

a．高度超过 24m 的落地式钢管脚手架。

b．附着式升降脚手架；包括整体提升与分片式提升。

c．悬挑式脚手架。

d．门形脚手架。

e．挂脚手架。

f．吊篮脚手架。

g．卸料平台。

6）拆除、爆破工程。采用人工、机械拆除或爆破拆除的工程。

7）其他危险性较大的工程。

a．建筑幕墙的安装施工。

b．预应力结构张拉施工。

c．隧道工程施工。

d．桥梁工程施工。

e．特种设备施工。

f．网架（跨度超过 5m 的大垮结构安装）和索膜结构施工。

g．6m 以上的边坡施工。

h．大江、大河的导流、截流施工。

i．港口工程、航道工程。

j．采用新技术、新工艺、新材料、可能影响建设工程质量安全，已经行政许可、尚无技术标准的施工。

安全监理实施细则应当明确安全监理的方法、措施和控制要点，以及对施工单位安全技术措施的检查方案。

（4）审查审批施工单位编制的施工组织设计中的安全技术措施和危险性较大的分部分项工程安全专项施工方案是否复合工程建设强制性标准要求。审查的主要内容应当包括：

1）施工单位编制的地下管线保护措施方案是否符合强制性标准要求。

2）基坑支护与降水、土方开挖与边坡防护、模板、起重吊装、脚手架、拆除、爆破等分部分项工程的专项施工方案是否符合强制性要求。

3)施工现场临时用电施工组织设计或者安全用电技术措施和电气防火措施是否符合强制性标准要求。

4）冬季、雨季等季节性施工方案的制订是否符合强制性标准要求。

5）施工总平面布置图是否符合安全生产要求，办公室、宿舍、食堂、道路等临时设施以及排水、防火措施是否符合强制性要求。

对于施工安全风险较大的工程，监理企业应当根据专家组织论证审查的意见完善安全监理实施细则，督促施工单位按照专家组论证的安全专项施工方案组织施工，并予以审查签认。必须经专家组论证的分部分项工程是指：

1）深基坑工程。开挖深度超过 5m（含 5m）或地下室 3 层以上（含 3 层），或深度虽未超过 5m（含 5m），但地质条件和周围环境和地下线管及其复杂的工程。

2）地下暗挖工程。地下暗挖及遇有溶洞、暗河、瓦斯、岩爆、涌泥、断层等地质复杂的隧道。

3）高大模板工程。水平混凝土构件模板支撑系统，高度超过 8m 或跨度超过 18m，施工总荷载大于 10kN/m，或集中荷载大于 15kN/m 的模板支撑系统。

4）30m 及以上高空作业的工程。

5）大江、大河中深水作业工程。

6）城市房屋拆除爆破和其他土石方爆破工程。

7）施工安全难度较大的起重吊装工程。

（5）检查施工单位在工程项目上的安全责任制、安全生产规章制度和安全管理保证体系（安全管理网络）及安全监管机构的建立、健全及专职安全生产管理人员配备情况，督促施工单位检查各分包单位的安全生产规章制度的建立情况。

检查施工单位是否制定确保安全生产的各项规章制度包括：

1）安全生产资金保障制度。

2）安全生产教育培训制度。

3）安全检查制度。

4）安全生产事故报告处理制度。

5）施工组织设计和专项安全技术方案编制审批制度。

6）安全技术交底。

7）施工机械设备安全管理制度。

8）特种设备登记检验检测准用制度。

9）从业人员安全教育持证上岗制度。

10）安全生产例会制度。

11）安全生产奖惩制度。

12）安全生产目标责任考核制度。

13）职业危害防治措施制度。

14）重大危险源登记公示制度等。

（6）审查项目经理和专职安全生产管理人员等“三类”人员的安全生产培训考核情况，

是否具备合法资格，是否与投标文件相一致。

（7）审核电工、焊工、架子工、起重机械工、塔吊司机及指挥人员、爆破工等特种作业人员的特种作业操作资格证书是否合法有效。

（8）审核施工单位是否针对施工现场实际制定应急救援预案、安全防护措施费用使用和施工现场作业人员意外伤害保险办理情况。

（9）检查施工现场的实际安全施工前提条件。例如，施工围墙、场地道路硬化、已达施工现场的材料、工具机械设备的检验证明和安全状态。

2. 施工阶段安全监理的主要工作内容

（1）监督施工单位落实施工组织设计中的安全技术措施和专项施工方案，及时制止违规施工作业。

（2）对施工现场安全生产情况进行巡视检查，定期巡视检查施工过程中的危险性较大工程作业情况，加强施工现场外脚手架、洞口、临边、安全网架设、施工用电的动态巡视检查，督促施工单位落实《建筑施工安全检查标准》（JGJ 59－2011）等项安全规范和标准。

督促施工单位项目经理部定期或不定期组织项目管理人员及作业人员学习国家和行业现行的安全生产法规和施工安全技术规范、规程、标准；抓好工人入场“三级安全教育”。

督促施工单位在每道工序施工前，认真进行书面和口头的安全技术交底，并办理签名手续；根据工程进度并针对事故多发季节，组织施工方召开工作专题会议，鼓励其开展各种形式的安全教育活动。

（3）应用危险控制技术，对关键部位、关键工序和易发生事故的重点分项分部工程实施旁站监理。

控制事故隐患是安全监理的最终目的，系统危险的辨别预测、分析评价都是危险控制技术。危险控制技术分宏观控制技术和微观控制技术两大类。宏观控制技术是以整个工程项目为对象，对危险进行控制。采用的技术手段有：法制手段（政策、法令、规章）、经济手段（奖、惩、罚）和教育手段（入场安全教育，特殊工种教育），安全监理则以法律和教育手段为主。微观控制技术是以具体的危险源为控制对象，以系统工程为原理，对危险进行控制。所采用的手段主要是工程技术措施和管理措施，安全监理则以管理措施为主，加强有关的安全检查和技术方案审核工作。

（4）检查施工现场施工起重机械、整体提升脚手架、模板等自升式架设设施的验收或检验、检测手续。对整体提升脚手架、模板、塔吊、机具应要求施工单位在安装后组织验收，严格办理合格使用移交手续，防止防护措施不足及带病运转使用。对塔吊等起重机械还要检查是否按《特种设备安全检查条例》的规定，经有资格的检验检测机构检验检测合格。

（5）检查施工现场各种安全标志和安全防护措施是否符合强制性标准要求，并检查安全生产费用的使用情况。

（6）监督施工单位使用合格的安全防护用品。对安全网、安全帽、安全带、漏电保护开关、标准配电箱、脚手架连接件等要进行材料报审工作，确保采购符合国家标准要求的产品。施工单位按规定使用前要进行检查和检测，严禁使用劣质、失效或国家命令淘汰产品，以保证防护用品的安全使用。

（7）督促施工单位进行安全自查工作（班组检查、项目部检查、公司检查），并对施工单位自查情况进行抽查，参加建设单位组织的安全生产专项检查。督促施工方在狠抓安全检查的同时及时落实安全隐患的整改工作。

（8）对工程参与各方履行安全职责行为的检查。监理单位除了对施工单位加强安全监理外，还有权对建设、勘察、设计、机械设备安装等工程参与各方履行其安全责任的行为进行监督，对违反有关条文规定或拒不履行其相应职责而可能严重影响施工安全的行为，通报政府有关建设工程安全监督部门，以确保工程施工安全。

（9）发生重大安全事故或突发性事件时，应当立即下达暂时停工令，并督促施工单位立即向当地建设行政主管部门（安全监督机构）和有关部门报告，并积极配合有关部门、单位做好应急救援和现场保护工作。

以房屋建筑施工阶段安全监理为例，监理企业应按施工准备阶段、地基与基础处理施工阶段、土方开挖工程施工阶段、主体结构工程施工阶段、装饰工程施工阶段、竣工验收阶段编制监理要求和监理工作程序，指导项目监理组工作，监理人员应严格按期要求开展安全监理工作。

3. 竣工验收阶段安全监理的主要工作内容

（1）工程竣工后，监理单位应将有关安全生产的技术文件、验收记录、监理规划、监理实施细则、监理月报、监理会议纪要及相关书面通知等按规定立卷归档。

1）要求建立和收集安全监理全过程工程资料，并做到：

a. 监理企业应当建立严格的安全监理资料管理制度，规范资料管理工作。

b. 安全监理资料必须真实、完整，能够反应监理企业及监理人员依法履行安全监理职责的全貌。在实施安全监理过程应当以文字材料作为传递、反馈记录各类信息的凭证。

c. 监理人员应当在监理日志中记录当天施工现场安全生产和安全监理工作情况、记录发现和处理的安全问题。总监理工程师应当定期审阅并签署意见。

d. 监理月报应包含安全监理内容。对当月是施工现场的安全施工状况和安全监理工作作出评述，报建设单位。

2）安全监理内业资料主要包括：

a. 管理性文件。

（a）监理大纲、施工现场监理部安全管理的程序文件及项目部监理规划、目标、相关细则、体系、安全监理网络和安全监理机构。

（b）建设单位与施工承包单位的安全管理合同与监理单位的安全管理合同或协议书。

（c）建设和工程施工现场安全生产管理文件、管理体系、安全机构和现场安全生产委员会的建立。

（d）施工承包单位项目部安全生产管理机构、网络和安全生产、文明施工、环境健康管理制度。

b. 审批资料。

（a）施工承包单位企业（包括分包单位）资质等资料。

（b）进场施工机械、设备和起重设施报验资料（包括大型机械设备进场安装后的验收资料）。

（c）项目经理、技术负责人、专职安全人员、特种作业人员报验资料（需提供证件复印件）。

（d）进场安全防护用品、材料等采购的相关报验资料。

（e）施工承包单位对工程建设重大危险源及控制措施的分析和预评价。

（f）审批单位工程开工报告记录。

c. 审核文件。

（a）施工组织设计和施工现场临时用电施工组织设计。

（b）进场施工机械、设备和起重设施报验资料（包括大型机械设备进场安装后的验收资料）。

（c）重大项目或危险作业项目编制的专项安全施工措施或方案。

（d）应急救援预案。

d. 施工现场监控资料。

（a）安全检查总结。

（b）定期、不定期安全、文明是施工与环境健康检查记录。

（c）隐患整改通知单。

（d）隐患整改反馈单。

（e）重大危险项目旁站记录。

（f）安全监理日志。

（g）施工现场安全、文明施工协调记录。

（h）应急救援预案演练。

e. 安全教育和培训资料。

（a）建设单位对进场施工承包单位的进场总安全交底。

（b）项目监理部内部进行人员安全教育、日常安全教育及安全技术培训。

（c）项目监理部内部和监理公司安全活动、考核记录。

（d）施工现场由建设单位或监理组织的较大的安全教育活动记录。

f. 会议纪要。

（a）安全例会记录及纪要。

（b）专题安全会议纪要。

（c）每月安全综合评价会议纪要。

g. 安全月报及事故处理资料。

（a）月事故报表。

（b）事故处理记录。

（2）督促施工单位制定安全保卫、防火制度，防止建筑产品及设备损害。

二、建筑工程安全生产的监理责任

《建设工程安全生产管理条例》第十四条规定：工程监理单位应当审查施工组织设计中的安全技术措施或者专项施工方案是否符合工程建设强制性标准。

工程监理单位在实施监理过程中，发现存在安全事故隐患的，应当要求施工单位整改；情况严重的，应当要求施工单位暂时停止施工，并及时报告建设单位。施工单位拒不整改或者不停止施工的，工程监理单位应当及时向有关主管部门报告。

工程监理单位和监理工程师应当按照法律、法规和工程建设强制性标准实施监理，并对建设工程安全生产承担监理责任。

（1）《建设工程安全生产管理条例》第五十七条规定：违反本条例的规定，工程监理单位有下列行为之一：

1）未对施工组织设计中的安全技术措施或者专项施工方案进行审查。

2）发现安全事故隐患未及时要求施工单位整改或者暂时停止施工的。

3）施工单位拒不整改或者不停止施工，未及时向有关主管部门报告的。

4）未依照法律、法规和工程建设强制性标准。

责令限期改正；逾期未改正，责令停业整顿，并处10万元以上30万元以下的罚款；情节严重的，降低资质等级，直至吊销资质证书；造成重大安全事故，构成犯罪的，对直接责任人员，依照刑法有关规定追究刑事责任；造成的损失，依法承担赔偿责任。

（2）建筑市场不良行为记录和公示管理办法（试行）规定，给予工程监理企业及注册监理工程师不良行为记录的有：

1）对违反工程建设强制性标准不予制止；或制止不力且不及时书面报告质量、安全监督机构。

2）因监理失职发生工程质量安全事故。

3）注册监理工程师同时受聘于两个及以上单位和个人。

4）必须实施旁站监理的关键工序、关键部位不实施旁站监理。

5）不依法行使监理签字权。

（3）建设工程安全生产的监理责任是四大责任，主要包括：

1）审查签字认可施工组织设计中的安全技术措施或专项施工方案。为进行审查的，监理单位应承担《建设工程安全生产管理条例》第五十七条规定的法律责任。

2）在监理巡视检查过程中，发现存在安全事故隐患的，应按照有关规定及时下达书面指令要求施工单位进行整改或停止施工。发现安全事故隐患没有及时下达书面指令要求施工单位进行整改或停止施工的，监理单位应承担《建设工程安全生产管理条例》第五十七条规定的法律责任。

3）施工单位拒绝按照监理单位的要求进行整改或者停止施工的，监理单位应及时将情况向当地建设主管部门或工程项目的行业主管部门报告。监理单位没有及时报告，应承担《建设工程安全生产管理条例》第五十七条规定的法律责任。

4）依照法律、法规和工程建设强制性标准实施安全监理。否则，应当承担《建设工程安全生产管理条例》第五十七条规定的法律责任。

监理单位履行了上述规定的职责，施工单位未执行监理指令继续施工或发生安全事故的，应依法追究监理单位以外的其他相关单位和人员的法律责任。

三、 落实安全生产监理责任的主要工作

（1）健全监理单位安全监理责任制、建立以安全责任制为中心的安全监理制度及运行机制。

监理企业的法定代表人对本单位承担监理的建设工程项目的安全监理工作全面负责。

项目总监理工程师对工程项目的安全监理工作负总责，并根据工程项目特点，明确监理人员的安全监理职责，明确安全监理方案、安全监理内容、工作程序、工作措施。

项目其他监理人员在总监理工程师的指导下，按照职责分工，对各自承担的安全监理任务负责。

对大型工程项目，或工程总量不大，但施工安全风险较大的工程项目，监理企业应当在施工现场建立专门的安全监理专班，配备专职安全监理工程师，实施安全监理。

对中型工程项目，监理企业应当在施工现场配备专职的安全监理工程师，实施安全监理。

对小型工程项目，由总监理工程师负责实施安全监理。

（2）完善监理单位安全生产管理制度。

在健全审查核验制度、检查验收制度和督促整改制度基础上，完善工地例会制度及资料归档制度。定期召开工地例会，针对薄弱环节，提出整改意见，并督促落实；制定专人负责监理内业资料的整理、分类及立卷归档。

（3）建立监理人员安全生产教育培训制度。

建设部建市［2006］《关于落实建设工程安全生产监理责任的若干意见》规定：监理单位的总监理工程师和安全监理人员需经安全生产教育培训后方可上岗，其教育培训情况计入个人继续教育归档。

四、建筑工程安全监理的程序

1. 监理单位的建筑工程安全监理工作程序

（1）监理单位按照《建设工程监理规范》和相关行业监理规范要求，编制含有安全监理内容的监理规划和监理实施细则。

（2）在施工准备阶段，监理单位审查核验施工单位提交的有关技术文件及资料，并由项目总监在有关技术文件报审表上签署意见；审查未通过的安全技术措施及专项施工方案不得实施。

（3）在施工阶段，监理单位应对施工现场安全生产情况进行巡视检查，对发现的各类安全事故隐患，应书面通知施工单位，并督促其立即整改；情况严重的，监理单位应及时下达工程暂停令，要求施工单位停工整改，并同时报告建设单位。安全事故隐患消除后，监理单位应检查整改结果，签署复查或复工意见。施工单位拒不整改或不停工整改的，监理单位应当及时向工程所在地建设主管部门或工程项目的行业主管部门报告，以电话形式报告的，应当有通话记录，并及时补充书面报告。检查、整改、复查、报告等情况应记载在监理日志、监理月报中。监理单位应核查施工单位提交的施工起重机械、整体提升脚手架、模板等自升式架设设施和安全设施等验收记录，并由安全监理人员签收备案。

（4）工程竣工后，监理单位应将有关安全生产的技术文件、验收记录、监理规划、监理实施细则、监理月报、监理会议纪要及相关书面通知等按规定立卷归档。

2. 施工阶段安全监理的工作程序

（1）审查施工单位的安全资质等有关证件。

包括《营业执照》、《施工许可证》、《安全资质证书》、《建筑施工安全监督书》等。

（2）审查施工单位的有关安全生产的文件。

包括安全生产管理机构的设置及安全专业人员的配备等、安全生产责任制及管理体系、安全生产规章制度、特种作业人员的上岗证及管理情况、各工种的安全生产操作规程、主要施工机械、设备的技术性能及安全条件等。

（3）审查施工单位的施工组织设计中的安全技术措施或者专项施工方案。

工程监理单位对施工安全的责任主要体现在审查施工单位的施工组织设计中的安全技术措施或者专项施工方案是否符合工程建设强制性标准。施工组织设计是规划和指导即将建设的工程施工准备到竣工验收全过程的综合性技术经济文件，是施工准备工作的重要组成部分，是做好施工准备工作的重要依据和保证。施工组织设计既要体现建设工程的设计要求，选择最佳施工方案，追求最佳的经济效益；同时，还要保证施工准备阶段各项工作的顺利进行和各分包单位、各工种、各类材料构件、机具等供应时间和顺序。对一些关键部位和需要控制的部位，要提出相应的安全技术措施，对整个施工的全过程起着非常重要的作用。施工组织设计中必须包含安全技术措施（是指为了实现安全生产，在防护上、技术上和管理上采取的措施。具体来说，就是在工程施工中，针对工程的特点、施工现场环境、施工方法、劳动组织、作业方法、使用的机械、动力设备、变配电设备、架设工具以及各项安全防护设施等制定的确保安全施工的措施）和施工现场临时用电方案，对基坑支护与降水工程、土方开挖工程、模板工程、起重吊装工程、脚手架工程、拆除、爆破工程等达到一定规模的危险性较大的分部分项工程应当编制专项施工方案，工程监理单位对这些技术措施和专项施工方案进行审查，审查的重点在是否符合工程建设强制性标准。对于达不到工程建设强制性标准的，应当要求施工单位进行补充完善。在具体程序上，建设工程的监理工程师首先熟悉设计文件，并对图纸中存在的有关问题，提出书面的意见和建议，并按照《建设工程监理规范》的要求，在工程项目开工前，由总监理工程师组织专业监理工程师审查施工单位报送的施工组织设计，提出审查意见，并经总监理工程师审核、签字后报送建设单位。

（4）审核施工组织设计中安全技术措施的编写、审批是否齐全。

1）安全技术措施应由施工企业工程技术人员编写。

2）安全技术措施应由施工企业技术、质量、安全、工会、设备等有关部门进行联合会审。

3）安全技术措施应由具有法人资格的施工企业技术负责人批准。

4）安全技术措施变更或修改时，应按原程序由原编制审批人员批准。

（5）审核施工组织设计中安全技术措施或专项施工方案是否符合工程建设强制性标准。

1）土方工程。包括地上障碍物的防护措施是否齐全完整；地下隐蔽物的保护措施是否齐全完整；相临建筑物的保护措施是否齐全完整；场区的排水防洪措施是否齐全完整；土方开挖时的施工组织及施工机械的安全生产措施是否齐全完整；基坑边坡的稳定支护措施和计算书是否齐全完整；基坑四周的安全防护措施是否齐全完整。

2）脚手架。包括脚手架设计方案（图）是否齐全完整可行；脚手架设计验算书是否正确齐全完整；脚手架施工方案及验收方案是否齐全完整；脚手架使用安全措施是否齐全完整；脚手架拆除方案是否齐全完整。

3）模板施工。包括模板结构设计计算书的荷载取值是否符合工程实际，计算方法是否正确：模板设计应包括支撑系统体系和连接件等的设计是否如期和合理，图纸是否齐全；模板设计中安全措施是否周全。

4）高处作业。包括临边作业的防护措施是否齐全完整；洞口作业的防护措施是否齐全完整；悬空作业的安全防护措施是否齐全完整。

5）交叉作业。包括交叉作业时的安全防护措施是否齐全完整；安全防护棚的设置是否满足安全要求；安全防护棚的搭设方案是否完整齐全。

6）塔式起重机。包括地基与基础工程施工是否能满足使用安全和设计需要；起重机拆装的安全措施是否齐全完整；起重机使用过程中的检查维修方案是否齐全完整；起重机驾驶员的安全教育计划和班前检查制度是否齐全；起重机的安全使用制度是否健全。

7）临时用电。包括电源的进线、总配电箱的装设位置和线路走向是否合理；负荷计算是否正确完整；选择的导线截面和电气设备的类型规格是否正确；电气平面图、接线系统图是否正确完整；施工用电是否采用 TN-S 接零保护系统；是否实行“一机一闸”制，是否满足分级分段漏电保护；照明用电措施是否满足安全要求。

8）安全文明管理。包括检查现场挂牌制度、封闭管理制度、现场围挡措施、总平面布置、现场宿舍、生活设施、保健急救、垃圾污水、放火、宣传等安全文明施工措施是否符合安全文明施工的要求。

（6）审核安全管理体系和安全专业管理人员资格。

健全的安全管理体系是施工单位安全生产的根本前提和重要保障。专职安全生产管理人员不仅对安全生产现场进行监督检查、及时向项目负责人和安全生产管理机构报告发现的安全隐患，还要及时制止违章指挥、违章操作的行为。专职安全生产管理人员是施工单位专门负责安全生产管理的人员，是国家法律、法规、标准在本单位实施的具体执行者，应经有关部门考核取得相应资格后方可上岗。

（7）审核新工艺、新技术、新材料、新结构的使用安全技术方案及安全措施。

随着我国经济的迅速发展、科学的长足进步以及引进国外先进技术和先进设备的增加，越来越多的新工艺、新材料和新技术或者新设备被广泛应用于施工生产活动中，这对促进施工单位的生产效率和质量，具有重要意义，也给经济发展带来巨大的生机与活力；但另一方面，施工单位对新工艺、新材料、新技术或者新设备的了解或认识不足，对其安全性能掌握不充分或者没有采取有效的安全防护措施等就可能导致事故的发生。监理工程师应认真审核其使用安全技术方案及安全措施，确保安全生产、技术进步和实现其经济价值。

（8）审核安全设施和施工机械、设备的安全控制措施。

施工机械设备是施工现场的重要设备，随着工程规模的扩大和施工工艺的提高，其在施工中的地位越来越突出。但是，目前施工现场使用的施工机械设备的产品质量不容乐观，有的安全保险和限位装置不齐全，有的安全保险和限位装置失灵，有的在设计和制造商存在重大质量缺陷和安全隐患，导致安全事故时有发生。因此应审核施工机械设备的安全保护装置配备是否齐全，并保证其灵敏可靠，以保证施工机械设备安全使用，减少施工机械设备事故的发生。

（9）严格依照法律、法规和工程建设强制性标志实施建设工程安全监理。

监理工程师应充分利用一切监理手段对施工过程进行严格监理，坚决制止和纠正不安全行为，督促施工单位按照施工安全生产法律、法规和标准组织施工，杜绝各类安全隐患，保证实现安全生产。

（10）现场监督与检查，发现安全事故隐患时及时下达监理通知，要求施工单位整改或暂停施工。

1）日常现场跟踪监理，根据工程进展情况，监理人员对各工序安全情况进行跟踪监督、现场检查、验证施工人员是否按照安全技术防范措施和操作规程操作施工。一旦发现安全隐患，及时下达监理通知，责令施工企业整改。

2）对主要结构、关键部位的安全状况，除日常跟踪检查外，视施工情况，必要时可做抽检和检测工作。

3）每日将安全检查情况记录在《监理日记》。

4）及时与建设行政主管部门进行沟通，汇报施工现场安全情况，必要时，以书面形式汇报，并做好汇报记录。

（11）如遇到下列情况，监理人员要直接下达暂停施工令，并及时向项目总监和建设单位汇报。

1）施工中出现安全异常，经提出后，施工单位未采取改进措施或改进措施不符合要求时。

2）对已发生的工程事故未进行有效处理而继续作业时。

3）安全措施未经自检而擅自使用时。

4）擅自变更设计图纸进行施工时。

5）使用没有合格证明的材料或擅自替换、变更工程材料时。

6）未经安全资质审查的分包单位的施工人员进入施工现场施工时。

7）出现安全事故时。

（12）施工单位拒不整改或者不停止施工，及时向建设单位和建设行政主管部门报告。

（13）要求总承包单位要统一管理分包单位的安全生产工作，对施工现场的安全生产负总责；也要求分包单位服从总承包单位的安全生产管理，包括制定安全生产责任制度、遵守相关的规章制度和操作规程等。

思　考　题

1．阐述安全生产和安全监理的概念？

2．安全生产有哪些基本原则？

3．安全生产的控制途径有哪些？

4．安全生产方针的内容有哪些？

5．安全生产管理的目标是什么？

6．安全监理的依据是什么？

7．安全监理与传统“三控制”有哪些关系？

8．安全监理的作用是什么？

9．安全监理的职责是什么？

10．建筑工程安全监理的性质是什么？

11．建筑工程安全监理的任务是什么？

12．建筑工程安全生产的监理责任是什么？

13．建筑工程安全监理的主要工作内容和程序是什么？

第八章　建设工程监理的合同与信息管理

职业能力目标要求

1. 了解信息管理在建设工程中的作用，掌握建设工程信息管理的相关内容
2. 掌握通过加强监理信息管理，以提高监理水平的能力。
3. 通过更好地控制整体建设，以提高监理工作质量的能力。

第一节　建设工程监理信息

信息是内涵和外延不断变化、发展着的一个概念。一般认为，信息是以数据形式表达的客观事实、它是对数据的解释，反映着事物的客观状态和规律。数据是用来反映客观世界而记录下来的可鉴别的符号，如数字、字符串等。数据本身是一个符号，只有当它经过处理、解释，对外界产生才能成为信息。

一、建设工程信息的概念及性质

建设工程信息是对参与建设各方主体（如业主、设计单位、施工单位、供货单位和监理企业等）从事建设工程项目管理（或监理）提供决策支持的一种载体，如项目建议书、可行性研究报告、设计图纸及说明、各种建设法规及建设标准等。建设工程信息管理，是建设工程项目管理（或监理）的重要内容，是一切工作的基础。

建设工程信息具如下特点：真实性、时效性、系统性、不完全性和层次性。真实性是建设工程信息的基本性质，错误的信息不具有任何利用价值。时效性是信息决策的关键，对整个建设工程影响重大。系统性的特点要求我们不能片面地处理和利用信息，必须用系统的观点来对待建设工程信息。信息的不完全性是各方主体对客观事实认识的局限性所造成的。信息的层次性指的是，不同的主体需要不同的信息，同常将信息分为决策级、管理级、作业级 3 个层次。

二、建设工程监理的信息分类

不同的监理范畴需要不同的信息，可按不同的标准将监理信息进行归类划分，来满足不同监理工作的信息需求，并有效地进行管理工作。

监理信息的分类方法通常有以下几种。

（一）按建设监理的控制对象分类

1. 投资控制信息

这是指与投资费用控制直接相关的信息内容。这类信息有与工程投资费用有关的信息，如工程造价、物价指数、概算定额、预算定额等；与工程项目计划投资有关的信息，如工

程项目投资估算、设计概预算、合同价等；与项目进行中产生的实际投资有关的信息，如施工阶段的支付账单、投资调整、原材料价格、机械设备台班费、人工费、运杂费等。

2. 质量控制信息

这是指与质量控制直接相关的信息内容。这类信息有与工程质量有关的标准信息，如国家有关的质量的质量政策、质量法规、质量标准、工程项目建设标准等；与计划工程质量有关的信息，如工程项目的合同标准信息、材料设备的质量信息、质量控制工作流程、质量控制工作制度等；与项目进展中有关的实际质量信息，如工程质量检验信息材料质量抽样检验信息、质量和安全事故信息等。还有由这些信息加工后得到的信息，如质量目标的分析结果信息、质量控制的风险分析信息、工程质量统计信息、安全事故预测信息、安全事故统计信息等。

3. 进度控制信息

这是指与进度控制直接相关的信息内容。这类信息有与工程进度有关的标准信息，如工程施工进度定额信息等；与工程计划进度有关的信息，如工程项目总进度计划、进度控制的工作流程、进度控制的工作制度等。还有由这些信息加工后得到的信息，如工程进度控制的风险分析、进度目标分解信息、实际进度与计划进度对比分析、实际进度统计分析等。

（二）按工程建设的不同阶段分类

1. 项目建设前期的信息

该类信息包括可行性研究报告、设计任务书提供的信息、勘察测量的信息、初步设计、招标文件的信息等。

2. 项目实施过程施工中的信息

该类信息施工过程周期长、现场情况多变复杂，信息量最大。业主方面的信息，对于工程建设中的一些重大问题，业主要不时发表看法，下达命令。有承包商方面的信息，施工单位必须收集和掌握施工现场的大量信息，其中包括向有关方面发出的各种文件、报告等。有设计方来的信息，如根据设计合同提供的施工图纸，在施工过程中的设计变更等。项目监理内部也会有许多信息，有从施工现场得到的关于费用、质量、进度等方面的信息，还有经过分析整理后对各种问题的处理意见等。以及还有来自地方政府、环保部门、交通部门等其他部门的信息。

3. 项目竣工阶段的信息

这个阶段的竣工验收资料中包含了大量的信息，这些信息一部分来源于施工过程，在项目的实施阶段长期积累形成的，一部分是在竣工验收期间根据积累的资料整理分析而形成的。

三、建设工程监理信息系统

一个监理单位和每一个项目监理机构都应建立信息管理系统，配备熟悉工程项目管理并经过培训的信息管理人员，以正确高效、安全可靠的获得所需要的信息。建立信息系统的建设工程信息系统的一个子系统，也是监理单位整个管理系统的一个子系统。作为前者，它必须从建设信息系统中得到所必需的政府、建设、施工承包、设计等各单位提供的数据和信息，也必须送出相关单位需要的数据和信息；作为后者，它也从监理单位得到必要的指令、帮助和所需要的数据和信息，向监理单位汇报建设工程项目信息。

第二节　建设工程监理的信息管理

对于大型的建设工程项目，其所产生的信息数量巨大，种类繁多，为便于信息的搜集、处理、储存、传递和利用，项目监理机构信息管理人员可以通过以下形式进行建设工程监理的信息管理工作。

一、施工现场监理会议

施工现场监理会议是建设工程项目参加建设各方交流信息的重要形式，一般可分为监理例会（每周一次）、专题工地会议。因工作急需，建设、承包、监理单位均可提出召开临时工地会议，以解决当时亟待解决的问题。参加监理例会人员的名单，在第一次工地会议时就已确定，而专题工地会议和临时工地会议的参加人员和会议内容，应在会前商定。

1. 监理例会

（1）在建设工程施工过程中，总监理工程师应定期召开监理例会，原则上每周都要召开一次，主要参会人员：建设单位与业主施工现场代表；承包单位项目经理部经理及技术负责人，各专业有关人员；项目监理机构总监理工程师、总监理工程师代表、各专业监理工程师、监理员以及其他监理人员；如涉及勘察、设计单位、分包单位的，可邀其派人参加。

（2）会议的议题应是当前施工中存在的突出的、亟待解决的问题，以及各方的意见选定，应联系实际工作，突出重点。议题范围：上次会议议决事项的执行情况，如未完成应查明原因及其责任人，研究和制定补救措施；查明工程进展情况，和计划进度做比较；检查工程质量状况，对存在的质量问题，讨论并制定改进措施；检查安全生产情况；检查工程量核定及工程支付款支付情况；讨论建筑材料、构配件和设备供应情况、存在的问题和改进的方法；通报违约及工期、费用索赔的意见及处理情况；解决需要协调的有关事项；其他当前亟待解决的、需要在会议上通报和研究的事项。

（3）项目监理机构各有关人员应在会议召开前，按专业或职务分工对上次会议议决事项的执行情况进行调查，并对本次会议拟提出的问题提出建议。在监理例会召开之前由总监理工程师主持召开项目监理机构全体人员会议，对如何开好例会作出布置和安排。

（4）由总监理工程师指定专人，使用专用记录本负责监理例会的记录，即会议纪要。根据记录整理、编写会议纪要，主要内容有：会议地点、时间、参加人员名单、单位、职务等；上次例会决议事项的落实情况，如未落实应查明原因及其责任人，应采取何种补救措施（要注明执行人及时限要求）；本次会议的决议事项，要落实执行单位和时限要求；待决议事项；其他需要记载的事项。

监理例会纪要是重要的监理信息传递文件，纪要文字要简洁，内容要清楚，用词要准确。其议定的事项对建设各方主体均有约束力，在发生争议或索赔事件时，监理例会纪要文件是重要的法律文件，各项目监理机构都应予以足够的重视。

监理例会的会议纪要需经总监理工程师审查确认后打印，对打印后的成品要认真审查核对。收到会议纪要文件的各方主体应办理签收手续。如对纪要内容有异议时，应于收到文件后三日内向项目监理机构反馈。监理例会的记录本、会议纪要及反馈书面文件应作为监理资料存档备案。

2. 专题工地会议

专题工地会议是解决建设项目施工过程中的技术问题、安全问题、管理问题及专业协调工作而组织召开的会议。专题工地会议是由总监理工程师根据工作需要召开，建设单位、承包单位若提出建议，总监理工程师在审定同意后也可以召开。专题工地会议由总监理工程师组织召开，其他有关单位人员参加，其会议记录及会议纪要的编写可参照监理例会的有关规定执行。

二、监理日志、监理日记及监理报表

（1）各项目机构的总监理工程师代表或总监理工程师指定人员，应每天填报“工程项目监理日志”，记录当日施工现场发生的一切情况及监理工作情况。各监理人员亦每日填报“监理人员监理日记”，记录当日本人的监理工作情况。监理日志和监理日记必须据实填报，并于次日交送总监理工程师审阅。

（2）各项监理报表也是信息管理员获取信息的重要来源，信息管理员要负责收集、整理有关信息，向监理工程师汇报。

三、监理月报

监理月报的编写是一项重要的信息管理工作，在建中的监理工程信息，每月均应编制监理月报，报送建设单位、监理单位及有关部门。通过监理月报，建设单位可了解工程项目本月份各方面的进展情况；监理机构可向所属监理单位领导汇报本月份在工程项目的质量控制、进度控制、成本控制、安全管理、合同管理、信息管理及组织协调参与各建设方之间关系的工作内容，为下一阶段工作制订计划；若是有上级主管部门来项目监理机构检查工作，监理月报也可作为提供工程概况、施工概况及监理工作情况的说明文件。

监理月报由总监理工程师指定专人负责，其编写内容应由本监理单位规定，各专业监理工程师和信息管理员负责提供本专业或职务分工部分的资料和数据，由总监理工程师审阅。项目监理机构全体人员共同动手，分工协作按时编制完成。

四、监理简报

项目监理机构定期或不定期编写监理简报，报道施工现场的情况，及时报送有关单位和所属监理单位有关部门及领导。

第三节　建设工程监理的档案资料管理

一、建设工程监理档案资料管理的基本概念

在进行建设工程监理的工作期间，建设单位委托监理工程师对建设工程实施过程中形成的与监理相关的文件和档案进行收集积累、加工整理、立卷归档和检索利用等一系列工作。建设工程监理档案资料管理的对象是监理文件档案资料，它们是建设工程监理信息的

主要载体之一。监理文件档案资料是监理单位在工程项目实施监理过程中所形成的各种原始记录，它是监理工作中各项控制和管理工作的依据和凭证。通过对监理档案文件资料的管理也反映了监理人员的素质与项目监理机构的管理能力与管理水平。

二、监理档案资料管理的要求

监理文件档案资料的管理是监理工作中内业管理工作的最重要部分，各项监理机构应予以极大的重视，监理资料的管理应逐步走向科学化、程序化、计算机化。

（1）项目监理机构的监理资料管理工作由总监理工程师总负责，各专业监理工程师分工负责，由总监理工程师指定人员专任或兼任资料管理员负实际责任。监理单位的监理文件资料管理工作由技术总负责人负责，文件档案资料管理部门负责人负责具体管理工作，并对各项目监理机构的监理资料管理员负指导责任。

（2）完整、准确、真实、及时是对监理资料的 4 个重要要求；及时完整、真实有效、填写齐全、标识无误、交圈对口、归档有序是监理资料管理工作的基本要求。

（3）项目监理机构应于工程竣工后 3 个月内，由总监理工程师组织监理人员进行监理资料的整理、编审和装订工作，由总监理工程师签字后作为监理档案移交给所属监理单位的档案资料管理部门保管备查。

三、建设工程监理档案资料的传递过程

项目监理部的信息管理部门是专门负责建设工程项目信息管理工作的，在工程建设过程中所有的监理文件档案资料，都应统一归口传递到信息管理部门，进行加工、收发和管理，如图 8-1 所示。信息管理部门是监理文件和档案资料传递渠道的关键环节。

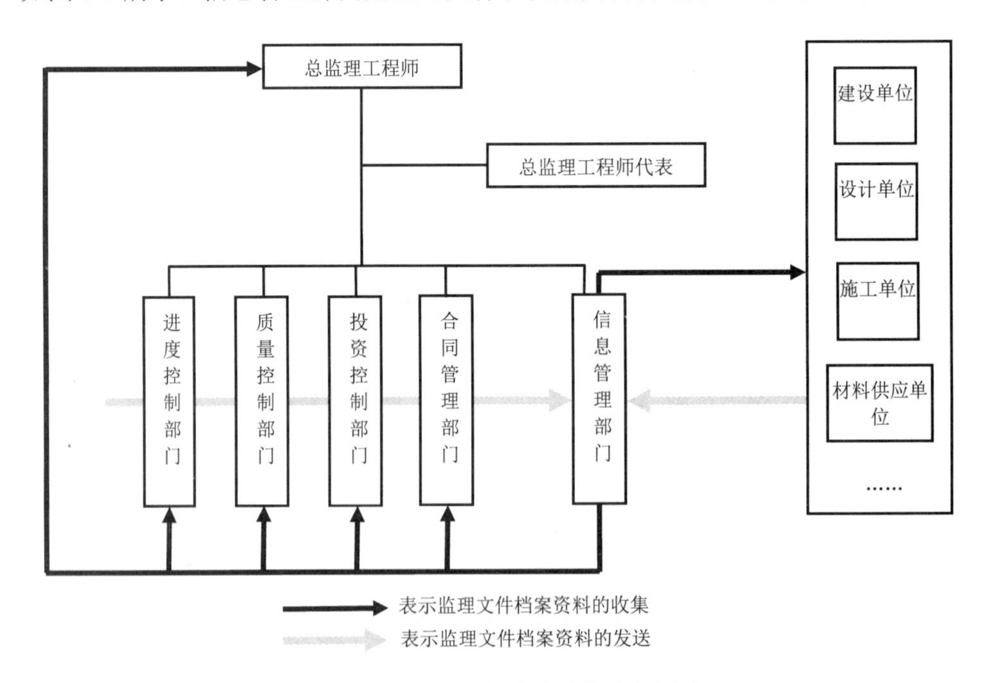

图 8-1　监理文件和档案资料传递流程图

四、建设工程监理档案资料的内容

建设工程监理文件档案资料一方面是监理单位在开展监理工作过程中的资料，另一方面是在建设工程项目竣工后应交给建设单位以及地方城建档案管理部门备案的资料。对于在开展监理过程中的资料，监理单位的技术管理部门应根据本企业的管理情况制定本单位文件档案资料管理的原则，以便统一管理并体现出本企业的特色。在施工阶段，监理文件和档案的分类方法供监理单位在使用中参考，见表 8-1。

表 8-1　监理单位资料系统划分及编码参考表

分类	文件名称	文件主要内容	文件类型
合同文件A	监理合同 A1	建设工程委托监理合同、补充协议	原件
	监理规划 A2	监理规划	原件
		监理实施细则（含安全文明实施细则）	原件
		旁站方案	原件
	项目监理机构人员资料 A3	总监理工程师任命书及监理机构设立文件	原件
		监理人员名单及岗位资格证书	复印件加盖公章
	勘察设计文件 A4	地质勘察报告	复印件
		图纸审查意见及对图纸审查意见的答复资料	复印件
		图纸会审记录、设计变更单	原件
	施工合同文件及施工组织设计（方案）报审资料 A5	施工招标文件（含施工招标答疑）、施工投标书	复印件
		建设工程施工承包合同及补充协议（含分包单位）	复印件
		建设单位资格报审（含分包单位，包括资质证书、营业执照、项目组织机构人员上岗证书等）	报审表原件其他复印件加盖公章
		进场设备报审表及合格证、鉴定证书（含分包单位）	报审表原件其他复印件
		施工组织设计报审表及施工组织设计	原件
		施工方案报审表及专项施工方案（含安全施工方案）	原件
进度控制B	工程开工／复工资料 B1	规划许可证、施工许可证	复印件
		工程开工／复工审批表	原件
		工程开工报告、开工令、复工令、暂停令	
	原件进度计划监控资料 B2	工程总进度计划报审表及工程总进度计划、月进度计划报审表及月进度计划	原件
		监理对总进度计划的监控计划、月施工进度计划调整审批资料	原件
	工程延期审批资料 B3	工程临时延期申报表	原件
		工程最终延期审批表	原件

续表

分类	文件名称	文件主要内容	文件类型
质量控制C	施工测量放线报验C1	工程定位、高程、轴线报验	原件
		沉降观测记录资料	原件
	工程材料、构配件、设备出厂质量证明文件C2	工程材料报验单及材料、构配件报验资料：包括出厂证明文件、出厂试验报告、准用证和相关质量证明文件	报审表原件、其他复印件
	工程报验资料C3	工程报验单及内容：按单位、子单位、分部、子分部、分项、检验批（含隐蔽工程验收记录）	原件
	工程质量与安全评估报告C4	单位工程安全评估报告、单位工程质量评估报告、主体分部质量评估报告、基础分部质量评估报告	原件
	质量检测报告及安全与功能检测报告C5	结构实体检测报告、环境检测报告以及其他安全与功能检测报告	复印件
	见证取样试验报告C6	原材料、焊接、砂浆试块、混凝土试块试验报告（含配合比单）、回填土	复印件
	质量问题C7	质量问题（事故）报告单、质量问题（事故）处理方案报审表及处理资料等	原件
	相关记录C8	旁站监理记录、平行检查记录、巡视记录	原件
投资控制D	工程款支付控制资料D1	工程款支付申请表、月度工程计量计价申报审核表、工程款支付证书、月度工程款支付审核汇总表	原件
	变更费用及索赔资料D2	工程变更费用申请审批表、费用索赔申请表、费用索赔审批表	原件
	结算资料D3	工程结算申报及审核意见书等相关资料	原件
综合管理E	日常记录E1	监理日志、监理月报	原件
	会议记录E2	工地例会、专题会议记录	原件
	来往函件资料E3	监理工程师通知单及通知回复单、收（发）文登记簿、监理工作联系单、建设单位来函、承包单位来函	原件
	监理工作总结E4	监理工作总结（含建筑物外观及关键部位资料照片）、业务手册、工程质量验收监督综合表	原件

对于文件主要内容的编码可根据文件名称的编码相应编制。例如，A1、A2、A3 等，以此类推。文件类型尽可能用原件，只能用复印件的材料，监理工程师在施工现场应查对原件。列入城建档案馆（室）档案接收范围的工程，建设单位在组织工程竣工验收前，应提请城建档案管理机构对工程档案进行预验收。建设单位未取得城建档案管理机构出具的认可文件，不得组织工程竣工验收。建设单位向城建档案馆（室）移交工程档案时，应办理移交手续，填写移交目录，双方签字、盖章后交接。根据（GB/T 50328—2001）《建设工程文件归档整理规范》，监理单位的归档资料和保管期限见表 8-2。

表 8-2　监理单位文件归档资料和保管期限表

序号	归 档 文 件	保存单位和保管期限				
		建设单位	施工单位	设计单位	监理单位	城建档案馆
一	监理委托合同	长期			长期	√
二	工程项目监理机构及负责人名单	长期			长期	√
三	监理规划					
1	监理规划	长期			短期	√
2	监理实施细则	长期			短期	√
3	监理部总控制计划等	长期			短期	
四	监理月报中的有关质量问题	长期			长期	√
五	监理会议纪要中的有关质量问题	长期			长期	√
六	进度控制					
1	工程开工/复工审批表	长期			长期	√
2	工程开工/复工暂停令	长期			长期	√
七	质量控制					
1	不合格项目通知	长期			长期	√
2	质量事故报告及处理意见	长期			长期	√
八	造价控制					
1	预付款报审与支付	短期				
2	月付款报审与支付	短期				
3	设计变更、洽商费用报审与签认	长期				
4	工程竣工决算审核意见书	长期				√
九	分包单位					
1	分包单位资质材料	长期				
2	供货单位资质材料	长期				
3	试验等单位资质材料	长期				
十	监理通知					
1	有关进度控制的监理通知	长期			长期	
2	有关质量控制的监理通知	长期			长期	
3	有关造价控制的监理通知	长期			长期	
十一	合同与其他事项管理					
1	工程延期报告及审批	永久			长期	√
2	费用索赔报告及审批	长期			长期	
3	合同争议、违约报告及处理意见	永久			长期	√
4	合同变更材料	长期			长期	√

续表

序号	归档文件	保存单位和保管期限				
		建设单位	施工单位	设计单位	监理单位	城建档案馆
十二	监理工作总结					
1	专题总结	长期			短期	
2	月报总结	长期			短期	
3	工程竣工总结	长期			长期	√
4	质量评价意见报告	长期			长期	√

五、监理档案资料的分类、编号与归档

建设工程项目的监理资料种类繁多，数量很大，为了做好项目监理工作，应对这些监理资料和文件进行科学的分类、编号和归档。因其工作内容很繁杂，目前没有相应的国家标准，建议监理单位执行或参考现行的北京地区标准《建筑工程资料管理规程》（DBJ01-51—2003）。

思　考　题

1．建设工程监理信息管理的内容、方法和手段分别是什么？

2．如何将建设工程文件归档？

3．《建设工程文件归档整理规范》（GB/T 50328—2001）中监理单位的归档资料有哪些？

第九章　国外工程项目管理相关情况介绍

职业能力目标要求

1. 掌握建设项目管理、工程咨询和建设工程组织管理的新型模式。
2. 学会借鉴国际上建设工程管理的方法，用到实际的工程当中。

第一节　建 设 项 目 管 理

建设项目管理（construction project management）在我国也称为工程项目管理。建设项目管理就是在建设项目的施工周期内，用系统工程的理论、观点和方法，进行有效的规划、决策、组织、协调、控制等系统的、科学的管理活动，从而按项目既定的质量要求、控制工期、投资总额、资源限制和环境条件，圆满地实现建设项目目标。从广义上讲，任何时候、任何建设工程都需要相应的管理活动。积极推行建设项目管理，是深化我国工程建设项目组织实施方式改革，提高工程建设管理水平，保证工程质量和投资效益，规范建筑市场秩序的重要措施；是勘察、设计、施工、监理企业调整经营结构，增强综合实力，加快与国际工程承包和管理方式接轨，提高我国企业国际竞争力的有效途径。

一、建设项目管理的发展过程

第二次世界大战以前，在工程建设领域占绝对主导地位的是传统的建设工程组织管理模式，即设计—招标—建造模式（design-bid-build）。采用这种模式时，业主与建筑师或工程师签订专业服务合同。建筑师或工程师不仅负责提供设计文件，而且负责组织施工招标工作来选择总包商，还要在施工阶段对施工单位的施工活动进行监督并对工程结算报告进行审核和签署。

第二次世界大战以后，世界上大多数国家的建设规模和发展速度都达到了历史上的最高水平，出现了一大批大型和特大型建设工程，其技术和管理的难度大幅度提高，对工程建设管理者水平和能力的要求亦相应提高。在这种形势下，传统的建设工程组织管理模式已不能满足业主对建设工程目标进行全面控制和对建设工程实施进行全过程控制的新要求，其缺陷日显突出。其主要表现在：相对于质量控制而言，对费用投资和进度的控制以及合同管理较为薄弱，效果较差；难以发现设计本身的错误或缺陷，常因为设计方面的原因而导致投资增加和工期拖延。正是在这样的背景下，一种不承担建设工程的具体设计任务、专门为业主提供建设项目管理服务的咨询公司应运而生了，并且迅速发展壮大，成为工程建设领域一个新的专业化方向。

应当承认我国的项目管理与国际水平仍有相当差距，特别是建设行业，我国对项目管理的系统研究和行业实践起步相对较晚。现阶段要做好引进、消化、培养人才的工作，同时也要研究下中国的特殊问题，逐步形成中国特色的项目管理体系。

二、建设项目管理的类型

1. 按管理主体分

参与工程建设的各方主体都有自身的项目管理任务。参与工程建设的各方主体主要是指建设单位、设计单位、施工单位、材料及设备供应单位。建设项目管理按主体分就可分为建设单位的项目管理、设计单位的项目管理、施工单位的项目管理以及材料、设备供应单位的项目管理。其中，大多数情况下，业主没有能力自己实施建设项目管理，需要委托专业化的建设项目管理公司代为管理。就设计单位和施工单位比较而言，施工单位的项目管理涉及的问题较多，时间较长，内容较复杂，对项目管理人员的要求亦高得多。而材料、设备供应单位的项目管理比较简单，主要表现在按时、按质、按量供货。

2. 按服务对象分

专业化建设项目管理公司的出现是适应业主新需要的产物，但是，在其发展过程中，并不仅仅局限于为业主提供项目管理服务，也可能为设计单位或施工单位提供项目管理服务。按建设项目管理公司的服务对象分，可分为为建设单位服务的项目管理，为设计单位服务的项目管理和为施工单位服务的项目管理。其中，为业主服务的项目管理最为普遍，所涉及问题最多最复杂。为设计单位服务的项目管理主要是为设计总包单位服务，这种服务应用较少。至于为施工单位服务的项目管理，应用虽然比较普遍，但服务范围却较狭窄。施工单位都具有自行实施项目管理的水平和能力，因此没有必要再委托专业化建设项目管理公司为其提供管理服务。

3. 按服务阶段分

这种类型的划分主要是从业主服务的角度考虑。根据为业主服务的时间范围，建设项目管理可分为施工阶段的项目管理、实施阶段全过程的项目管理和工程建设全过程的项目管理。

三、建设项目管理理论体系的发展

项目管理作为20世纪50年代发展起来的新领域，开始只在我国部分重点建设项目中运用，云南鲁布革水电站是我国第一个聘用外国专家、采用国际标准、应用项目管理进行建设的水电工程项目，并取得了巨大的成功。在二滩水电站、三峡水利枢纽建设和其他大型工程建设中，都采用了项目管理这一有效手段，并取得了良好的效果。现在，项目管理已经成为现代管理学的重要分支，并越来越受到重视，运用项目管理的知识和经验，可以极大地提高管理人员的工作效率。

项目管理的理论来自于管理项目的工作实践。到今日，项目管理已成为一门学科，随着项目管理的重要性为越来越多的组织所认识，组织的决策者开始认识到项目管理知识、工具和技术可以为他们提供帮助，以减少项目的盲目性。于是这些组织开始要求他们的员工系统地学习项目管理知识，以减少项目进行过程中的偶发性。在多种需求的促使下，项目管理迅速被推广和普及。在西方发达国家高等学院中陆续开设了项目管理硕士、博士学位教育。

第二节　工　程　咨　询

一、工程咨询概述

（一）工程咨询的含义

咨询，是运用知识、技能、经验、信息提供服务的脑力劳动，旨在为他人出谋划策，解决疑难问题。因此咨询是一种智力活动，为管理者特别是决策者服务，是科学化、民主化决策的基础和依据。

工程咨询作为广义咨询中的一个重要分支，有其特定的含义。工程咨询，是以技术为基础，综合运用多种学科知识、工程实践经验、现代科学和管理方法，为经济社会发展、投资建设项目决策与实施全过程提供咨询和管理的智力服务。

（二）工程咨询的特点

1. 咨询范围的广泛性

工程咨询业务范围弹性很大，可以是国民经济全局宏观的规划或政策咨询，可以是工程项目全过程的咨询，也可以是工程建设某个阶段、某项内容、某项工作的咨询。

2. 咨询任务的唯一性

根据工程项目唯一性的特点，每一项工程咨询任务都是一次性、单独的任务，没有重复。

3. 咨询因素的复杂性

工程咨询牵涉面广，涉及政治、经济、环境、社会等领域，需要协调和处理方方面面的关系，考虑各种复杂多变的因素。

二、注册咨询工程师（投资）

（一）注册咨询工程师（投资）的概念

注册咨询工程师（投资）（registered consulting engineer）是按人力咨询和社会保障部、国家发展和改革委员会的有关规定，通过考试或认定，合法取得《中华人民共和国注册咨询工程师（投资）执业资格证书》，经注册登记取得《中华人民共和国注册咨询工程师（投资）注册证》的人员。

我国的“注册咨询工程师（投资）”与国际上通称的“咨询工程师”有所不同。国际上，咨询工程师从事工程项目投资建设全过程的咨询服务，凡是从事项目投资建设前期咨询、工程设计、招标投标咨询、工程监理等咨询业务的工程师，统称为咨询工程师。在我国现行管理体制下，投资建设阶段分由不同的政府部门管理，工程咨询全过程设有多种国家批准的个人职业资格制度。为避免与其他职业资格制度重复和矛盾，我国的注册咨询工程师加注“投资”二字，它的职业定位是：以投资决策咨询为主，兼顾与投资相关的其他咨询业务和宏观经济建设决策咨询业务。因此，就职业范围而言，我国目前的注册咨询工程师（投资）属于狭义的咨询工程师，与国际上广义的咨询工程师尚未完全对接。

（二）注册咨询工程师（投资）的执业范围

（1）经济社会发展规划、计划咨询。

（2）行业发展规划和产业政策咨询。

（3）经济建设专题咨询。

（4）投资机会研究。

（5）工程项目建议书的编制。

（6）工程项目可行性研究报告的编制。

（7）工程项目评估。

（8）工程项目融资咨询、绩效跟踪评价、后评价及培训咨询服务。

（9）工程项目招投标技术咨询。

（10）国家发展和改革委员会规定的其他工程咨询业务。

（三）注册咨询工程师（投资）的基本素质

1. 高尚的品德和奉献进取精神

包括思想好、热情高、作风正、甘奉献。注册咨询工程师（投资）必须树立社会主义荣辱观，有高度的事业心和责任感。同时必须在现代科学技术日新月异、工作多变性和动态性更加显著的形势下，保持旺盛的进取心和创新能力。

2. 多科学、复合型的知识结构

（1）专业技术知识。

专业技术知识一般是指在某个专业领域具有咨询工程师的知识结构和基础，这个领域可以是土建、安装、电气、运输等专业领域，也可以是化工、水利、电力、通信等行业领域。

（2）经济学基础知识。

经济学基础知识包括经济学、会计学、工程经济学、国际贸易、国际金融、保险以及公司理财等。

（3）管理科学基础知识。

管理科学基础知识包括管理学、运筹学、统计学、组织行为学、市场学、工程项目管理以及有关法律基础知识等。

（4）外语水平。

除了具有较熟练的外语听、说、阅读和较好的信函、合同书写能力外，还要熟悉和理解国际通用的有关项目管理的用语和合同文本，以及本专业的外文技术资料。

3. 掌握工程咨询常用方法

树立符合科学发展观要求的新咨询理念，掌握具有中国特色、符合国际惯例的工程咨询方法，是注册咨询工程师（投资）提供工程咨询服务所必需的。注册咨询工程师（投资）要掌握各种工程咨询常用方法及其应用范围，要了解对于不同事件、不同对象、不同时间应用恰当方法的手段。工程咨询常用的方法包括战略分析法、市场预测法、投资估算法、资源利用评价法、环境影响评价法、节能评估法、经济分析法、社会评价法、方案必选法、风险分析法等。

三、工程咨询公司的服务对象和内容

工程咨询公司，是从事工程咨询业务并具有独立法人资格的企业、事业单位的统称。它包括 3 个方面的要素：①有特定的组织形式和组织机构；②有明确的业务性质定位和法人地位；③有清晰的责任约束机制及活动规则。

工程咨询公司是从事工程咨询业务的机构，是为各类项目业主提供工程咨询服务的主体。由于工程项目周期长，任务多而复杂的特点，工程咨询公司的服务内容，从以下两个方面来研究。

（一）工程咨询的阶段划分

1. 工程项目前期阶段的咨询业务

在这一阶段，工程咨询单位提供的咨询服务称之为投资前咨询。其业务范围包括项目规划咨询、项目机会研究、项目可行性研究和项目评估等内容。

项目决策咨询是本阶段咨询工作的核心，其中以可行性研究和评估为重点，内容涉及项目的目标（市场供求、最终产品等）、资源评价（物资资源、资金来源、技术资源和人力资源等）、建设条件分析（基础设施条件、场址条件等）、经济效益分析（财务评价和经济评价等），以及社会和环境影响评价等。

2. 工程项目准备阶段的咨询业务

这一阶段的咨询业务主要有工程勘察设计、设计审查、工程和设备采购咨询服务等。

（二）工程项目实施阶段的咨询业务

项目实施阶段是指工程项目从开工建设至工程竣工的全过程。这一阶段的咨询任务是使项目按设计和计划的进度、质量、投资预算顺利实施建设，最后达到预期的目标和要求。

四、工程项目运营阶段的咨询业务

项目运营阶段是指项目建成后投产使用，正常生产运营的阶段。这一阶段的咨询业务主要是帮助客户对已投入生产和运营的项目进行回顾和总结，以获得有利于改进今后工作的经验。同时，工程咨询单位还应提供技术咨询、管理咨询、安全评估等运营管理过程中的专项咨询服务。

根据国家发展和改革委员会 2005 年 3 月颁布的《工程咨询单位资格认定办法》，我国工程咨询单位服务范围包括以下内容：

（1）规划咨询：含行业、专项和区域发展规划编制、咨询。

（2）编制项目建议书（含项目投资机会研究、预可行性研究）。

（3）编制项目可行性研究报告、项目申请报告和资金申请报告。

（4）评估咨询：含项目建议书、可行性研究报告、项目申请报告与初步设计评估，以及项目后评价、概预决算审查等。

（5）工程设计。

（6）招标代理。

（7）工程监理、设备监理。

（8）工程项目管理：含工程项目的全过程或若干阶段的管理服务。

第三节　建设工程组织管理新型模式

控制项目目标的主要措施包括组织措施、管理措施、经济措施和技术措施，其中组织措施是最重要的措施。如果对一个建设工程的项目管理进行诊断，首先应分析其组织方面存在的问题。组织分工是一种相对静态的组织关系，反映了一个组织系统中每项工作之间的逻辑关系和各元素的管理职能分工。随着社会经济水平的发展，项目管理学科的日趋成熟，建设工程业主寻求简化自身工作的途径，得到更全面、更高效的服务，更科学地实现建设工程计划的目标。本节主要介绍 CM 模式、EPC 模式、Partnering 模式和 Project Controlling 模式。

一、CM 模式

CM（construction management）模式若直译成中文为“施工管理”模式或“建设管理”模式，这两个概念在我国都有明确的内涵，显然不能这样直译。我国有些学者也将其译为“建筑工程管理”模式，但此种译法难以诠释 CM 模式的准确含义，故本书直接用英文字母缩写表示。

国外的某些学者在综合各方面经验的基础上提出了快速路径法。这种方法的基本特征是招标工作可以不依赖完整的施工图，当设计完成一个阶段后，即可组织相应工程内容的施工招标，确定施工中标单位后便开始相应工程内容的施工，如图 9-1 所示。由图可以看出，这种方法可以将设计工作和施工招标工作搭接起来，在很大程度上缩短了建设周期。

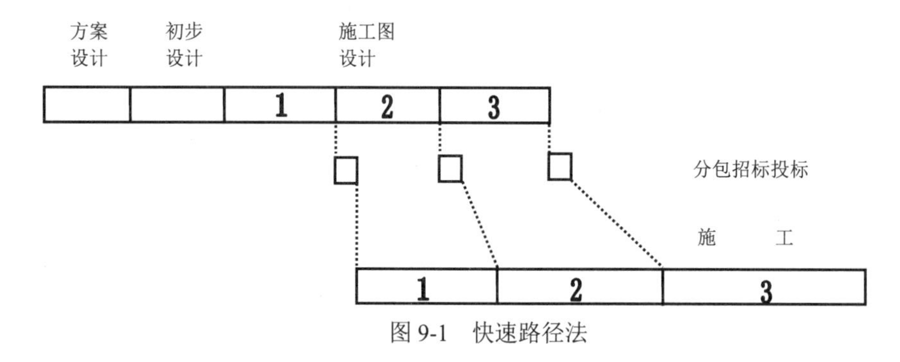

图 9-1　快速路径法

（一）CM 模式的类型

CM 模式分为代理型 CM 模式和非代理型 CM 模式。

1．代理型 CM 模式（CM/Agency）

这种模式又称为纯粹的 CM 模式。业主方与 CM 单位直接签订咨询服务合同，与此同时，业主与其他多个施工单位签订所有的施工合同。其合同关系和协调工作关系如图 9-2 所示。

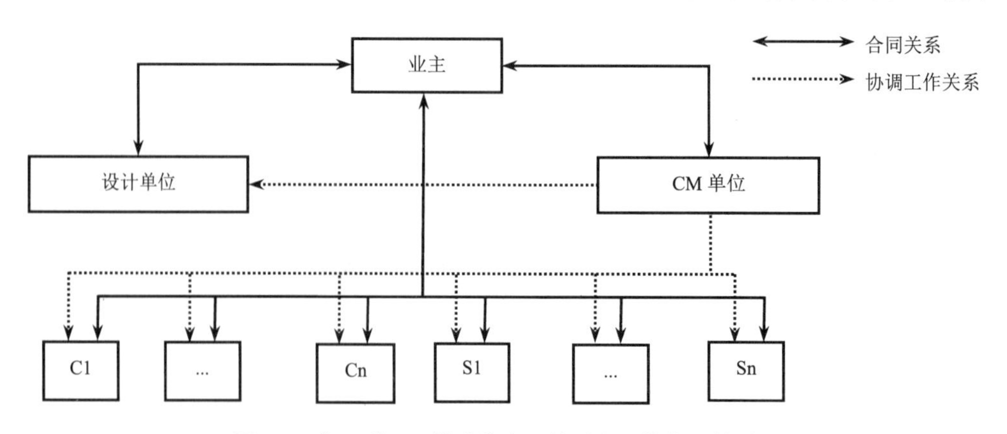

图 9-2　代理型 CM 模式的合同关系和工作协调关系

图中 C 表示施工单位，S 表示材料设备供应商。CM 单位与设计单位之间是协调工作的关系，CM 单位对设计单位没有命令权。代理型 CM 模式中的 CM 单位，通常是具有较丰富施工经验的专业 CM 单位或咨询单位担任。

2. 非代理型 CM 模式（CM/Non-Agency）

这种模式又称为风险型 CM 模式。采用非代理型 CM 模式时，业主一般不与施工单位直接签订施工合同，而将签订合同的权利转交给 CM 单位。此时由 CM 单位与各施工单位、材料设备供应商直接签订合同；但也有可能在某些情况下，对某些专业性很强的工程内容和工程专用材料、设备，业主与少数施工单位和材料设备供应商签订合同。其合同关系和协调工作关系如图 9-3 所示。

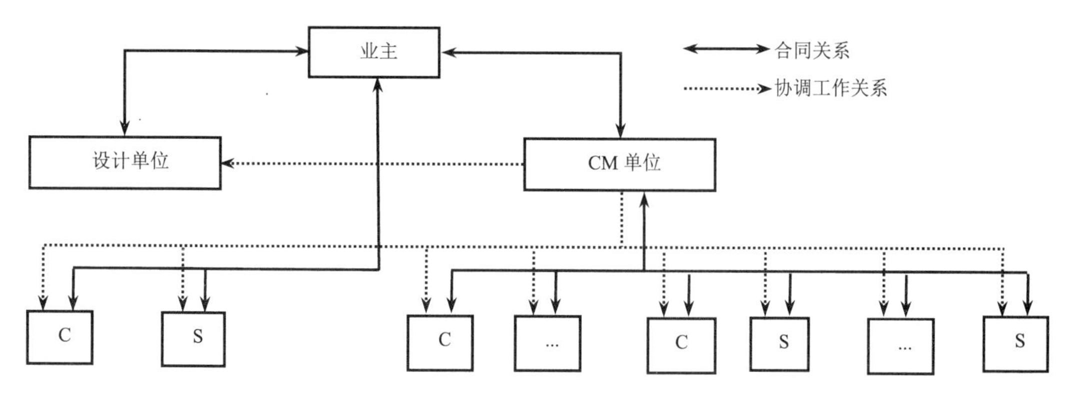

图 9-3　非代理型 CM 模式的合同关系和协调工作关系

采用非代理型 CM 模式时，业主只能确定 CM 单位的合同费用，而不能确定工程总造价，这可能成为业主控制总投资的风险。而 CM 单位负责对所有分包人的管理及组织协调，这样就大大减轻业主方的工作，这是采用非代理 CM 模式的基本出发点。非代理型 CM 模式中的 CM 单位通常是由过去的总承包商演化而来的专业 CM 单位或总承包商担任。

（二）CM 模式的适用情况

1. 设计变更可能性较大的建设工程

传统模式的工作程序是：先进行建设项目的设计工作，待施工图设计全部结束后再进行施工招标工作，然后再施工。而目前在施工中设计变更的情况时有发生，传统模式不利于投资控制和进度控制，CM 模式能充分发挥其缩短建设周期的优点。

2. 时间因素最为重要的建设工程

费用、进度、质量是建设工程的三大灵魂目标，三者是对立统一的关系，不能盲目地追求某一个目标的完成而忽略的另外两个目标的完成情况。例如，某些急于占领市场的建设工程，其进度目标可能是第一位的，如果采用了传统的模式组织实施，建设周期太长，虽然总投资可能较低，但因此失去了市场，导致投资效益降低甚至很差。

3. 因总的范围和规模不确定而无法准确定价的建设工程

如果等到建设工程总的范围和规模确定后再组织实施，持续时间太长。因此，可先取确定的一部分工程内容进行相应的施工招标，选择施工单位开始施工。但是，由于建设工程总体策划存在缺陷，因而 CM 模式应用的局部效果可能较好，而总体效果可能不理想。

以上都是从建设工程本身的情况说明 CM 模式的适用情况。而不论哪一种情况，应用

CM 模式都需要有具备丰富经验的高水平的 CM 单位，这可以说是应用 CM 模式的关键和前提条件。

二、EPC 模式

（一）EPC 模式的概念

EPC（engineering-procurement-construction）模式，国内有些学者将其翻译为设计采购施工总承包。设计采购施工总承包是指工程总承包企业按照合同约定，承担工程项目的设计、采购、施工、试运行服务等工作，并对承包工程的质量、安全、工期、造价全面负责。EPC 模式是一种特殊的组织管理模式，即承包商为业主提供包括项目融资、土地购买、设计与施工直至竣工移交的全套服务。它与项目总承包模式有所区别，EPC 模式比项目总承包模式更进一步向建设工程的前期延伸，业主只要大致说明一下投资意图和要求，其余的工作均由 EPC 承包单位来完成。

EPC 模式于 20 世纪 80 年代首先在美国出现，得到了那些希望尽早确定投资总额和建设周期的业主青睐，在国际工程承包市场中的应用逐渐扩大。FIDIC 于 1999 年编制了标准的 EPC 合同条件，这有利于 EPC 模式的推广应用。

（二）EPC 模式的特征

与建设工程组织管理的其他模式相比，EPC 模式有以下几方面基本特征。

1. 承包商承担了大部分风险

一般认为在传统模式条件下，业主与承包商的分项分担大致是相等的。而在 EPC 模式条件下，由于承包商的承包范围包括设计，因而很自然地要承担设计风险。此外，在其他模式中均由业主承担的“一个有经验的承包商不可预见且无法合理防范的自然力的作用”的风险，而在 EPC 模式中也由承包商来承担。这是一类常见的风险，一旦发生，一般都会引起费用增加和工期延误。在其他模式中承包商对此风险享受的索赔权在 EPC 模式中不复存在，这无疑大大增加了承包商的风险。

另外，在 EPC 标准合同条件中还有一些条款也加大了承包商的风险。例如，EPC 合同条件第 4.10 款［现场数据］规定：“承包商应负责和解释（业主提供的）此类数据。业主对此类数据的准确性、充分性和完整性不承担任何责任……”而在其他模式中，通常是强调承包商自己对此类资料的解释负责，并不完全排除业主的责任。又如，EPC 合同条件第 4.12 款［不可预见的困难］规定：①承包商被认为已取得了可能对投标文件或工程产生影响或作用的有关风险、意外事故和其他情况的全部必要的资料；②在签订合同时，承包商应已经预见到了为圆满完成工程今后发生的一切困难和费用；③不能因任何没有预见的困难和费用而进行合同价格的调整。而在其他模式中，通常没有上述②、③的规定，意味着如果此类情况发生，承包商可以得到工期和费用方面的补偿。

2. 业主或业主代表管理工程实施

在 EPC 模式条件下，业主不聘请监理工程师来管理工程，而是自己或委派业主代表来管理工程。EPC 合同条件第 3 条规定，如果委派业主代表来管理，业主代表应是业主的全权代表。若业主想更换业主代表，只需提前 14 天通知承包时即可，不需征得承包商的同意。而在其他模式中，若业主想更换监理工程师，不仅提前通知承包商的时间大大增加（如 FIDIC 施工合同条件规定为 42 天），且需得到承包商的同意。

由于 EPC 模式中承包商已承担了工程建设的大部分风险，所以，与其他模式条件下工程师管理工程的情况相比，EPC 模式条件下业主或业主代表管理工程显得较为宽松，不太具体和深入。例如，对承包商所提交的文件仅仅是“审阅”，而在其他模式下则是“审阅和批准”；对工程材料、工程设备的质量管理。虽然也有施工期间检验的规定，但重点是在竣工检验，必要时还可能作竣工后检验（排除了承包商不在场作竣工后检验的可能性）。

3. 总价合同

采用总价合同模式来计价，并不是 EPC 模式独有的，但是，与其他模式条件下的总价合同相比，EPC 模式的合同形式更接近于固定总价合同（若法规变化仍允许调整合同价格）。通常，在国际工程承包中，固定总价合同仅用于规模小、工期短的工程。而 EPC 模式所适用的工程一般规模均较大、工期较长，而且具有相当的技术复杂性。因此，在这类工程上采用接近固定的总价合同，也就称得上是特征了。另外，在 EPC 通用合同条件第 13.8 款［费用变化引起的调整］中，没有其他模式合同通用条款中规定的调价公式，而只是在专用条款中提到。这表明，在 EPC 模式条件下，业主允许承包商因费用变化而调价的情况是不多见的。

（三）EPC 模式的适用条件

根据 EPC 模式的特征，因而应用这种模式具备以下条件。

（1）由于承包商承担了工程建设的大部分风险，因此在招标阶段，业主应给予投标人相应的资料和时间，让投标人能仔细审阅业主要求。从招标文件中详细了解工程目的、范围、设计标准和其他技术要求，在此基础上进行工程前期的规划设计、风险分析和评价以及估价等工作，向业主提交一份技术先进可靠、价格和工期合理的投标书。

另一方面，从工程自身特点来看，不能包含太多的地下隐蔽工作，因为承包商在投标前无法对工作区域进行勘察，具体的工作量无法计量，承包商将承担更多的风险，故只能在报价中以估计的方法增加适当的风险费，难以保证报价的准确性和合理性。最终，承包商的利益可能受损，或者是业主的利益受损。

（2）虽然业主有权监督承包商的工作，但不能过分干预承包商的工作。既然选择 EPC 模式，合同规定承包商的所有义务，并承担全部责任，只要其完成的工作符合“合同中预期的工程之目的”，就应认为承包商履行了合同中的义务。这样有利于简化管理工作程序，保证工程按预定的时间建成。

（3）因为采用总价合同计价模式，工程中的支付款应由业主直接按照合同规定支付，而不需像其他模式那样先由工程师审查工程量和承包商的结算报告，再决定支付和签发支付证书。在 EPC 模式中，期中支付可以按月支付，也可以按阶段（形象进度或里程碑事件）支付；在合同中可规定具体的支付数额。

如果业主在招标时不满足上述条件或不愿意接受其中某个条件，则该建设工程就不能采用 EPC 模式和 EPC 标准合同文件。

三、Project Controlling 模式

（一）Project Controlling 模式的概念

Project Controlling 模式于 20 世纪 90 年代中期在德国首次出现并形成相应的理论。

Project Controlling 可直译为“项目控制”，但这一翻译无法与 Project Control 的中文区别开来。有鉴于此，我国有些学者将 Project Controlling 译为“项目总控”，从而避免了与 Project Control 的中文翻译相混淆。但这一翻译是否被我国建筑界接受还有待于实践检验，在涉及 Project Controlling 这一概念时，本书仍采用英文原文。

Project Controlling 模式是适应大型建设工程业主高层管理人员决策需要而产生的。在大型建设工程的实施中，即使业主委托了建设项目管理咨询单位进行全过程、全方位的项目管理，但重大问题仍需业主自己决策。Project Controlling 模式是工程咨询和信息技术相结合的产物，Project Controlling 方通常由两类人员组成：一类是具有丰富的建设项目管理理论知识和实践经验的人员，另一类是掌握最新信息技术且有很强的实际工作能力的人员。他们不仅能科学地分析和处理建设工程实施过程中产生的各种信息，而且能组织开发适应特定业主要求的建设工程信息系统，从而可以大大提高信息处理的效率和效果，为业主管理人员提供更好的决策支持。

（二）Project Controlling 模式的类型

根据建设工程的特点和业主方组织结构的具体情况，Project Controlling 模式可以分为单平面 Project Controlling 和多平面 Project Controlling 两种类型。

1. 单平面 Project Controlling 模式

业主方只有一个管理平面，一般只设置 1 个 Project Controlling 机构，称为单平面 Project Controlling 模式，其组织机构如图 9-4 所示。

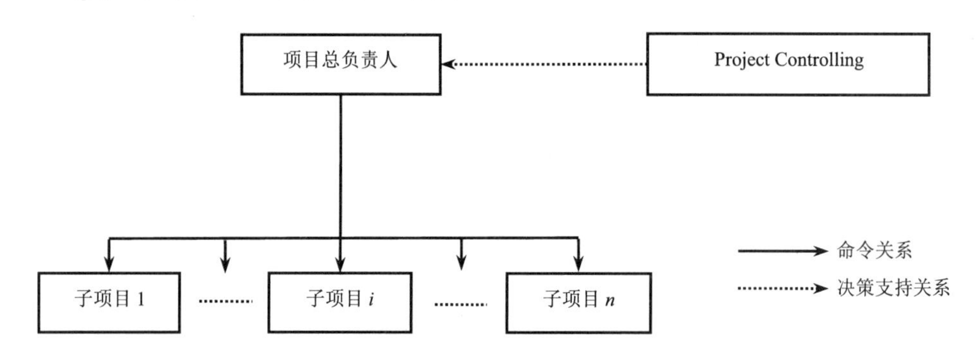

图 9-4　单平面 Project Controlling 模式的组织结构

单平面 Project Controlling 模式的组织关系很简单，Project Controlling 方任务明确，仅向项目负责人提供决策支持服务。为此，Project Controlling 方首先要协调和确定整个项目的信息组织，并确定项目总负责人对信息的需求；在项目的实施过程中，收集、分析和处理信息，并把信息处理结果提供给项目总负责人，以使其掌握项目总体进展情况和趋势，并作出正确的决策。

2. 多平面 Project Controlling 模式

当工程复杂，项目规模大到业主方必须设置多个管理平面时，Project Controlling 方可以设置多个平面与之对应，这就是多平面 Project Controlling 模式，其组织机构如图 9-5 所示。

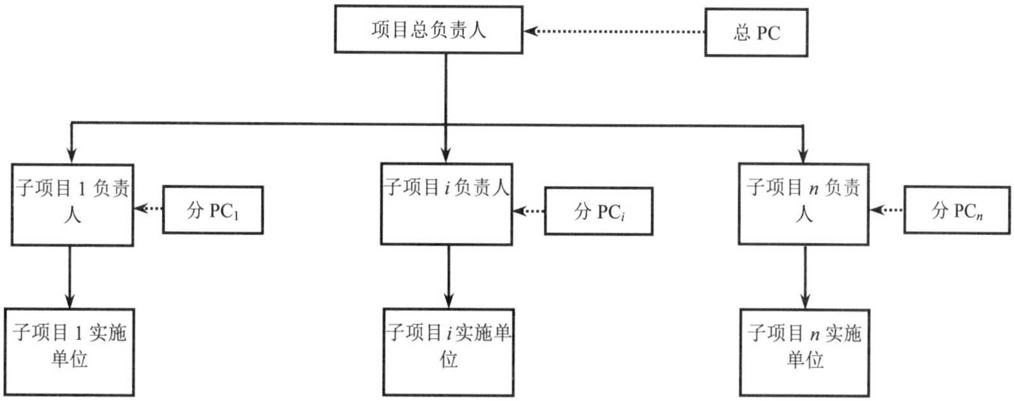

图 9-5　多平面 Project Controlling 模式的组织结构

多平面 Project Controlling 模式组织关系较为复杂，Project Controlling 方的组织需要采用集中控制和分散控制相结合的模式，即针对业主项目总负责人设置总的 Project Controlling 机构，同时针对业主各子项目负责人设置相应的分 Project Controlling 机构。这表明，Project Controlling 方的组织结构与业主方项目管理的组织结构对外服务于业主项目总负责人，对内则确定整个项目的信息规则，指导、规范并检查分 Project Controlling 机构的工作，同时还承担了信息集中处理者的角色。而分 Project Controlling 机构则服务于业主各子项目负责人，且必须按照总 Project Controlling 机构所确定的信息规则进行信息处理。

（三）应用 Project Controlling 模式需注意的问题

在应用 Project Controlling 模式时需注意以下几个认识和实践中的问题：

（1）Project Controlling 模式一般适用于大型和特大型建设工程。在这些工程中，虽然业主已经委托了一个或多个项目管理咨询单位进行全过程、全方位的项目管理，业主仍有数量众多，内容复杂的项目管理工作。

（2）Project Controlling 咨询单位需要建设工程参与各方的配合，与建设工程参与各方有非常密切的联系。若没有建设工程参与各方的积极配合，Project Controlling 模式就难以取得预期的效果。

思　考　题

1．简述建设项目管理的类型。

2．咨询工程师应具备哪些素质？

3．简述 CM 模式的类型和适用情况。

附录 1　建设工程监理范围和规模标准规定（部门规章）

（2001 年 1 月 17 日）

第一条　为了确定必须实行监理的建设工程项目具体范围和规模标准，规范建设工程监理活动，根据《建设工程质量管理条例》，制定本规定。

第二条　下列建设工程必须实行监理：

（一）国家重点建设工程；

（二）大中型公用事业工程；

（三）成片开发建设的住宅小区工程；

（四）利用外国政府或者国际组织贷款、援助资金的工程；

（五）国家规定必须实行监理的其他工程。

第三条　国家重点建设工程，是指依据《国家重点建设项目管理办法》所确定的对国民经济和社会发展有重大影响的骨干项目。

第四条　大中型公用事业工程，是指项目总投资额在 3000 万元以上的下列工程项目：

（一）供水、供电、供气、供热等市政工程项目；

（二）科技、教育、文化等项目；

（三）体育、旅游、商业等项目；

（四）卫生、社会福利等项目；

（五）其他公用事业项目。

第五条　成片开发建设的住宅小区工程，建筑面积在 5 万平方米以上的住宅建设工程必须实行监理；5 万平方米以下的住宅建设工程，可以实行监理，具体范围和规模标准，由省、自治区、直辖市人民政府建设行政主管部门规定。

为了保证住宅质量，对高层住宅及地基、结构复杂的多层住宅应当实行监理。

第六条　利用外国政府或者国际组织贷款、援助资金的工程范围包括：

（一）使用世界银行、亚洲开发银行等国际组织贷款资金的项目；

（二）使用国外政府及其机构贷款资金的项目；

（三）使用国际组织或者国外政府援助资金的项目。

第七条　国家规定必须实行监理的其他工程是指：

（一）项目总投资额在 3000 万元以上关系社会公共利益、公众安全的下列基础设施项目：

（1）煤炭、石油、化工、天然气、电力、新能源等项目；

（2）铁路、公路、管道、水运、民航以及其他交通运输业等项目；

（3）邮政、电信枢纽、通信、信息网络等项目；

（4）防洪、灌溉、排涝、发电、引（供）水、滩涂治理、水资源保护、水土保持等水利建设项目；

（5）道路、桥梁、地铁和轻轨交通、污水排放及处理、垃圾处理、地下管道、公共停车场等城市基础设施项目；

（6）生态环境保护项目；

（7）其他基础设施项目。

（二）学校、影剧院、体育场馆项目。

第八条　国务院建设行政主管部门商同国务院有关部门后，可以对本规定确定的必须实行监理的建设工程具体范围和规模标准进行调整。

第九条　本规定由国务院建设行政主管部门负责解释。

第十条　本规定自发布之日起施行。

附录 2　注册监理工程师管理规定（部门规章）

（2006 年 4 月 1 日）

第一章　总　　则

第一条　为了加强对注册监理工程师的管理，维护公共利益和建筑市场秩序，提高工程监理质量与水平，根据《中华人民共和国建筑法》、《建设工程质量管理条例》等法律法规，制定本规定。

第二条　中华人民共和国境内注册监理工程师的注册、执业、继续教育和监督管理，适用本规定。

第三条　本规定所称注册监理工程师，是指经考试取得中华人民共和国监理工程师资格证书（以下简称资格证书），并按照本规定注册，取得中华人民共和国注册监理工程师注册执业证书（以下简称注册证书）和执业印章，从事工程监理及相关业务活动的专业技术人员。

未取得注册证书和执业印章的人员，不得以注册监理工程师的名义从事工程监理及相关业务活动。

第四条　国务院建设主管部门对全国注册监理工程师的注册、执业活动实施统一监督管理。

县级以上地方人民政府建设主管部门对本行政区域内的注册监理工程师的注册、执业活动实施监督管理。

第二章　注　　册

第五条　注册监理工程师实行注册执业管理制度。

取得资格证书的人员，经过注册方能以注册监理工程师的名义执业。

第六条　注册监理工程师依据其所学专业、工作经历、工程业绩，按照《工程监理企业资质管理规定》划分的工程类别，按专业注册。每人最多可以申请两个专业注册。

第七条　取得资格证书的人员申请注册，由省（自治区、直辖市）人民政府建设主管部门初审，国务院建设主管部门审批。

取得资格证书并受聘于一个建设工程勘察、设计、施工、监理、招标代理、造价咨询等单位的人员，应当通过聘用单位向单位工商注册所在地的省（自治区、直辖市）人民政府建设主管部门提出注册申请；省（自治区、直辖市）人民政府建设主管部门受理后提出初审意见，并将初审意见和全部申报材料报国务院建设主管部门审批；符合条件的，由国务院建设主管部门核发注册证书和执业印章。

第八条　省（自治区、直辖市）人民政府建设主管部门在收到申请人的申请材料后，应当即时作出是否受理的决定，并向申请人出具书面凭证；申请材料不齐全或者不符合法定形式的，应当在 5 日内一次性告知申请人需要补正的全部内容。逾期不告知的，自收到申请材料之日起即为受理。

对申请初始注册的，省（自治区、直辖市）人民政府建设主管部门应当自受理申请之日起 20 日内审查完毕，并将申请材料和初审意见报国务院建设主管部门。国务院建设主管部门自收到省（自治区、直辖市）人民政府建设主管部门上报材料之日起，应当在 20 日内审批完毕并作出书面决定，并自作出决定之日起 10 日内，在公众媒体上公告审批结果。

对申请变更注册、延续注册的，省（自治区、直辖市）人民政府建设主管部门应当自受理申请之日起 5 日内审查完毕，并将申请材料和初审意见报国务院建设主管部门。国务院建设主管部门自收到省（自治区、直辖市）人民政府建设主管部门上报材料之日起，应当在 10 日内审批完毕并作出书面决定。

对不予批准的，应当说明理由，并告知申请人享有依法申请行政复议或者提起行政诉讼的权利。

第九条　注册证书和执业印章是注册监理工程师的执业凭证，由注册监理工程师本人保管、使用。

注册证书和执业印章的有效期为 3 年。

第十条　初始注册者，可自资格证书签发之日起 3 年内提出申请。逾期未申请者，须符合继续教育的要求后方可申请初始注册。

申请初始注册，应当具备以下条件：

（一）经全国注册监理工程师执业资格统一考试合格，取得资格证书；

（二）受聘于一个相关单位；

（三）达到继续教育要求；

（四）没有本规定第十三条所列情形。

初始注册需要提交下列材料：

（一）申请人的注册申请表；

（二）申请人的资格证书和身份证复印件；

（三）申请人与聘用单位签订的聘用劳动合同复印件；

（四）所学专业、工作经历、工程业绩、工程类中级及中级以上职称证书等有关证明材料；

（五）逾期初始注册的，应当提供达到继续教育要求的证明材料。

第十一条　注册监理工程师每一注册有效期为 3 年，注册有效期满需继续执业的，应当在注册有效期满 30 日前，按照本规定第七条规定的程序申请延续注册。延续注册有效期 3 年。延续注册需要提交下列材料：

（一）申请人延续注册申请表；

（二）申请人与聘用单位签订的聘用劳动合同复印件；

（三）申请人注册有效期内达到继续教育要求的证明材料。

第十二条　在注册有效期内，注册监理工程师变更执业单位，应当与原聘用单位解除劳动关系，并按本规定第七条规定的程序办理变更注册手续，变更注册后仍延续原注册有效期。

变更注册需要提交下列材料：

（一）申请人变更注册申请表；

（二）申请人与新聘用单位签订的聘用劳动合同复印件；

（三）申请人的工作调动证明（与原聘用单位解除聘用劳动合同或者聘用劳动合同到期的证明文件、退休人员的退休证明）。

第十三条 申请人有下列情形之一的，不予初始注册、延续注册或者变更注册：

（一）不具有完全民事行为能力的；

（二）刑事处罚尚未执行完毕或者因从事工程监理或者相关业务受到刑事处罚，自刑事处罚执行完毕之日起至申请注册之日止不满2年的；

（三）未达到监理工程师继续教育要求的；

（四）在两个或者两个以上单位申请注册的；

（五）以虚假的职称证书参加考试并取得资格证书的；

（六）年龄超过65周岁的；

（七）法律、法规规定不予注册的其他情形。

第十四条 注册监理工程师有下列情形之一的，其注册证书和执业印章失效：

（一）聘用单位破产的；

（二）聘用单位被吊销营业执照的；

（三）聘用单位被吊销相应资质证书的；

（四）已与聘用单位解除劳动关系的；

（五）注册有效期满且未延续注册的；

（六）年龄超过65周岁的；

（七）死亡或者丧失行为能力的；

（八）其他导致注册失效的情形。

第十五条 注册监理工程师有下列情形之一的，负责审批的部门应当办理注销手续，收回注册证书和执业印章或者公告其注册证书和执业印章作废：

（一）不具有完全民事行为能力的；

（二）申请注销注册的；

（三）有本规定第十四条所列情形发生的；

（四）依法被撤销注册的；

（五）依法被吊销注册证书的；

（六）受到刑事处罚的；

（七）法律、法规规定应当注销注册的其他情形。

注册监理工程师有前款情形之一的，注册监理工程师本人和聘用单位应当及时向国务院建设主管部门提出注销注册的申请；有关单位和个人有权向国务院建设主管部门举报；县级以上地方人民政府建设主管部门或者有关部门应当及时报告或者告知国务院建设主管部门。

第十六条 被注销注册者或者不予注册者，在重新具备初始注册条件，并符合继续教育要求后，可以按照本规定第七条规定的程序重新申请注册。

第三章 执　　业

第十七条 取得资格证书的人员，应当受聘于一个具有建设工程勘察、设计、施工、监理、招标代理、造价咨询等一项或者多项资质的单位，经注册后方可从事相应的执业活动。从事工程监理执业活动的，应当受聘并注册于一个具有工程监理资质的单位。

第十八条 注册监理工程师可以从事工程监理、工程经济与技术咨询、工程招标与采购咨询、工程项目管理服务以及国务院有关部门规定的其他业务。

第十九条 工程监理活动中形成的监理文件由注册监理工程师按照规定签字盖章后方可生效。

第二十条 修改经注册监理工程师签字盖章的工程监理文件，应当由该注册监理工程师进行；因特殊情况，该注册监理工程师不能进行修改的，应当由其他注册监理工程师修改，并签字、加盖执业印章，对修改部分承担责任。

第二十一条 注册监理工程师从事执业活动，由所在单位接受委托并统一收费。

第二十二条 因工程监理事故及相关业务造成的经济损失，聘用单位应当承担赔偿责任；聘用单位承担赔偿责任后，可依法向负有过错的注册监理工程师追偿。

第四章 继　续　教　育

第二十三条 注册监理工程师在每一注册有效期内应当达到国务院建设主管部门规定的继续教育要求。继续教育作为注册监理工程师逾期初始注册、延续注册和重新申请注册的条件之一。

第二十四条 继续教育分为必修课和选修课，在每一注册有效期内各为 48 学时。

第五章 权 利 和 义 务

第二十五条 注册监理工程师享有下列权利：

（一）使用注册监理工程师称谓；

（二）在规定范围内从事执业活动；

（三）依据本人能力从事相应的执业活动；

（四）保管和使用本人的注册证书和执业印章；

（五）对本人执业活动进行解释和辩护；

（六）接受继续教育；

（七）获得相应的劳动报酬；

（八）对侵犯本人权利的行为进行申诉。

第二十六条 注册监理工程师应当履行下列义务：

（一）遵守法律、法规和有关管理规定；

（二）履行管理职责，执行技术标准、规范和规程；

（三）保证执业活动成果的质量，并承担相应责任；

（四）接受继续教育，努力提高执业水准；

（五）在本人执业活动所形成的工程监理文件上签字、加盖执业印章；

（六）保守在执业中知悉的国家秘密和他人的商业、技术秘密；

（七）不得涂改、倒卖、出租、出借或者以其他形式非法转让注册证书或者执业印章；

（八）不得同时在两个或者两个以上单位受聘或者执业；

（九）在规定的执业范围和聘用单位业务范围内从事执业活动；

（十）协助注册管理机构完成相关工作。

第六章　法　律　责　任

第二十七条　隐瞒有关情况或者提供虚假材料申请注册的，建设主管部门不予受理或者不予注册，并给予警告，1年之内不得再次申请注册。

第二十八条　以欺骗、贿赂等不正当手段取得注册证书的，由国务院建设主管部门撤销其注册，3年内不得再次申请注册，并由县级以上地方人民政府建设主管部门处以罚款，其中没有违法所得的，处以1万元以下罚款，有违法所得的，处以违法所得3倍以下且不超过3万元的罚款；构成犯罪的，依法追究刑事责任。

第二十九条　违反本规定,未经注册，擅自以注册监理工程师的名义从事工程监理及相关业务活动的，由县级以上地方人民政府建设主管部门给予警告，责令停止违法行为，处以3万元以下罚款；造成损失的，依法承担赔偿责任。

第三十条　违反本规定，未办理变更注册仍执业的，由县级以上地方人民政府建设主管部门给予警告，责令限期改正；逾期不改的，可处以5000元以下的罚款。

第三十一条　注册监理工程师在执业活动中有下列行为之一的，由县级以上地方人民政府建设主管部门给予警告，责令其改正，没有违法所得的，处以1万元以下罚款，有违法所得的，处以违法所得3倍以下且不超过3万元的罚款；造成损失的，依法承担赔偿责任；构成犯罪的，依法追究刑事责任：

（一）以个人名义承接业务的；

（二）涂改、倒卖、出租、出借或者以其他形式非法转让注册证书或者执业印章的；

（三）泄露执业中应当保守的秘密并造成严重后果的；

（四）超出规定执业范围或者聘用单位业务范围从事执业活动的；

（五）弄虚作假提供执业活动成果的；

（六）同时受聘于两个或者两个以上的单位，从事执业活动的；

（七）其他违反法律、法规、规章的行为。

第三十二条　有下列情形之一的，国务院建设主管部门依据职权或者根据利害关系人的请求，可以撤销监理工程师注册：

（一）工作人员滥用职权、玩忽职守颁发注册证书和执业印章的；

（二）超越法定职权颁发注册证书和执业印章的；

（三）违反法定程序颁发注册证书和执业印章的；

（四）对不符合法定条件的申请人颁发注册证书和执业印章的；

（五）依法可以撤销注册的其他情形。

第三十三条　县级以上人民政府建设主管部门的工作人员，在注册监理工程师管理工作中，有下列情形之一的，依法给予处分；构成犯罪的，依法追究刑事责任：

（一）对不符合法定条件的申请人颁发注册证书和执业印章的；

（二）对符合法定条件的申请人不予颁发注册证书和执业印章的；

（三）对符合法定条件的申请人未在法定期限内颁发注册证书和执业印章的；

（四）对符合法定条件的申请不予受理或者未在法定期限内初审完毕的；

（五）利用职务上的便利，收受他人财物或者其他好处的；

（六）不依法履行监督管理职责，或者发现违法行为不予查处的。

第七章　附　　则

第三十四条　注册监理工程师资格考试工作按照国务院建设主管部门、国务院人事主管部门的有关规定执行。

第三十五条　香港特别行政区、澳门特别行政区、台湾地区及外籍专业技术人员，申请参加注册监理工程师注册和执业的管理办法另行制定。

第三十六条　本规定自2006年4月1日起施行。1992年6月4日建设部颁布的《监理工程师资格考试和注册试行办法》（建设部令第18号）同时废止。

附录 3　工程监理企业资质管理规定

（2007 年 8 月 1 日）

第一章　总　　则

第一条　为了加强工程监理企业资质管理，规范建设工程监理活动，维护建筑市场秩序，根据《中华人民共和国建筑法》、《中华人民共和国行政许可法》、《建设工程质量管理条例》等法律、行政法规，制定本规定。

第二条　在中华人民共和国境内从事建设工程监理活动，申请工程监理企业资质，实施对工程监理企业资质监督管理，适用本规定。

第三条　从事建设工程监理活动的企业，应当按照本规定取得工程监理企业资质，并在工程监理企业资质证书（以下简称资质证书）许可的范围内从事工程监理活动。

第四条　国务院建设主管部门负责全国工程监理企业资质的统一监督管理工作。国务院铁路、交通、水利、信息产业、民航等有关部门配合国务院建设主管部门实施相关资质类别工程监理企业资质的监督管理工作。

省（自治区、直辖市）人民政府建设主管部门负责本行政区域内工程监理企业资质的统一监督管理工作。省（自治区、直辖市）人民政府交通、水利、信息产业等有关部门配合同级建设主管部门实施相关资质类别工程监理企业资质的监督管理工作。

第五条　工程监理行业组织应当加强工程监理行业自律管理。

鼓励工程监理企业加入工程监理行业组织。

第二章　资质等级和业务范围

第六条　工程监理企业资质分为综合资质、专业资质和事务所资质。其中，专业资质按照工程性质和技术特点划分为若干工程类别。

综合资质、事务所资质不分级别。专业资质分为甲级、乙级；其中，房屋建筑、水利水电、公路和市政公用专业资质可设立丙级。

第七条　工程监理企业的资质等级标准如下：

（一）综合资质标准

1．具有独立法人资格且注册资本不少于 600 万元。

2．企业技术负责人应为注册监理工程师，并具有 15 年以上从事工程建设工作的经历或者具有工程类高级职称。

3．具有 5 个以上工程类别的专业甲级工程监理资质。

4．注册监理工程师不少于 60 人，注册造价工程师不少于 5 人，一级注册建造师、一级注册建筑师、一级注册结构工程师或者其他勘察设计注册工程师合计不少于15人次。

5．企业具有完善的组织结构和质量管理体系，有健全的技术、档案等管理制度。

6．企业具有必要的工程试验检测设备。

7．申请工程监理资质之日前一年内没有本规定第十六条禁止的行为。

8．申请工程监理资质之日前一年内没有因本企业监理责任造成重大质量事故。

9．申请工程监理资质之日前一年内没有因本企业监理责任发生三级以上工程建设重大安全事故或者发生两起以上四级工程建设安全事故。

（二）专业资质标准

1．甲级

（1）具有独立法人资格且注册资本不少于300万元。

（2）企业技术负责人应为注册监理工程师，并具有15年以上从事工程建设工作的经历或者具有工程类高级职称。

（3）注册监理工程师、注册造价工程师、一级注册建造师、一级注册建筑师、一级注册结构工程师或者其他勘察设计注册工程师合计不少于25人次；其中，相应专业注册监理工程师不少于《专业资质注册监理工程师人数配备表》（附件 1）中要求配备的人数，注册造价工程师不少于2人。

（4）企业近2年内独立监理过3个以上相应专业的二级工程项目，但是，具有甲级设计资质或一级及以上施工总承包资质的企业申请本专业工程类别甲级资质的除外。

（5）企业具有完善的组织结构和质量管理体系，有健全的技术、档案等管理制度。

（6）企业具有必要的工程试验检测设备。

（7）申请工程监理资质之日前一年内没有本规定第十六条禁止的行为。

（8）申请工程监理资质之日前一年内没有因本企业监理责任造成重大质量事故。

（9）申请工程监理资质之日前一年内没有因本企业监理责任发生三级以上工程建设重大安全事故或者发生两起以上四级工程建设安全事故。

2．乙级

（1）具有独立法人资格且注册资本不少于100万元。

（2）企业技术负责人应为注册监理工程师，并具有 10 年以上从事工程建设工作的经历。

（3）注册监理工程师、注册造价工程师、一级注册建造师、一级注册建筑师、一级注册结构工程师或者其他勘察设计注册工程师合计不少于15人次。其中，相应专业注册监理工程师不少于《专业资质注册监理工程师人数配备表》（附件 1）中要求配备的人数，注册造价工程师不少于1人。

（4）有较完善的组织结构和质量管理体系，有技术、档案等管理制度。

（5）有必要的工程试验检测设备。

（6）申请工程监理资质之日前一年内没有本规定第十六条禁止的行为。

（7）申请工程监理资质之日前一年内没有因本企业监理责任造成重大质量事故。

（8）申请工程监理资质之日前一年内没有因本企业监理责任发生三级以上工程建设重大安全事故或者发生两起以上四级工程建设安全事故。

3．丙级

（1）具有独立法人资格且注册资本不少于50万元。

（2）企业技术负责人应为注册监理工程师，并具有8年以上从事工程建设工作的经历。

（3）相应专业的注册监理工程师不少于《专业资质注册监理工程师人数配备表》（附件1）中要求配备的人数。

（4）有必要的质量管理体系和规章制度。

（5）有必要的工程试验检测设备。

（三）事务所资质标准

1．取得合伙企业营业执照，具有书面合作协议书。

2．合伙人中有3名以上注册监理工程师，合伙人均有5年以上从事建设工程监理的工作经历。

3．有固定的工作场所。

4．有必要的质量管理体系和规章制度。

5．有必要的工程试验检测设备。

第八条　工程监理企业资质相应许可的业务范围如下：

（一）综合资质

可以承担所有专业工程类别建设工程项目的工程监理业务。

（二）专业资质

1．专业甲级资质

可承担相应专业工程类别建设工程项目的工程监理业务（见附件2）。

2．专业乙级资质

可承担相应专业工程类别二级以下（含二级）建设工程项目的工程监理业务（见附件2）。

3．专业丙级资质

可承担相应专业工程类别三级建设工程项目的工程监理业务（见附件2）。

（三）事务所资质

可承担三级建设工程项目的工程监理业务（见附件2），但是，国家规定必须实行强制监理的工程除外。

工程监理企业可以开展相应类别建设工程的项目管理、技术咨询等业务。

第三章　资 质 申 请 和 审 批

第九条　申请综合资质、专业甲级资质的，应当向企业工商注册所在地的省（自治区、直辖市）人民政府建设主管部门提出申请。

省（自治区、直辖市）人民政府建设主管部门应当自受理申请之日起20日内初审完毕，并将初审意见和申请材料报国务院建设主管部门。

国务院建设主管部门应当自省（自治区、直辖市）人民政府建设主管部门受理申请材料之日起60日内完成审查，公示审查意见，公示时间为10日。其中，涉及铁路、交通、水利、通信、民航等专业工程监理资质的，由国务院建设主管部门送国务院有关部门审核。国务院有关部门应当在20日内审核完毕，并将审核意见报国务院建设主管部门。国务院建设主管部门根据初审意见审批。

第十条　专业乙级、丙级资质和事务所资质由企业所在地省（自治区、直辖市）人民政府建设主管部门审批。

专业乙级、丙级资质和事务所资质许可。延续的实施程序由省（自治区、直辖市）人民政府建设主管部门依法确定。

省（自治区、直辖市）人民政府建设主管部门应当自作出决定之日起10日内，将准予资质许可的决定报国务院建设主管部门备案。

第十一条　工程监理企业资质证书分为正本和副本，每套资质证书包括一本正本，四本副本。正、副本具有同等法律效力。

工程监理企业资质证书的有效期为5年。

工程监理企业资质证书由国务院建设主管部门统一印制并发放。

第十二条　申请工程监理企业资质，应当提交以下材料：

（一）工程监理企业资质申请表（一式三份）及相应电子文档；

（二）企业法人、合伙企业营业执照；

（三）企业章程或合伙人协议；

（四）企业法定代表人、企业负责人和技术负责人的身份证明、工作简历及任命（聘用）文件；

（五）工程监理企业资质申请表中所列注册监理工程师及其他注册执业人员的注册执业证书；

（六）有关企业质量管理体系、技术和档案等管理制度的证明材料；

（七）有关工程试验检测设备的证明材料。

取得专业资质的企业申请晋升专业资质等级或者取得专业甲级资质的企业申请综合资质的，除前款规定的材料外，还应当提交企业原工程监理企业资质证书正、副本复印件，企业《监理业务手册》及近两年已完成代表工程的监理合同、监理规划、工程竣工验收报告及监理工作总结。

第十三条　资质有效期届满，工程监理企业需要继续从事工程监理活动的，应当在资质证书有效期届满60日前，向原资质许可机关申请办理延续手续。

对在资质有效期内遵守有关法律、法规、规章、技术标准，信用档案中无不良记录，且专业技术人员满足资质标准要求的企业，经资质许可机关同意，有效期延续5年。

第十四条　工程监理企业在资质证书有效期内名称、地址、注册资本、法定代表人等发生变更的，应当在工商行政管理部门办理变更手续后30日内办理资质证书变更手续。

涉及综合资质、专业甲级资质证书中企业名称变更的，由国务院建设主管部门负责办理，并自受理申请之日起3日内办理变更手续。

前款规定以外的资质证书变更手续，由省（自治区、直辖市）人民政府建设主管部门负责办理。省（自治区、直辖市）人民政府建设主管部门应当自受理申请之日起3日内办理变更手续，并在办理资质证书变更手续后15日内将变更结果报国务院建设主管部门备案。

第十五条　申请资质证书变更，应当提交以下材料：

（一）资质证书变更的申请报告；

（二）企业法人营业执照副本原件；

（三）工程监理企业资质证书正、副本原件。

工程监理企业改制的，除前款规定材料外，还应当提交企业职工代表大会或股东大会关于企业改制或股权变更的决议、企业上级主管部门关于企业申请改制的批复文件。

第十六条 工程监理企业不得有下列行为：

（一）与建设单位串通投标或者与其他工程监理企业串通投标，以行贿手段谋取中标；

（二）与建设单位或者施工单位串通弄虚作假、降低工程质量；

（三）将不合格的建设工程、建筑材料、建筑构配件和设备按照合格签字；

（四）超越本企业资质等级或以其他企业名义承揽监理业务；

（五）允许其他单位或个人以本企业的名义承揽工程；

（六）将承揽的监理业务转包；

（七）在监理过程中实施商业贿赂；

（八）涂改、伪造、出借、转让工程监理企业资质证书；

（九）其他违反法律法规的行为。

第十七条 工程监理企业合并的，合并后存续或者新设立的工程监理企业可以承继合并前各方中较高的资质等级，但应当符合相应的资质等级条件。

工程监理企业分立的，分立后企业的资质等级，根据实际达到的资质条件，按照本规定的审批程序核定。

第十八条 企业需增补工程监理企业资质证书的（含增加、更换、遗失补办），应当持资质证书增补申请及电子文档等材料向资质许可机关申请办理。遗失资质证书的，在申请补办前应当在公众媒体刊登遗失声明。资质许可机关应当自受理申请之日起3日内予以办理。

第四章 监 督 管 理

第十九条 县级以上人民政府建设主管部门和其他有关部门应当依照有关法律、法规和本规定，加强对工程监理企业资质的监督管理。

第二十条 建设主管部门履行监督检查职责时，有权采取下列措施：

（一）要求被检查单位提供工程监理企业资质证书、注册监理工程师注册执业证书，有关工程监理业务的文档，有关质量管理、安全生产管理、档案管理等企业内部管理制度的文件；

（二）进入被检查单位进行检查，查阅相关资料；

（三）纠正违反有关法律、法规和本规定及有关规范和标准的行为。

第二十一条 建设主管部门进行监督检查时，应当有两名以上监督检查人员参加，并出示执法证件，不得妨碍被检查单位的正常经营活动，不得索取或者收受财物、谋取其他利益。

有关单位和个人对依法进行的监督检查应当协助与配合，不得拒绝或者阻挠。

监督检查机关应当将监督检查的处理结果向社会公布。

第二十二条 工程监理企业违法从事工程监理活动的，违法行为发生地的县级以上地方人民政府建设主管部门应当依法查处，并将违法事实、处理结果或处理建议及时报告该工程监理企业资质的许可机关。

第二十三条 工程监理企业取得工程监理企业资质后不再符合相应资质条件的，资质许可机关根据利害关系人的请求或者依据职权，可以责令其限期改正；逾期不改的，可以撤回其资质。

第二十四条　有下列情形之一的，资质许可机关或者其上级机关，根据利害关系人的请求或者依据职权，可以撤销工程监理企业资质：

（一）资质许可机关工作人员滥用职权、玩忽职守作出准予工程监理企业资质许可的；

（二）超越法定职权作出准予工程监理企业资质许可的；

（三）违反资质审批程序作出准予工程监理企业资质许可的；

（四）对不符合许可条件的申请人作出准予工程监理企业资质许可的；

（五）依法可以撤销资质证书的其他情形。

以欺骗、贿赂等不正当手段取得工程监理企业资质证书的，应当予以撤销。

第二十五条　有下列情形之一的，工程监理企业应当及时向资质许可机关提出注销资质的申请，交回资质证书，国务院建设主管部门应当办理注销手续，公告其资质证书作废：

（一）资质证书有效期届满，未依法申请延续的；

（二）工程监理企业依法终止的；

（三）工程监理企业资质依法被撤销、撤回或吊销的；

（四）法律、法规规定的应当注销资质的其他情形。

第二十六条　工程监理企业应当按照有关规定，向资质许可机关提供真实、准确、完整的工程监理企业的信用档案信息。

工程监理企业的信用档案应当包括基本情况、业绩、工程质量和安全、合同违约等情况。被投诉举报和处理、行政处罚等情况应当作为不良行为记入其信用档案。

工程监理企业的信用档案信息按照有关规定向社会公示，公众有权查阅。

第五章　法　律　责　任

第二十七条　申请人隐瞒有关情况或者提供虚假材料申请工程监理企业资质的，资质许可机关不予受理或者不予行政许可，并给予警告，申请人在 1 年内不得再次申请工程监理企业资质。

第二十八条　以欺骗、贿赂等不正当手段取得工程监理企业资质证书的，由县级以上地方人民政府建设主管部门或者有关部门给予警告，并处 1 万元以上 2 万元以下的罚款，申请人 3 年内不得再次申请工程监理企业资质。

第二十九条　工程监理企业有本规定第十六条第七项、第八项行为之一的，由县级以上地方人民政府建设主管部门或者有关部门予以警告，责令其改正，并处 1 万元以上 3 万元以下的罚款；造成损失的，依法承担赔偿责任；构成犯罪的，依法追究刑事责任。

第三十条　违反本规定，工程监理企业不及时办理资质证书变更手续的，由资质许可机关责令限期办理；逾期不办理的，可处以 1 千元以上 1 万元以下的罚款。

第三十一条　工程监理企业未按照本规定要求提供工程监理企业信用档案信息的，由县级以上地方人民政府建设主管部门予以警告，责令限期改正；逾期未改正的，可处以 1 千元以上 1 万元以下的罚款。

第三十二条　县级以上地方人民政府建设主管部门依法给予工程监理企业行政处罚的，

应当将行政处罚决定以及给予行政处罚的事实、理由和依据，报国务院建设主管部门备案。

第三十三条 县级以上人民政府建设主管部门及有关部门有下列情形之一的，由其上级行政主管部门或者监察机关责令改正，对直接负责的主管人员和其他直接责任人员依法给予处分；构成犯罪的，依法追究刑事责任：

（一）对不符合本规定条件的申请人准予工程监理企业资质许可的；

（二）对符合本规定条件的申请人不予工程监理企业资质许可或者不在法定期限内作出准予许可决定的；

（三）对符合法定条件的申请不予受理或者未在法定期限内初审完毕的；

（四）利用职务上的便利，收受他人财物或者其他好处的；

（五）不依法履行监督管理职责或者监督不力，造成严重后果的。

第六章　附　　则

第三十四条 本规定自2007年8月1日起施行。2001年8月29日建设部颁布的《工程监理企业资质管理规定》（建设部令第102号）同时废止。

附件：1. 专业资质注册监理工程师人数配备表

2. 专业工程类别和等级表

附件1

专业资质注册监理工程师人数配备表　　单位：人

序号	工程类别	甲级	乙级	丙级
1	房屋建筑工程	15	10	5
2	冶炼工程	15	10	
3	矿山工程	20	12	
4	化工石油工程	15	10	
5	水利水电工程	20	12	5
6	电力工程	15	10	
7	农林工程	15	10	
8	铁路工程	23	14	
9	公路工程	20	12	5
10	港口与航道工程	20	12	
11	航天航空工程	20	12	
12	通信工程	20	12	
13	市政公用工程	15	10	5
14	机电安装工程	15	10	

注　表中各专业资质注册监理工程师人数配备是指企业取得本专业工程类别注册的注册监理工程师人数。

附件 2

专业工程类别和等级表

序号	工程类别		一级	二级	三级
一	房屋建筑工程	一般公共建筑	28 层以上；36 米跨度以上（轻钢结构除外）；单项工程建筑面积 3 万平方米以上	14～28 层；24～36 米跨度（轻钢结构除外）；单项工程建筑面积 1 万～3 万平方米	14 层以下；24 米跨度以下（轻钢结构除外）；单项工程建筑面积 1 万平方米以下
		高耸构筑工程	高度 120 米以上	高度 70～120 米	高度 70 米以下
		住宅工程	小区建筑面积 12 万平方米以上；单项工程 28 层以上	建筑面积 6 万～12 万平方米；单项工程 14～28 层	建筑面积 6 万平方米以下；单项工程 14 层以下
二	冶炼工程	钢铁冶炼、连铸工程	年产 100 万吨以上；单座高炉炉容 1250 立方米以上；单座公称容量转炉 100 吨以上；电炉 50 吨以上；连铸年产 100 万吨以上或板坯连铸单机 1450 毫米以上	年产 100 万吨以下；单座高炉炉容 1250 立方米以下；单座公称容量转炉 100 吨以下；电炉 50 吨以下；连铸年产 100 万吨以下或板坯连铸单机 1450 毫米以下	
		轧钢工程	热轧年产 100 万吨以上，装备连续、半连续轧机；冷轧带板年产 100 万吨以上，冷轧线材年产 30 万吨以上或装备连续、半连续轧机	热轧年产 100 万吨以下，装备连续、半连续轧机；冷轧带板年产 100 万吨以下，冷轧线材年产 30 万吨以下或装备连续、半连续轧机	
		冶炼辅助工程	炼焦工程年产 50 万吨以上或炭化室高度 4.3 米以上；单台烧结机 100 平方米以上；小时制氧 300 立方米以上	炼焦工程年产 50 万吨以下或炭化室高度 4.3 米以下；单台烧结机 100 平方米以下；小时制氧 300 立方米以下	
		有色冶炼工程	有色冶炼年产 10 万吨以上；有色金属加工年产 5 万吨以上；氧化铝工程 40 万吨以上	有色冶炼年产 10 万吨以下；有色金属加工年产 5 万吨以下；氧化铝工程 40 万吨以下	
		建材工程	水泥日产 2000 吨以上；浮化玻璃日熔量 400 吨以上；池窑拉丝玻璃纤维、特种纤维；特种陶瓷生产线工程	水泥日产 2000 吨以下；浮化玻璃日熔量 400 吨以下；普通玻璃生产线；组合炉拉丝玻璃纤维；非金属材料、玻璃钢、耐火材料、建筑及卫生陶瓷厂工程	

续表

序号	工程类别		一级	二级	三级
三	矿山工程	煤矿工程	年产120万吨以上的井工矿工程；年产120万吨以上的洗选煤工程；深度800米以上的立井井筒工程；年产400万吨以上的露天矿山工程	年产120万吨以下的井工矿工程；年产120万吨以下的洗选煤工程；深度800米以下的立井井筒工程；年产400万吨以下的露天矿山工程	
		冶金矿山工程	年产100万吨以上的黑色矿山采选工程；年产100万吨以上的有色砂矿采、选工程；年产60万吨以上的有色脉矿采、选工程	年产100万吨以下的黑色矿山采选工程；年产100万吨以下的有色砂矿采、选工程；年产60万吨以下的有色脉矿采、选工程	
		化工矿山工程	年产60万吨以上的磷矿、硫铁矿工程	年产60万吨以下的磷矿、硫铁矿工程	
		铀矿工程	年产10万吨以上的铀矿；年产200吨以上的铀选冶	年产10万吨以下的铀矿；年产200吨以下的铀选冶	
		建材类非金属矿工程	年产70万吨以上的石灰石矿；年产30万吨以上的石膏矿、石英砂岩矿	年产70万吨以下的石灰石矿；年产30万吨以下的石膏矿、石英砂岩矿	
四	化工石油工程	油田工程	原油处理能力150万吨/年以上、天然气处理能力150万立方米/天以上、产能50万吨以上及配套设施	原油处理能力150万吨/年以下、天然气处理能力150万立方米/天以下、产能50万吨以下及配套设施	
		油气储运工程	压力容器8MPa以上；油气储罐10万立方米/台以上；长输管道120千米以上	压力容器8MPa以下；油气储罐10万立方米/台以下；长输管道120千米以下	
		炼油化工工程	原油处理能力在500万吨/年以上的一次加工及相应二次加工装置和后加工装置	原油处理能力在500万吨/年以下的一次加工及相应二次加工装置和后加工装置	
		基本原材料工程	年产30万吨以上的乙烯工程；年产4万吨以上的合成橡胶、合成树脂及塑料和化纤工程	年产30万吨以下的乙烯工程；年产4万吨以下的合成橡胶、合成树脂及塑料和化纤工程	
		化肥工程	年产20万吨以上合成氨及相应后加工装置；年产24万吨以上磷氨工程	年产20万吨以下合成氨及相应后加工装置；年产24万吨以下磷氨工程	

续表

序号	工程类别		一级	二级	三级
四	化工石油工程	酸碱工程	年产硫酸16万吨以上；年产烧碱8万吨以上；年产纯碱40万吨以上	年产硫酸16万吨以下；年产烧碱8万吨以下；年产纯碱40万吨以下	
		轮胎工程	年产30万套以上	年产30万套以下	
		核化工及加工工程	年产1000吨以上的铀转换化工工程；年产100吨以上的铀浓缩工程；总投资10亿元以上的乏燃料后处理工程；年产200吨以上的燃料元件加工工程；总投资5000万元以上的核技术及同位素应用工程	年产1000吨以下的铀转换化工工程；年产100吨以下的铀浓缩工程；总投资10亿元以下的乏燃料后处理工程；年产200吨以下的燃料元件加工工程；总投资5000万元以下的核技术及同位素应用工程	
		医药及其他化工工程	总投资1亿元以上	总投资1亿元以下	
五	水利水电工程	水库工程	总库容1亿立方米以上	总库容1千万～1亿立方米	总库容1千万立方米以下
		水力发电站工程	总装机容量300MW以上	总装机容量50～300MW	总装机容量50MW以下
		其他水利工程	引调水堤防等级1级；灌溉排涝流量5立方米/秒以上；河道整治面积30万亩以上；城市防洪城市人口50万人以上；围垦面积5万亩以上；水土保持综合治理面积1000平方公里以上	引调水堤防等级2、3级；灌溉排涝流量0.5～5立方米/秒；河道整治面积3万～30万亩；城市防洪城市人口20万～50万人；围垦面积0.5万～5万亩；水土保持综合治理面积100～1000平方公里	引调水堤防等级4、5级；灌溉排涝流量0.5立方米/秒以下；河道整治面积3万亩以下；城市防洪城市人口20万人以下；围垦面积0.5万亩以下；水土保持综合治理面积100平方公里以下
六	电力工程	火力发电站工程	单机容量30万千瓦以上	单机容量30万千瓦以下	
		输变电工程	330千伏以上	330千伏以下	
		核电工程	核电站；核反应堆工程		
七	农林工程	林业局（场）总体工程	面积35万公顷以上	面积35万公顷以下	
		林产工业工程	总投资5000万元以上	总投资5000万元以下	
		农业综合开发工程	总投资3000万元以上	总投资3000万元以下	

续表

序号	工程类别		一级	二级	三级
七	农林工程	种植业工程	2万亩以上或总投资1500万元以上	2万亩以下或总投资1500万元以下	
		兽医/畜牧工程	总投资1500万元以上	总投资1500万元以下	
		渔业工程	渔港工程总投资3000万元以上；水产养殖等其他工程总投资1500万元以上	渔港工程总投资3000万元以下；水产养殖等其他工程总投资1500万元以下	
		设施农业工程	设施园艺工程1公顷以上；农产品加工等其他工程总投资1500万元以上	设施园艺工程1公顷以下；农产品加工等其他工程总投资1500万元以下	
		核设施退役及放射性三废处理处置工程	总投资5000万元以上	总投资5000万元以下	
八	铁路工程	铁路综合工程	新建、改建一级干线；单线铁路40千米以上；双线30千米以上及枢纽	单线铁路40千米以下；双线30千米以下；二级干线及站线；专用线、专用铁路	
		铁路桥梁工程	桥长500米以上	桥长500米以下	
		铁路隧道工程	单线3000米以上；双线1500米以上	单线3000米以下；双线1500米以下	
		铁路通信、信号、电力电气化工程	新建、改建铁路（含枢纽、配、变电所、分区亭）单双线200千米及以上	新建、改建铁路（不含枢纽、配、变电所、分区亭）单双线200千米及以下	
九	公路工程	公路工程	高速公路	高速公路路基工程及一级公路	一级公路路基工程及二级以下各级公路
		公路桥梁工程	独立大桥工程；特大桥总长1000米以上或单跨跨径150米以上	大桥、中桥桥梁总长30～1000米或单跨跨径20～150米	小桥总长30米以下或单跨跨径20米以下；涵洞工程
		公路隧道工程	隧道长度1000米以上	隧道长度500～1000米	隧道长度500米以下
		其他工程	通信、监控、收费等机电工程，高速公路交通安全设施、环保工程和沿线附属设施	一级公路交通安全设施、环保工程和沿线附属设施	二级及以下公路交通安全设施、环保工程和沿线附属设施

续表

序号	工程类别		一级	二级	三级
十	港口与航道工程	港口工程	集装箱、件杂、多用途等沿海港口工程20000吨级以上；散货、原油沿海港口工程30000吨级以上；1000吨级以上内河港口工程	集装箱、件杂、多用途等沿海港口工程20000吨级以下；散货、原油沿海港口工程30000吨级以下；1000吨级以下内河港口工程	
		通航建筑与整治工程	1000吨级以上	1000吨级以下	
		航道工程	通航30000吨级以上船舶沿海复杂航道；通航1000吨级以上船舶的内河航运工程项目	通航30000吨级以下船舶沿海航道；通航1000吨级以下船舶的内河航运工程项目	
		修造船水工工程	10000吨位以上的船坞工程；船体重量5000吨位以上的船台、滑道工程	10000吨位以下的船坞工程；船体重量5000吨位以下的船台、滑道工程	
		防波堤、导流堤等水工工程	最大水深6米以上	最大水深6米以下	
		其他水运工程项目	建安工程费6000万元以上的沿海水运工程项目；建安工程费4000万元以上的内河水运工程项目	建安工程费6000万元以下的沿海水运工程项目；建安工程费4000万元以下的内河水运工程项目	
十一	航天航空工程	民用机场工程	飞行区指标为4E及以上及其配套工程	飞行区指标为4D及以下及其配套工程	
		航空飞行器	航空飞行器（综合）工程总投资1亿元以上；航空飞行器(单项)工程总投资3000万元以上	航空飞行器（综合）工程总投资1亿元以下；航空飞行器(单项)工程总投资3000万元以下	
		航天空间飞行器	工程总投资3000万元以上；面积3000平方米以上；跨度18米以上	工程总投资3000万元以下；面积3000平方米以下；跨度18米以下	
十二	通信工程	有线、无线传输通信工程，卫星、综合布线	省际通信、信息网络工程	省内通信、信息网络工程	
		邮政、电信、广播枢纽及交换工程	省会城市邮政、电信枢纽	地市级城市邮政、电信枢纽	

续表

<table>
<tr><th>序号</th><th colspan="2">工程类别</th><th>一级</th><th>二级</th><th>三级</th></tr>
<tr><td>十二</td><td>通信工程</td><td>发射台工程</td><td>总发射功率 500 千瓦以上短波或 600 千瓦以上中波发射台：高度 200 米以上广播电视发射塔</td><td>总发射功率 500 千瓦以下短波或 600 千瓦以下中波发射台；高度 200 米以下广播电视发射塔</td><td></td></tr>
<tr><td rowspan="7">十三</td><td rowspan="7">市政公用工程</td><td>城市道路工程</td><td>城市快速路、主干路，城市互通式立交桥及单孔跨径 100 米以上桥梁；长度 1000 米以上的隧道工程</td><td>城市次干路工程，城市分离式立交桥及单孔跨径 100 米以下的桥梁；长度 1000 米以下的隧道工程</td><td>城市支路工程、过街天桥及地下通道工程</td></tr>
<tr><td>给水排水工程</td><td>10 万吨/日以上的给水厂；5 万吨/日以上污水处理工程；3 立方米/秒以上的给水、污水泵站；15 立方米/秒以上的雨泵站；直径 2.5 米以上的给排水管道</td><td>2 万～10 万吨/日的给水厂；1 万～5 万吨/日污水处理工程；1～3 立方米/秒的给水、污水泵站；5～15 立方米/秒的雨泵站；直径 1～2.5 米的给水管道；直径 1.5～2.5 米的排水管道</td><td>2 万吨/日以下的给水厂；1 万吨/日以下污水处理工程；1 立方米/秒以下的给水、污水泵站；5 立方米/秒以下的雨泵站；直径 1 米以下的给水管道；直径 1.5 米以下的排水管道</td></tr>
<tr><td>燃气热力工程</td><td>总储存容积 1000 立方米以上液化气储罐场（站）；供气规模 15 万立方米/日以上的燃气工程；中压以上的燃气管道、调压站；供热面积 150 万平方米以上的热力工程</td><td>总储存容积 1000 立方米以下的液化气贮罐场（站）；供气规模 15 万立方米/日以下的燃气工程；中压以下的燃气管道、调压站；供热面积 50 万～150 万平方米的热力工程</td><td>供热面积 50 万平方米以下的热力工程</td></tr>
<tr><td>垃圾处理工程</td><td>1200 吨/日以上的垃圾焚烧和填埋工程</td><td>500～1200 吨/日的垃圾焚烧及填埋工程</td><td>500 吨/日以下的垃圾焚烧及填埋工程</td></tr>
<tr><td>地铁轻轨工程</td><td>各类地铁轻轨工程</td><td></td><td></td></tr>
<tr><td>风景园林工程</td><td>总投资 3000 万元以上</td><td>总投资 1000 万～3000 万元</td><td>总投资 1000 万元以下</td></tr>
<tr><td rowspan="4">十四</td><td rowspan="4">机电安装工程</td><td>机械工程</td><td>总投资 5000 万元以上</td><td>总投资 5000 万以下</td><td></td></tr>
<tr><td>电子工程</td><td>总投资 1 亿元以上；含有净化级别 6 级以上的工程</td><td>总投资 1 亿元以下；含有净化级别 6 级以下的工程</td><td></td></tr>
<tr><td>轻纺工程</td><td>总投资 5000 万元以上</td><td>总投资 5000 万元以下</td><td></td></tr>
<tr><td>兵器工程</td><td>建安工程费 3000 万元以上的坦克装甲车辆、炸药、弹箭工程；建安工程费 2000 万元以上的枪炮、光电工程；建安工程费 1000 万元以上的防化民爆工程</td><td>建安工程费 3000 万元以下的坦克装甲车辆、炸药、弹箭工程；建安工程费 2000 万元以下的枪炮、光电工程；建安工程费 1000 万元以下的防化民爆工程</td><td></td></tr>
</table>

续表

<table>
<tr><th>序号</th><th colspan="2">工程类别</th><th>一级</th><th>二级</th><th>三级</th></tr>
<tr><td rowspan="2">十四</td><td rowspan="2">机电安装工程</td><td>船舶工程</td><td>船舶制造工程总投资1亿元以上；船舶科研、机械、修理工程总投资5000万元以上</td><td>船舶制造工程总投资1亿元以下；船舶科研、机械、修理工程总投资5000万元以下</td><td></td></tr>
<tr><td>其他工程</td><td>总投资5000万元以上</td><td>总投资5000万元以下</td><td></td></tr>
</table>

注　1. 表中的“以上”含本数，“以下”不含本数。

2. 未列入本表中的其他专业工程，由国务院有关部门按照有关规定在相应的工程类别中划分等级。

3. 房屋建筑工程包括结合城市建设与民用建筑修建的附建人防工程。

附录4　建设工程监理与相关服务收费管理规定

（2007年5月1日　发改价格［2007］670号）

第一条 为规范建设工程监理与相关服务收费行为，维护发包人和监理人的合法权益，根据《中华人民共和国价格法》及有关法律、法规，制定本规定。

第二条 本规定适用于中华人民共和国境内建设项目的建设工程监理与相关服务收费。

第三条 建设工程监理与相关服务的发包与承包应当遵循公开、公平、公正、自愿和诚实信用的原则。依据《中华人民共和国招标投标法》等法律法规，发包人有权自主选择监理人，监理人自主决定是否接受委托。

第四条 发包人和监理人应当遵守国家有关价格法律、法规的规定，维护正常的价格秩序，接受政府价格主管部门的监督、管理。

第五条 建设工程监理与相关服务收费根据建设项目投资额的不同情况，分别实行政府指导价和市场调节价。建设项目总投资额3000万元及以上的建设工程施工阶段的监理收费实行政府指导价；建设项目总投资额3000万元以下的建设工程施工阶段的监理收费和其他阶段的监理与相关服务收费实行市场调节价。

第六条 实行政府指导价的建设工程施工阶段监理收费，其基准价根据《建设工程监理与相关服务收费标准》计算，浮动幅度为上下20%。发包人和监理人应当根据建设项目的实际情况在规定的浮动幅度内协商确定收费额。实行市场调节价的建设工程监理与相关服务收费，由发包人和监理人协商确定收费额。

第七条 建设工程监理与相关服务收费，应当体现优质优价的原则。建设工程监理与相关服务收费实行政府指导价的，在保证工程质量的前提下由于建设工程监理与相关服务节省投资，缩短工期，取得显著经济效益的，发包人和监理人可根据合同约定，按照节省投资额的一定比例协商确定奖励监理人。

第八条　监理人应当按照《关于商品和服务实行明码标价的规定》，告知发包人有关服务项目、服务内容、服务质量、收费依据，以及收费标准。

第九条 建设工程监理与相关服务的内容、质量要求和相应的收费金额以及支付方式，由发包人和监理人在监理与相关服务合同中约定。

第十条　监理人提供的监理与相关服务，应当符合国家规定的规程规范和技术质量标准，满足合同约定的内容、质量等要求。

第十一条 由于非监理人原因造成建设工程监理与相关服务工作量增加的，发包人应当按合同约定向监理人另行支付相应的建设工程监理与相关服务费。

第十二条　由于监理人原因造成监理与相关服务工作量增加的，发包人不另行支付监理与相关服务费用。由于监理人工作失误给发包人造成经济损失的，应当按照合同约定依法承担赔偿责任；监理人提出合理化建议经采用、取得实效的，发包人可另行给予奖励。

第十三条　违反本规定和国家有关价格法律、法规规定的，由政府价格主管部门依据

《中华人民共和国价格法》、《价格违法行为行政处罚规定》予以处罚。

第十四条　本规定及所附《建设工程监理与相关服务收费标准》，由国家发展改革委会同建设部负责解释。

第十五条　本规定自二〇〇七年五月一日起施行。原国家物价局与建设部联合发布的《关于发布工程建设监理费有关规定的通知》（[1992] 价费字 479 号）同时废止。国务院有关部门以及各地制定的相关规定，凡与本通知相抵触的，自本办法生效之日起废止。

附件：建设工程监理与相关服务收费标准

附件：

建设工程监理与相关服务收费标准

1　总　　则

1.0.1　建设工程监理与相关服务是指监理人接受发包人的委托，提供建设工程项目施工阶段的质量、进度、费用控制管理和安全、合同、信息等方面协调管理服务，以及勘察、设计、设备监造、保修等阶段的相关工程服务；各阶段的工作内容见《建设工程监理与相关服务的主要内容》（附表一）。

1.0.2　建设工程监理与相关服务收费为建设工程施工阶段的工程监理（以下简称“施工监理”）服务收费与勘察、设计、设备监造、保修等阶段的监理与相关服务（以下简称“其他阶段的相关服务”）收费之和。

1.0.3　施工监理收费一般按照建设项目工程概算投资额分档定额计费方法收费。

铁路、水运、公路、水利、水电工程的施工监理收费按建筑安装工程费分档计费方式计算收费，对机电设备与工器具购置费、联合试运转费之和占工程概算投资额 30%以上的工程项目，双方可协商确定计费方式和收费额。

1.0.4　其他阶段的相关服务收费一般按相关服务工作所需工日和《建设工程监理与相关服务人员人工日费用标准》（附表四）的规定收费。

1.0.5　施工监理收费按照下列公式计算：

（1）施工监理收费=施工监理收费基准价×（1＋浮动幅度值）

（2）施工监理收费基准价=施工监理收费基价×专业调整系数×工程复杂程度调整系数×附加调整系数

1.0.6　施工监理收费基准价

施工监理收费基准价是按照本收费标准计算出的施工监理基准收费额，发包人与监理人根据项目的实际情况，在规定的浮动幅度范围内协商确定施工监理收费合同额。

1.0.7　施工监理收费基价

施工监理收费基价是完成国家法律法规、行业规范规定的施工阶段基本监理服务内容的酬金。施工监理收费基价按《施工监理收费基价表》（附表二）中确定，计费额处于两个数值区间的，采用直线内插法确定施工监理收费基价。

1.0.8　施工监理计费额

施工监理收费以建设项目工程概算投资额为计费额的，计费额为经过批准的建设项目初步设计概算中的建筑安装工程费、设备与工器具购置费和联合试运转费之和。

工程中有利用原有设备并进行安装调试服务的，以签订工程监理合同时同类设备的当期价格作为施工监理收费的计费额；工程中有缓配设备的，应扣除签订监理合同时同类设备的当期价格作为施工监理收费的计费额；工程中有引进设备的，按照购进设备的离岸价格折换成人民币作为施工监理收费的计费额。

施工监理收费以建筑安装工程费为计费额的，计费额为经过批准的建设项目初步设计概算中的建筑安装工程费。

作为施工监理收费计费额的建设项目工程概算投资额或建筑安装工程费均指每个监理合同中约定的工程项目范围的投资额。

1.0.9　施工监理收费调整系数

施工监理收费标准的调整系数包括：专业调整系数、工程复杂程度调整系数和附加调整系数。

（1）专业调整系数是对不同专业建设工程项目的施工监理工作复杂程度和工作量差异进行调整的系数。计算施工监理收费时，专业调整系数在《施工监理收费专业调整系数表》（附表三）中查找确定。

（2）工程复杂程度调整系数是对同一专业不同建设工程项目的施工监理复杂程度和工作量差异进行调整的系数。工程复杂程度分为一般、较复杂和复杂三个等级，其调整系数分别为：一般（Ⅰ级）0.85；较复杂（Ⅱ级）1.0；复杂（Ⅲ级）1.15。计算施工监理收费时，工程复杂程度在相应章节的《工程复杂程度表》中查找确定。

（3）附加调整系数是对施工监理的自然条件、作业内容，以及专业调整系数和工程复杂程度调整系数尚不能调整的因素进行补充调整的系数。附加调整系数分别列于总则和有关章节中。附加调整系数为两个或两个以上的，附加调整系数不能连乘。将各附加调整系数相加，减去附加调整系数的个数，加上定值1，作为附加调整系数值。

1.0.10　在海拔高程超过2000m地区进行施工监理工作时，高程附加调整系数如下：

海拔高程2000～3000m为1.1

海拔高程3001～3500m为1.2

海拔高程3500～4000m为1.3

海拔高程 4001m 以上的,高程附加调整系数在以上基础上由发包人和监理人协商确定。

1.0.11　改扩建和技术改造建设工程项目，附加调整系数为1.1～1.2。

1.0.12　发包人将施工监理基本服务中的某一部分工作单独发包给监理人,则按照其占施工监理基本服务工作量的比例计算施工监理收费，具体比例由双方协商确定。

1.0.13　建设工程项目施工监理由两个或者两个以上监理人承担的,各监理人按照其占施工监理基本服务工作量的比例计算施工监理收费。发包人委托其中一个监理人对建设工程项目施工监理总负责的,该监理人按照各监理人合计监理费的5%～7%加收总体协调费。

1.0.14　本收费标准不包括本总则1.0.1以外的其他服务收费。其他服务收费，国家有规定的，从其规定；国家没有收费规定的，由发包人与监理人协商确定。

2　矿山采选工程

2.1　矿山采选工程范围

适用于有色金属、黑色冶金、化学、非金属、黄金、铀、煤炭以及其他矿种采选工程。

2.2　矿山采选工程复杂程度

2.2.1　坑内采矿工程

表 2.2-1　坑内采矿工程复杂程度表

等级	工程特征
Ⅰ级	1．地形、地质、水文条件简单； 2．开拓运输系统单一，斜井串车，平硐溜井，主、副、风井条数不大于3条； 3．矿石品种单一，不分采的采矿工程
Ⅱ级	1．地形、地质、水文条件较复杂； 2．缓倾斜薄矿体或埋藏深度大于500m的矿体； 3．开拓运输系统较复杂，斜井箕斗，主、副、风井条数不小于4条，有系统的顶板管理设施； 4．两种矿石品种，有分采、分贮、分运设施的采矿工程
Ⅲ级	1．地形、地质、水文条件复杂； 2．缓倾斜中厚矿体或大水矿床； 3．开拓运输系统复杂，斜井胶带，联合开拓运输系统，有复杂的疏干、排水系统及设施； 4．两种以上矿石品种，有分采、分贮、分运设施，采用充填采矿法或特殊采矿法的各类采矿工程； 5．铀矿采矿工程

2.2.2　露天采矿工程

表 2.2-2　露天采矿工程复杂程度表

等级	工程特征
Ⅰ级	1．地形、地质、水文条件简单； 2．矿体埋藏垂深小于120m的山坡与深凹露天矿； 3．单一采场的一般露天矿，开拓运输系统单一； 4．矿石品种单一，不分采的采矿工程； 5．水深小于6m采金船采金工程
Ⅱ级	1．地形、地质、水文条件较复杂； 2．矿体埋藏垂深不小于120m的深凹露天矿； 3．多采场的露天矿，两种以上开拓运输方式； 4．两种矿石品种，有分采、分贮、分运设施的采矿工程； 5．水深6~9m采金船采金工程
Ⅲ级	1．地形、地质、水文条件复杂； 2．缓倾斜中厚矿体，海拔标高大于3000m的高山矿床，含流沙矿床； 3．有防寒保温或治理流沙设施，有露天转坑内措施； 4．两种以上矿石品种或含有用元素，有矿石倒装及分采、分贮、分运设施的采矿工程； 5．水深大于9m采金船或阶地采金工程

2.2.3 选矿工程

表 2.2-3 选矿工程复杂程度表

等级	工程特征
Ⅰ级	1．处理易选矿石； 2．一段磨矿； 3．单一选矿方法，单一产品的选矿工程
Ⅱ级	1．处理两种矿石； 2．两段磨矿； 3．两种选矿方法，两种产品的选矿工程
Ⅲ级	1．处理两种以上矿石； 2．两段以上磨矿； 3．两种以上选矿方法，两种以上产品； 4．采用重介质，反浮选冷结晶等方法的选矿工程

2.2.4 煤炭矿井工程

表 2.2-4 煤炭矿井工程复杂程度表

等级	工程特征
Ⅰ级	1．地形较平坦，地质构造简单，褶曲宽缓，断层稀少，工程地质条件简单； 2．煤层、煤质稳定，全区可采，无岩浆岩侵入，无自然发火； 3．矿床充水条件简单； 4．地压、地温正常，煤层及瓦斯无突出的采矿工程； 5．井筒深度不小于 300m；表土层厚小于 150m
Ⅱ级	1．地形起伏不大，地质构造较复杂，褶曲、断层不影响采区划分，无不良工程地质现象； 2．煤层在可采范围内厚度变化不大，全区大部分可采，偶见少量岩浆岩，自然发火倾向小； 3．矿床充水条件较复杂，沙漠地区有溃水溃沙； 4．地压呈现强，地温正常，瓦斯含量低的采矿工程； 5．井筒深度 300～800m；表土层厚 150～300m
Ⅲ级	1．地形复杂，地质构造复杂，褶曲、断层较密集，第四系地层稳定性差； 2．煤层倾角、厚度、煤质变化大，局部不可采， 且结构复杂，有岩浆岩侵入，有自然发火危险； 3．矿床充水条件复杂，水患严重； 4．地压大，地温局部偏高，高瓦斯需抽放，煤层及瓦斯突出的采矿工程； 5．井筒深度大于 800m；表土层厚大于 300m

2.2.5　煤炭露天矿工程

表 2.2-5　煤炭露天矿工程复杂程度表

等级	工程特征
Ⅰ级	1．地质构造简单，矿田地形为Ⅰ类； 2．煤层赋存条件属Ⅰ类，煤层单一，煤层埋藏深度不大于 50m； 3．采用单一开采工艺，技术一般的采矿工程
Ⅱ级	1．地质构造较复杂，矿田地形为Ⅱ类； 2．煤层赋存条件属于Ⅱ类，煤层结构较复杂，煤质变化较大，可采煤层 2 层，煤层埋藏深度 50～100m； 3．采用单一开采工艺，技术较复杂的采矿工程
Ⅲ级	1．地质构造复杂，矿田地形为Ⅲ类及以上； 2．煤层赋存条件属Ⅲ类，煤层结构复杂，煤质变化大，可采煤层多于 2 层，煤层埋藏深度不小于 100m； 3．采用综合开采工艺，技术复杂的采矿工程

2.2.6　选煤厂工程

表 2.2-6　选煤厂工程复杂程度表

等级	工程特征
Ⅰ级	新建筛选厂(车间)工程；
Ⅱ级	新建入洗下限大于 25mm 选煤厂工程；
Ⅲ级	1．新建入洗下限不大于 25mm 选煤厂工程； 2．水煤浆制备及燃烧应用工程

3　加 工 冶 炼 工 程

3.1　加工冶炼工程范围

适用于机械、船舶、兵器、航空、航天、电子、核加工、轻工、纺织、林产、农业、（粮食）、内贸、建材、钢铁、有色等各类加工工程，钢铁、有色等冶炼工程。

3.1.1　加工冶炼工程示例

表 3.1-1　加工冶炼工程示例表

工程类别	工程示例
机械	矿山、交通、铁道、港口、工程、石油、化工、电力、纺织、医疗、农业、环保、通用、食品及包装等机械，汽车、电机、电器、电材、仪器仪表、机床工具、磨料磨具、机械基础件，社会公共安全产品及衡器等
船舶	船舶制造，船坞、船台、滑道等
兵器	枪炮、坦克、步兵战车，光学、光电、电子兵器，弹、引信、靶厂、防化器材、民爆器材等
航空	航空主机、辅机、零部件、航空维修、试验室等
航天	航天产品总装、部装、零部件、试验、测试等
电子	微电子、通信设备、电子器件、电子终端产品等

续表

工程类别	工程示例
核加工	核燃料元（组）件、铀浓缩、核技术及同位素应用等
轻工	制浆造纸、日用机械、日用硅酸盐、日用化学制品、制盐、食品、皮革毛皮及制品、塑料原料及制品、家用电器、烟草等
纺织	纺织、印染、服装加工等
林产	木材加工、人造板、林产化工等
农业（粮食）内贸	粮油饲料、果蔬、畜牧水产、种子加工，农、副、水产品等仓储、保鲜、冷藏，制冰厂、屠宰厂等
建材	水泥及水泥制品、玻璃、陶瓷、耐火材料、建筑材料等
钢铁	烧结球团、炼铁、炼钢、铁合金、轧钢、钢铁加工、焦化耐火材料等
有色	重金属、轻金属、稀有金属、稀土、半导体材料、粉末冶金及硬质合金等冶炼与加工工程

3.2 加工冶炼工程复杂程度

表 3.2-1　加工冶炼工程复杂程度表

等级	工程特征
Ⅰ级	1. 一般机械辅机及配套厂工程； 2. 船舶辅机及配套厂，船舶普航仪器厂，小于 3000t 的坞修车间，船台滑道、吊车道工程； 3. 防化民爆工程、光电工程； 4. 电子终端产品装配厂工程； 5. 文体用品、玩具、工艺美术品、日用杂品、金属制品厂工程； 6. 针织、服装厂工程； 7. 小型林产加工工程； 8. 小型冷库、屠宰厂、制冰厂，一般农业(粮食)与内贸加工工程； 9. 普通水泥、平板玻璃深加工、砖瓦水泥制品厂工程； 10. 一般简单加工及冶炼辅助单体工程和单体附属工程； 11. 小型、技术简单的建筑铝材、铜材加工及配套工程
Ⅱ级	1. 一般机械零部件加工及配套厂工程； 2. 造船厂、修船厂，船体加工装配、管子加工车间，3000～10000t 坞修车间、船台滑道工程； 3. 坦克装甲车车辆工程、枪炮工程； 4. 航空辅机厂、航空零部件厂工程； 5. 航天零部件厂工程； 6. 电子元件、材料厂工程； 7. 简单核技术及同位素应用工程； 8. 食品、制盐、酿酒、烟草、皮革毛皮、家电、塑料制品、日用硅酸盐制品工程； 9. 棉、毛、丝、麻、纤维纺织厂工程； 10. 中型或者技术较复杂的林产加工工程； 11. 中型冷库、屠宰厂、制冰厂、技术较复杂的农业(粮食)与内贸加工工程； 12. 小于 2000t 的水泥生产线，格法、压延玻璃生产线，组合炉拉丝玻璃纤维，非金属材料，空心砖、玻璃钢、耐火材料、建筑及卫生陶瓷厂工程； 13. 中等规模的焦化、耐火材料、烧结球团、钢铁冶炼、连铸、轧钢、有色冶炼、冶炼等辅助工程、加工及配套工程

续表

等级	工程特征
III级	1．机械主机制造厂，试验站(室)、试车台、动力站房、计量检测站、空分站，自动化立体和多层仓库工程； 2．船舶主机厂、特机厂，船舶工业特种涂装车间，大于10000t坞修车间、船台滑道、干船坞，船模试验水池，海洋开发工程设备厂、水声设备及水中兵器厂、精密航海仪器厂工程； 3．火炸药及火工品工程、弹箭引信工程； 4．航空主机厂、装配厂、维修厂，航空试验测试工程； 5．航天产品总装厂、部装厂、航天试验测试工程； 6．微电子器件、显示器件、电子玻璃、电子终端产品生产厂，洁净度高于1000级的洁净厂房工程； 7．核燃料元/组件、铀浓缩、核技术及同位素应用； 8．制浆造纸、日用化学制品、日用陶瓷、塑料原料、电池、感光材料、制糖、盐化工工程； 9．印染、非织造布工程； 10．大型林产加工厂、技术复杂或者采用新技术的林产加工工程； 11．大型冷库、屠宰厂、制冰厂，技术复杂的农业(粮食)与内贸加工工程； 12．不小于2000t的水泥生产线，浮法玻璃生产线，池窑拉丝玻璃纤维、特种纤维，新型建材，特种陶瓷生产线工程； 13．规模较大的焦化、耐火材料、烧结球团、钢铁冶炼、连铸、轧钢、有色冶炼、冶炼等辅助工程、加工及配套辅助工程

4　石 油 化 工 工 程

4.1　石油化工工程范围

适用于石油、天然气、石油化工、化工、火化工、核化工、化纤、医药工程。

4.2　石油化工工程复杂程度

表4.2-1　石油化工工程复杂程度表

等级	工程特征
I级	1．油气田井口装置和内部集输管线，油气计量站、接转站等场站、总容积小于50000m³ 或品种少于5种的独立油库工程； 2．平原微丘陵地区长距离油、气、水煤浆等各种介质的输送管道和中间场站工程； 3．工艺过程比较简单的石化、药品、无机盐生产装置工程； 4．石油化工工程的辅助生产设施和公用工程
II级	1．油气田原油脱水转油站、油气水联合处理站、总容积不小于50000 m³或品种不少于5种的独立油库、天然气处理和轻烃回收厂站、三次采油回注水处理工程； 2．山区沼泽地带长距离油、气、水煤浆等各种介质的输送管道和首站、末站、压气站、调度中心工程； 3．500万t/a以下的常压蒸馏、减压蒸馏、叠合、脱硫、脱硫醇、凝析油回收、电精制、化学精制、氧化沥青、石蜡成型、丁烯氧化脱氢、MDPE、丁二烯抽提、乙腈、塑料薄膜、塑料地毯、塑料编织袋生产装置工程； 4．磷肥、农药制剂、混配肥、工艺复杂的无机盐、普通橡胶制品工程； 5．涤纶、丙纶常规切片纺丝等一般化纤工程

续表

等级	工程特征
Ⅱ级	6．医药制剂、中药、药用材料、药品包装（外包装除外）、医疗器械生产装置，医药科研、药品检测设施工程； 7．冷冻、脱盐、联合控制室、中高压热力站、环境监测、工业监视、三级污水处理工程
Ⅲ级	1．油气田天然气液化及提氦、硫磺回收及下游装置、稠油及三次采油联合处理站、地下储气库、滩海或浅海油气田工程、石油滚动开发工程； 2．复杂的油、气、水煤浆等各种介质的长输管道穿跨越工程； 3．催化裂化、催化重整、加氢、制氢、500万t/a以上的常减压联合蒸馏、芳烃抽提、芳烃（PX）、MTBE、气体分馏、分子筛、脱蜡、烷基化、脱磺制硫及尾气处理、乙烯、对苯二甲酸等单体原料、合成塑料、合成橡胶、合成纤维生产装置，LPC、LNC低温储存运输设施，重油（氧化沥青除外）、润滑油加工工程； 4．合成氨、制酸、制碱、复合肥生产装置，火化工，子午线轮胎、胶片、精细化工、生物化学品、复杂化纤工程； 5．放射性药品、化学合成药品、抗生素药品生产装置工程； 6．铀转换化工、乏燃料后处理、核三废治理、核设施退役处理工程

5 水利电力工程

5.1 水利电力工程范围

适用于水利、发电、送电、变电、核能工程。

5.2 水利电力工程复杂程度

5.2.1 电力、核能、水库工程

表5.2-1 电力、核能、水库工程复杂程度表

等级	工程特征
Ⅰ级	1．新建4台以上同容量凝汽式机组发电工程，燃气轮机发电工程； 2．电压等级110kV及以下的送电、变电工程； 3．工程复杂程度赋分值之和不大于−20的水库和水电工程
Ⅱ级	1．新建或扩建2～4台单机容量50MW以上凝汽式机组及50MW及以下供热机组发电工程； 2．电压等级220kV、330kV的送电、变电工程； 3．工程复杂程度赋分值之和为−20～20的水库和水电工程
Ⅲ级	1．新建一台机组的发电工程，一次建设两种不同容量机组的发电工程，新建2～4台单机容量50MW以上供热机组发电工程，新建或扩建2～4台单机容量1000MW等级凝汽式机组发电工程；新能源发电工程（可再生能源、风电、潮汐等）； 2．换流站工程，电压等级500kV及以上送电、变电； 3．核电工程； 4．工程复杂程度赋分值之和不小于20的水库和水电工程

注 电力、水库工程地处深山峡谷且距交通枢纽200km以上附加调整系数为1.1。

5.2.2　其他水利工程

表 5.2-2　其他水利工程复杂程度表

等级	工程特征
Ⅰ级	1．丘陵、山区、沙漠地区的建筑物投资之和与建设项目中所有建筑物投资之和的比例小于30%的引调水建筑物工程； 2．丘陵、山区、沙漠地区渠道管线长度之和与建设项目中所有渠道管线长度之和的比例小于30%的引调水渠道管线工程； 3．堤防等级Ⅴ级的河道治理建(构)筑物及河道堤防工程； 4．灌区田间工程； 5．水土保持工程
Ⅱ级	1．丘陵、山区、沙漠地区的建筑物投资之和与建设项目中所有建筑物投资之和的比例在30%～60%的引调水建筑物工程； 2．丘陵、山区、沙漠地区渠道管线长度之和与建设项目中所有渠道管线长度之和的比例在30%～60%的引调水建筑物工程； 3．堤防等级Ⅲ、Ⅳ级的河道治理建(构)筑物及河道堤防工程
Ⅲ级	1．丘陵、山区、沙漠地区的建筑物投资之和与建设项目中所有建筑物投资之和的比例大于60%的引调水建筑物工程； 2．丘陵、山区、沙漠地区管线长度之和与建设项目中所有渠道管线长度之和的比例大于60%的引调水渠道管线工程； 3．堤防等级Ⅰ、Ⅱ级的河道治理建(构)筑物及河道堤防工程； 4．护岸、防波堤、围堰、人工岛、围垦工程，城镇防洪、河口整治工程

注　引调水渠道或管道、河道堤防工程附加调整系数为0.85；灌区田间工程附加调整系数为0.25；水土保持工程附加调整系数0.7；河道治理及引调水工程建筑物、构筑物附加调整系数为1.3；工程地处深山峡谷且距交通枢纽200km以上附加调整系数为1.1。

5.3　水库和水电工程复杂程度赋分

表 5.3-1　水库和水电工程复杂程度赋分表

项目	工程特征	赋分值
枢纽布置方案比较	一个坝址或一条坝线方案	−10
	两个坝址或两条坝线方案	5
	三个坝址或三条坝线方案	10
建筑物	有副坝	−1
	土石坝、常规重力坝	2
	有地下洞室	6
	两种坝型或两种厂型	7
	新坝型，拱坝、混凝土面板堆石坝、碾压混凝土坝	7
综合利用	防洪、发电、灌溉、供水、航运、减淤、养殖具备一项	16
	防洪、发电、灌溉、供水、航运、减淤、养殖具备两项	1
	防洪、发电、灌溉、供水、航运、减淤、养殖具备三项	2

续表

项目	工程特征	赋分值
综合利用	防洪、发电、灌溉、供水、航运、减淤、养殖具备四项	4
	防洪、发电、灌溉、供水、航运、减淤、养殖具备五项及以上	6
环保	环保要求简单	−3
	环保要求一般	1
	环保有特殊要求	3
泥沙	少泥沙河流	−4
	多泥沙河流	5
冰凌	有冰凌问题	5
主坝坝高	坝高小于 30m	−4
	坝高 30~50m	1
	坝高 51~70m	2
	坝高 71~150m	4
	坝高>150m	6
装机容量	小于 300MW	2
	300～600MW	4
	大于 600MW	6
隧洞	长度小于 4km	2
	长度 4～10km	4
	长度大于 10km	6
地震设防	地震设防烈度不小于 7 度	4
基础处理	简单：地质条件好或不需进行地基处理	−4
	中等：按常规进行地基处理	1
	复杂：地质条件复杂，需进行特殊地基处理	4
下泄流量	窄河谷坝高在 70m 以上、下泄流量 25000m³/s 以上	4

6 交通运输工程

6.1 交通运输工程范围

适用于铁路、公路、水运、城市交通、民用机场、索道工程。

6.2 交通运输工程复杂程度

6.2.1 铁路工程

表 6.2-1　铁路工程复杂程度表

等级	工程特征
Ⅰ级	Ⅱ、Ⅲ、Ⅳ级铁路
Ⅱ级	1．时速 200km 客货共线； 2．Ⅰ级铁路； 3．货运专线； 4．独立特大桥； 5．独立隧道
Ⅲ级	1．客运专线； 2．技术特别复杂的工程

注　1．复杂程度调整系数Ⅰ级为 0.85，Ⅱ级为 1，Ⅲ为 0.61。
　　2．复杂等级为Ⅱ级的新建双线另乘 0.85。
　　3．由建设单位提供办公及设备费，复杂等级为Ⅰ、Ⅱ级的另乘 0.84，复杂等级Ⅲ级的另乘 0.92。

6.2.2　公路、城市道路、轨道交通、索道工程

表 6.2-2　公路、城市道路、轨道交通、过道工程复杂程度表

等级	工程特征
Ⅰ级	三级、四级公路及相应的机电工程
Ⅱ级	1．二级公路及相应的机电工程； 2．城市街区道路、次干路工程
Ⅲ级	1．高速公路、一级公路工程及相应的机电工程； 2．城市主干路、快速路、城市地铁、轻轨、广场、停车场工程； 3．客（货）运索道工程

注　1．公路机电工程的附加调整系数为 0.9。
　　2．城市道路通过地下管网密集区的，附加调整系数为 1.05。
　　3．公路工程项目穿越山岭重丘区的部分附加调整系数为 1.1。

6.2.3　公路桥梁、城市桥梁和隧道工程

表 6.2-3　公路桥梁、城市桥梁和隧道工程复杂程度表

等级	工程特征
Ⅰ级	1．总长小于 1000m ，水深小于 15m，单孔跨径为 30m 以下的预应力混凝土简支梁； 2．地质构造简单，长度小于 500m 的隧道工程
Ⅱ级	1．总长大于 1000m，水深大于 15m，单孔跨径为 30m 以上的预应力混凝土简支梁及单孔跨径 250m 以下的其他桥梁； 2．地质构造简单，长度在 500～1000m 的隧道工程； 3．城市立交桥、人行天桥、地下通道、涵洞工程
Ⅲ级	1．单孔跨径为 250m 以上的桥梁； 2．地质构造复杂，长度大于 1000m 的隧道工程； 3．全苜蓿叶型、双喇叭型、枢纽型等各类独立的互通式立体交叉工程

注　1．桥梁、隧道通过地下管网密集区的，附加调整系数为 1.1。
　　2．主跨 250m 以上钢筋混凝土拱桥、单跨 250m 以上预应力混凝土连续结构、400m 以上斜拉桥、800m 以上悬索桥等结构复杂的独立特大桥工程附加调整系数为 1.15。
　　3．大于 3000m 的独立特长隧道及 2000m 以上桥梁项目附加调整系数为 1.05。

6.2.4 水运工程

表 6.2-4 水运工程复杂程度表

工程项目				计量单位	I	II	III
港口工程	码头	集装箱	沿海	吨级		＜50000	≥50000
			内河	吨级		500～1000	≥1000
		散货	沿海	吨级	≤5000	5000～30000	≥30000
			内河	吨级	≤500	500～1000	≥1000
		件杂货、滚装、客运等多用途	沿海	吨级	≤3000	3000～10000	≥10000
			内河	吨级	≤500	500～1000	≥1000
		原油	沿海	吨级		＜30000	≥30000
			内河	吨级		＜1000	≥1000
	化学品、成品油、气等危险品			吨级		＜1000	≥1000
	防波堤、导流堤、海上人工岛等水上工程			最大水深（m）		＜6	≥6
	护岸、引堤、海墙等建筑防护			最大水深（m）	≤3	3～5	≥5
修造船厂水工工程	船坞			船舶吨位	≤3000	3000～10000	≥10000
	船台、滑道			船体重量（t）	≤1000	1000～5000	≥5000
	舾装码头			吨级	≤3000	3000～10000	≥10000
通航建筑工程	渠化枢纽、船闸			通航吨级	≤300	300～1000	≥1000
	升船机			通航吨级		＜300	≥300
航道工程	沿海			通航吨级		＜30000	≥30000
	内河整治			通航吨级	≤300	300～1000	1000
	疏浚与吹填			工程量（万 m^3）	≤50	50～200	≥200
水上交通管制工程	航标工程			投资（万元）		＜1000	≥1000
	船舶交通管理系统工程			投资（万元）		＜3000	≥3000
	水上通信导航系统工程						

注 1．孤岛作业的海洋水运工程项目和远离岸线的海、河水运工程附加调整系数为 1.2。

2．开敞式的沿海水运工程附加调整系数为 1.1。

3．在枯水期作业的航道工程附加调整系数为 1.1。

6.2.5 民用机场工程

表 6.2-5 民用机场工程复杂程度表

等级	工程特征
Ⅰ级	3C 及以下场道及空中交通管制工程（项目单一或规模较小工程）
Ⅱ级	4C、4D 场道及空中交通管制工程（中等规模工程）
Ⅲ级	4E 及以上场道及空中交通管制工程（大型综合工程含配套措施）

注 工程项目规模划分标准见《民用机场飞行区技术标准》。

7 建筑市政工程

7.1 建筑市政工程范围

适用于建筑、人防、市政公路、园林绿化、电信、广播电视、邮电工程。

7.2 建筑市政工程复杂程度

7.2.1 建筑、人防工程

表 7.2-1 建筑、人防工程复杂程度表

等级	工程特征
Ⅰ级	1．功能单一、技术要求简单的小型公共建筑工程； 2．高度小于 24m 的一般公共建筑工程； 3．小型仓储建筑工程； 4．简单的设备用房及其他配套用房工程： （1）简单的建筑环境及室外工程； （2）相当于一星级饭店及以下标准的室内装修工程； （3）人防疏散干道、支干道及人防连接通道等人防配套工程
Ⅱ级	1．大中型公共建筑工程； 2．技术要求较复杂或有地区性意义的小型公共建筑工程； 3．高度 24～50m 的一般公共建筑工程； 4．20 层及以下一般标准的居住建筑工程； 5．仿古建筑，一般标准的古建筑、保护性建筑以及地下建筑工程； 6．大中型仓储建筑工程； 7．一般标准的建筑环境和室外工程； 8．相当于二、三星级饭店标准的室内装修工程； 9．防护级别为四级及以下同时建筑面积小于 10000m²的人防工程
Ⅲ级	1．高级大型公共建筑工程； 2．技术要求复杂或具有经济、文化、历史等意义的省(市)级中小型公共建筑工程； 3．高度大于 50m 的公共建筑工程； 4．20 层以上居住建筑和 20 层及以下高标准居住建筑工程； 5．高标准的古建筑、保护性建筑和地下建筑工程； 6．高标准的建筑环境和室外工程； 7．相当于四、五星级饭店标准的室内装修，特殊声学装修工程； 8．防护级别为三级以上或者建筑面积不小于 10000m²的人防工程

注 1．大型建筑工程指 20001 m²以上的建筑，中型指 5001～20000 m²的建筑，小型指 5000 m²以下的建筑。

2．古建筑、保护性建筑等，根据具体情况，附加调整系数为 1.1～1.3。

7.2.2 园林绿化工程

表 7.2-2 园林绿化工程复杂程度表

等级	工程特征
Ⅰ级	1．一般标准的道路绿化工程； 2．片林、风景林等工程

续表

等级	工程特征
Ⅱ级	1．标准较高的道路绿化工程； 2．一般标准的风景区、公共建筑环境、企事业单位与居住区的绿化工程
Ⅲ级	1．高标准的城市重点道路绿化工程； 2．高标准的风景区、公共建筑环境、企事业单位与居住区的绿化工程； 3．公园、度假村、高尔夫球场、广场、街心花园、园林小品、屋顶花园、室内花园等绿化工程

7.2.3 市政公用工程

表 7.2-3 市政公用工程复杂程度表

等级	工程特征
Ⅰ级	1．庭院户内燃气管道工程； 2．一般给排水地下管线（*DN*<1.0m，无管线交叉）工程； 3．小型垃圾中转站，简易堆肥工程； 4．供热小区管网（二级网）工程
Ⅱ级	1．城市调压站，瓶组站，小于 5000 户气化站、混气站，小于 500m³储配站工程； 2．城区给排水管线，一般地下管线（*DN*<1.0m，有管线交叉），小于 1m³/s 加压泵站，简单构筑物工程； 3．大于 100t/d 的大型垃圾中转站，垃圾填埋场、机械化快速堆肥工程； 4．不小于 2MW 的小型换热站工程
Ⅲ级	1．城市超高压调压站，市内管线及加压站，穿、跨越管网，不小于 5000 户气化站、混气站，不小于 500 m³储配站、门站、气源厂、加气站工程； 2．大型复杂给排水管线，市政管网，大型泵站、水闸等构筑物，净水厂、污水处理厂工程； 3．垃圾系统工程及综合处理与利用、焚烧工程； 4．锅炉房，穿、跨越供热管网，大于 2MW 换热站工程； 5．海底排污管线，海水取排水、淡化及处理工程

7.2.4 广播电视、邮政、电信工程

表 7.2-4 广播电视、邮政、电信工程复杂程度表

等级	工程特征
Ⅰ级	1．广播电视中心设备（广播 1 套，电视 1～2 套）工程； 2．中波发射台设备（单机功率 *P*≤1kW）工程； 3．短波发射台设备（单机功率 *P*≤50kW）工程； 4．电视、调频发射塔（台）设备（单机功率 *P*≤1kW）工程； 5．广播电视收测台设备工程； 6．三级邮件处理中心工艺工程

续表

等级	工程特征
Ⅱ级	1．广播电视中心设备（广播2~3套，电视3～5套）工程； 2．中波发射台设备（单机功率1kW<P≤20kW）工程； 3．短波发射台设备（单机功率50kW<P≤150kW）工程； 4．电视、调频发射塔（台）设备（单机功率1kW<P≤10kW，塔高小于200m）工程； 5．广播电视传输网络工程； 6．二级邮件处理中心及各类转运站工艺工程； 7．电信工程
Ⅲ级	1．广播电视中心设备（广播4套以上，电视6套以上）工程； 2．中波发射台设备（单机功率P>20kW）工程； 3．短波发射台设备（单机功率P>150kW）工程； 4．电视、调频发射塔（台）设备（单机功率P>10kW，塔高不小于200m）工程； 5．电声设备、演播厅、录（播）音馆、摄影棚设备工程； 6．广播电视卫星地球站、微波站设备工程； 7．广播电视光缆、电缆节目传输工程； 8．一级邮件处理中心工艺工程

8　农业林业工程

8.1　农业、林业工程范围

适用于农业、林业工程。

8.2　农业、林业工程复杂程度

表8.2-1　农业、林业工程复杂程度表

等级	工程特征
Ⅰ级	1．适应动植物生长特性的小型工程设施； 2．平原区高差小于5m或坡降小于1/500、土壤水文地质条件一般的农业综合开发工程； 3．机械化程度较低、环境控制简单的畜牧工程； 4．地形与水文条件简单、给排水系统简易的水产养殖工程； 5．生态农业工程、旱作农业工程，草原三化治理工程； 6．高差小于500m的丘陵地区、林区边缘距公路或铁路小于20km，总面积小于150000hm²、设计年产量小于100000m³的林场的林业局(场)、木材运输和贮木场工程； 7．规模较小、技术难度小的其他林业工程
Ⅱ级	1．适应动植物生长特性的中型工程设施； 2．丘陵地区高差5～50m或坡降1/500～1/100、土壤水文地质条件较差的农业综合开发工程； 3．饲养管理、环境控制半自动化的畜牧工程； 4．地形与水文条件及给排水系统复杂、有人工孵化、温室育苗等设施的水产养殖工程； 5．一般生产型温室及农业设施工程； 6．高差在500～1000m的山区、林区边缘距公路或铁路20～30km、总面积为150000～350000hm²、设计年产量为100000～300000 m³的林业局(场)、木材运输和贮木场工程； 7．规模中等、技术难度较大、工作环境较差的其他林业工程

续表

等级	工程特征
III级	1．适应动植物生长特性的大型工程设施； 2．山区高差大于 50m 或坡降大于 1/100、土壤水文地质条件差的农业综合开发工程； 3．饲养管理、环境控制全自动化或采用新工艺新技术的畜牧兽医工程； 4．采用工厂化养殖、水循环回用、自动化程度高的水产养殖工程； 5．较复杂的科研或观光型温室及农业设施工程； 6. 高差大于 1000m 的高山地区、林区边缘距公路或铁路大于 30km，总面积为 350000hm^2、年产量大于 300000m^3 的林业局(场)、木材运输和贮木场工程； 7．规模较大、技术复杂、工作环境差或有特殊工艺要求的其他林业工程

附表一

建设工程监理与相关服务的主要工作内容

服务阶段	具体服务范围构成	备注
勘察阶段	协助业主编制勘察要求、选择勘察单位，核查勘察方案并监督实施和进行相应的控制，参与验收勘察成果	勘察阶段监理与相关服务工作的具体内容按照国家或行业有关规范、规定执行
设计阶段	协助业主编制设计要求、选择设计单位，组织评选设计方案，对各设计单位进行协调管理，监督合同履行，审查设计进度计划并监督实施，核查设计大纲和设计深度、使用技术规范合理性，提出设计评估报告（包括各阶段设计的核查意见和优化建议），协助审核设计概算	设计阶段监理与相关服务工作的具体内容按照国家或行业有关规范、规定执行
施工阶段	施工过程中的质量、进度、投资的目标控制，安全、合同、信息管理及现场协调	施工阶段监理工作的具体内容按照国家有关法律法规、行业规范和规定执行
设备采购监造阶段	协助业主编制设备采购方案和计划，参与设备采购的招标活动，协助业主签订设备制造合同，对设备的设计、零部件采购与生产、安装、调试、保修期运行等过程实施监督、管理、控制和协调	
保修阶段	检查和记录工程质量缺陷，对缺陷原因进行调查分析并确定责任归属，审核修复方案，监督修复过程并验收，审核修复费用	

附表二

施工监理收费基价表　　单位：万元

序号	计费额	收费基价
1	500	19.0
2	1000	36.1
3	3000	101.1
4	5000	158.4
5	8000	239.1
6	10000	285.8
7	20000	508.6

续表

序号	计费额	收费基价
8	40000	905.4
9	60000	1258.5
10	80000	1585.7
11	100000	1886.9
12	200000	3321.0
13	400000	5778.6
14	600000	7916.7
15	800000	9869.4
16	1000000	11695.3

附表三

施工监理收费专业调整系数表

工程类型	专业调整系数
1．矿山采选工程	
黑色、有色、黄金、化学、非金属及其他矿采选工程	0.9
矿井工程，选煤及其他煤炭工程	1.0
铀矿采选工程	1.1
2．加工冶炼工程	
船舶水工工程	1.0
各类加工、冶炼工程	1.0
核加工工程	1.2
3．石油化工工程	
石油工程	0.9
化工、石化、化纤、医药工程	1.0
核化工工程	1.3
4．水利电力工程	
风力发电、其他水利工程	0.9
火电工程、送变电工程	1.0
核电常规岛、水电、水库工程	1.2
核能工程	1.3
5．交通运输工程	
机场场道、机场空管和助航灯光工程	0.9
铁路、公路、城市道路、轻轨工程	1.0
水运、地铁、桥梁、隧道、索道工程	1.1
6．建筑市政工程	
邮电、电信、广电工艺工程	0.9
建筑、人防、市政工程	1.0
园林绿化工程	0.8

续表

工程类型	专业调整系数
7. 农业林业工程	
农业工程	0.9
林业工程	0.9

附表四

建设工程监理与相关服务人员人工日费用标准

建设工程监理与相关服务人员职级	人工日费用标准（元）
一、高级专家	1500～2000
二、高级专业技术职称的监理与相关服务人员	1000～1500
三、中级专业技术职称的监理与相关服务人员	600～1000
四、初级及以下专业技术职称监理与相关服务人员	300～600

参 考 文 献

[1] GB 50319－2000 建设工程监理规范[S]. 北京：中国建筑工业出版社，2000.

[2] 李惠强，唐菁菁. 建设工程监理. 第二版[M]. 北京：中国建筑工业出版社，2010.

[3] 朱厉欣，杨峰俊. 建设工程监理概论[M]. 北京：人民交通出版社，2007.

[4] 中国建设监理协会. 建设工程监理概论[M]. 北京：知识产权出版社，2013.

[5] 孙占国，杨卫东主编. 建设工程监理[M]. 北京：中国建筑工业出版社，2005.

[6] 张磊. 建设工程监理单位权利义务研究[D]. 北京：北京建筑工程学院，2012.

[7] 王赫，等. 建筑工程质量事故分析[M]. 北京：中国建筑工业出版社，1992.

[8] 石四军. 建设工程监理全过程方案编制方法与实例精选 50 篇[M]. 北京：中国电力出版社，2006.

[9] 李宝龙. 国外监理责任保险对我国的启示[J]. 建筑经济. 2011(10) .

[10] 屈春丽. 我国建设工程法律体系缺陷与对策研究[D]. 东北林业大学，2012.